本方向的相关研究工作以及本书的出版获国家自然科学基金面上项目（52178112、51878098）、国家重点研发计划项目（2016YFC0701201）资助

新型U形钢-混凝土组合梁的力学性能与发展

杨远龙　刘界鹏　赵　燚　著

中国水利水电出版社
www.waterpub.com.cn
·北京·

内 容 提 要

本书强调研究的系统性和理论性。首先突出试验研究的重要性，对试验破坏特征及其原因进行深入分析；其次通过应力场、位移场、钢-混界面剪切和掀起作用等方面对构件的传力机理和破坏模式进行研究；强调多参数交叉耦合分析，提出较为完整的设计方法。本书的创新性研究成果包括：①提出了新型内翻翼缘U形钢–混凝土组合梁钢–混界面抗剪承载力计算方法；②提出了新型内翻翼缘U形钢–混凝土组合梁在正负弯矩区的楼板有效宽度设计方法，并验证了梁全截面塑性应力假定；③新型内翻翼缘U形钢–混凝土组合梁抗剪承载力的计算除了考虑混凝土部分和U形钢腹板，还引入了梁底纵筋销栓作用的承载力贡献；④基于翼板–腹板扭率一致假定提出了新型U形钢–混凝土组合梁抗扭承载力设计方法。

本书可作为各大高校本科生、研究生和相关研究方向学者的参考书。

图书在版编目（CIP）数据

新型U形钢–混凝土组合梁的力学性能与发展 / 杨远龙，刘界鹏，赵燚著．—北京：中国水利水电出版社，2023.8

ISBN 978-7-5226-1770-1

Ⅰ．①新…　Ⅱ．①杨…　②刘…　③赵…　Ⅲ．①U型钢—钢筋混凝土梁—组合梁—力学性能—研究　Ⅳ．①TU375.102

中国国家版本馆CIP数据核字（2023）第164564号

书　　名	新型U形钢–混凝土组合梁的力学性能与发展 XINXING U XINGGANG—HUNNINGTU ZUHE LIANG DE LIXUE XINGNENG YU FAZHAN
作　　者	杨远龙　刘界鹏　赵　燚　著
出版发行	中国水利水电出版社 （北京市海淀区玉渊潭南路1号D座 100038） 网址：http://www.waterpub.com.cn E-mail：zhiboshangshu@163.com 电话：（010）62572966-2205/2266/2201（营销中心）
经　　售	北京科水图书销售有限公司 电话：（010）68545874、63202643 全国各地新华书店和相关出版物销售网点
排　　版	北京智博尚书文化传媒有限公司
印　　刷	河北文福旺印刷有限公司
规　　格	170mm×240mm　16开本　13.5印张　199千字
版　　次	2023年8月第1版　2023年8月第1次印刷
定　　价	69.00元

前言

在我国装配式建筑产业进入深层次发展的大环境下，新型 U 形钢－混凝土组合梁因具有良好的抗震性能、耐火性能和装配化性能，其科学研究和工程应用日益受到重视。本书涵盖了作者近年来在新型 U 形钢－混凝土组合梁的力学性能和设计方法等方面的研究成果，从梁的弯曲性能、剪切性能、扭转性能以及翼－腹界面剪切性能等方面开展了较为深入地研究，提出了新型 U 形钢－混凝土组合梁的设计理论和方法。新型 U 形钢－混凝土组合梁已在重庆垫江三合湖文化活动中心、垫江八中科技楼和管廊监控中心等项目中得到应用，取得了良好的经济和社会效益。

本书强调研究的系统性和理论性。首先突出试验研究的重要性，对试验破坏特征及其原因进行深入分析；其次通过应力场、位移场、钢－混界面剪切和掀起作用等方面对构件的传力机理和破坏模式进行研究；强调多参数交叉耦合分析，提出较为完整的设计方法。本书的创新性研究成果包括：①提出了新型内翻翼缘 U 形钢－混凝土组合梁钢－混界面抗剪承载力计算方法；②提出了新型内翻翼缘 U 形钢－混凝土组合梁在正负弯矩区的楼板有效宽度设计方法，并验证了梁全截面塑性应力假定；③新型内翻翼缘 U 形钢－混凝土组合梁抗剪承载力的计算除了考虑混凝土部分和 U 形钢腹板，还引入了梁底纵筋销栓作用的承载力贡献；④基于翼板－腹板扭率一致假定提出了新型 U 形钢－混凝土组合梁抗扭承载力设计方法。

诚挚感谢周绪红院士、张素梅教授、王玉银教授、杨华教授、郭兰慧教授、马欣伯副研究员的关怀和帮助,感谢为本书做出贡献的杨庆杰、韩劲钧、杨伟棋、胡盛文、刘阳等博士生和硕士生。

本书的研究成果在重庆垫江三合湖文化活动中心等工程中得到了良好的应用，谨向重庆渝建建筑工业科技集团有限公司的江世永总工程师和张振勇副总工程师表示衷心的感谢!

本书的研究工作还得到了国家自然科学基金面上项目（52178112、51878098）、国家重点研发计划项目（2016YFC0701201）的资助。作者谨向国家自然科学基金委员会、科技部表示诚挚的感谢!

本书可作为各大高校本科生和研究生、科研人员、工程设计人员的参考书。

作　者

2023年8月

目　　录

主要符号

a—— 钢筋保护层厚度；

A_{cc} —— 钢筋桁架单个杆件的纵向投影面积；

A_{cf} —— 混凝土板面积；

A_{cor} —— 板内横向钢筋围合面积；

A_{cw} —— 混凝土梁腹板面积；

A_{rb} —— 梁底纵筋截面面积；

A_{rh} —— 板内纵筋截面面积；

A_{ri} —— 单肢插筋的横截面面积；

A_{rt} —— 板内横筋截面面积；

A_{sd} —— U 形钢底板面积；

A_{sf} —— U 形钢内翻上翼缘面积；

A_{sw} —— U 形钢腹板面积；

A_{u} —— U 形钢－钢筋桁架等效闭口箱形截面围合面积；

A_{U} —— U 形钢截面面积；

A_{vc} —— 翼－腹界面混凝土剪切面面积；

b —— 梁腹板宽度；

b_{f} —— U 形钢内翻上翼缘宽度；

B —— 混凝土楼板宽度；

B_{e} —— 有效板宽；

B_{s1} —— 计算初始刚度；

$B_{s1,ex}$ —— 实测初始刚度；

B_{tr} —— 混凝土板换算后宽度；

d_{ct}—— 拉压合力作用点之间的距离；

d_{d}—— 栓钉直径；

d_{n}—— 中和轴到梁底距离；

E_{c}—— 混凝土弹性模量；

E_{r}—— 钢筋弹性模量；

E_{s}—— 钢板弹性模量；

$f_{c,k}$—— 混凝土棱柱体强度；

$f'_{c,k}$—— 混凝土圆柱体强度；

$f_{cu,k}$—— 混凝土立方体强度；

f_{t}—— 混凝土抗拉强度；

f_{ur}—— 钢筋极限强度；

f_{vc}—— 翼－腹界面混凝土抗剪强度；

f_{yr}—— 钢筋屈服强度；

f_{ys}—— 钢板屈服强度；

F_{cc}—— 混凝土板的合压力；

$F_{c,max}$—— 混凝土板能提供的最大压力；

F_{tt}—— 受拉区合力；

$F_{t,max}$—— 受拉区最大拉力；

F_{vc}—— 翼－腹界面混凝土的抗剪作用；

F_{vo}—— 钢筋桁架的咬合作用；

F_{vr}—— 插筋的抗剪作用；

F_{vR}—— 翼－腹界面纵向抗剪承载力；

G_{c} 和 G_{s}—— 混凝土和钢板剪切模量；

h_{0}—— 梁截面有效高度；

h_{b}—— 混凝土板厚度；

h_{d}—— 栓钉高度；

h_{w}—— 梁腹板高度；

h_{wt}—— 梁腹板受拉区高度；

H—— 梁总高度；

I_1 —— 截面初始惯性矩；

I_2 —— 二次刚度阶段截面惯性矩；

I_{cf} —— 混凝土板截面惯性矩；

I_{rb} —— 梁底纵筋截面惯性矩；

I_{sd} —— U 形钢底板截面惯性矩；

I_{sw} —— U 形钢腹板截面惯性矩；

J_b, J_{cw}, J_U —— 混凝土板、混凝土腹板、等效闭口箱形截面的扭转惯性矩；

K_1 —— 初始抗扭刚度；

$K_{1,b}$ —— 混凝土板初始抗扭刚度；

$K_{1,cw}$ —— 混凝土梁腹板初始抗扭刚度；

$K_{1,U}$ —— U 形钢 – 钢筋桁架等效闭口箱形截面初始抗扭刚度；

$K_{s,b}$ —— 混凝土板在峰值扭矩时的割线刚度；

$K_{s,U}$ —— U 形钢 – 钢筋桁架等效闭口箱形截面在峰值扭矩时的割线刚度；

l_T —— 扭力臂长度；

l_λ —— 剪跨段长度；

L —— 梁总长度；

L_0 —— 有效跨度；

M_{cr} —— 开裂弯矩；

M_u —— 正截面抗弯承载力；

$M_{u,cal}$ —— 抗弯承载力计算值；

$M_{u,ex}$ —— 抗弯承载力试验值；

$M_{u,FE}$ —— 抗弯承载力有限元结果；

n_d —— 梁底栓钉数量；

n_{tr} —— 桁架杆件数量；

n_U —— 插筋肢数；

$P_{0.3}$ —— 裂缝宽度为 0.3 mm 时的荷载；

P_b —— 鼓曲荷载；

P_{cr}—— 开裂荷载；
P_f—— 破坏荷载，约为 $0.85P_u$；
P_p—— 全截面屈服荷载；
P_s—— 滑移荷载；
P_u—— 峰值荷载；
P_y—— 屈服荷载；
P_{yr}—— 纵筋屈服荷载；
R—— 综合力比；
s—— 相对滑移；
s_{rt}—— 板内横向钢筋间距；
s_u—— 峰值荷载对应的滑移；
t_w—— 钢板厚度；
T_{cr}—— 开裂扭矩；
$T_{cr,c}$—— 开裂时混凝土部分承担的扭矩；
$T_{cr,U}$—— 开裂时 U 形钢部分承担的扭矩；
T_f—— 破坏扭矩；
T_u—— 峰值扭矩；
$T_{u,b}$—— 混凝土板承担的峰值扭矩；
$T_{u,cal}$—— 峰值扭矩计算值；
$T_{u,ex}$—— 峰值扭矩试验值；
$T_{u,FE}$—— 峰值扭矩有限元结果；
$T_{u,U}$—— U 形钢 – 钢筋桁架等效闭口箱形截面承担的峰值扭矩；
u_u—— U 形钢 – 钢筋桁架等效闭口箱形截面围合周长；
U_{sp}—— 插筋间距；
V_{cf}—— 混凝土板外伸翼缘抗剪承载力；
V_{cw}—— 混凝土梁忽略外伸混凝土板翼缘的抗剪承载力；
V_d—— 销栓作用；
V_{sw}—— U 形钢腹板的抗剪承载力；
V_u—— 抗剪承载力计算值；

w_{cr} —— 裂缝宽度；

W_{tp} —— 混凝土 T 形截面梁的塑性扭转截面模量；

α_E —— 钢与混凝土弹性模量比；

α_{tr} —— 相邻斜向布置的桁架之间的夹角；

α_0 —— 主应变方向；

β —— 翼 – 腹界面抗剪连接程度；

ε_1 和 ε_2 —— 主拉应变与主压应变；

σ_1 和 σ_2 —— 主拉应力与主压应力；

γ_{max} —— 最大剪应变；

γ_{cr} —— 开裂系数；

γ_p —— 塑性发展系数；

γ_r —— 钢筋强屈比；

δ_e —— 屈服荷载时理论跨中挠度；

δ_f —— 破坏荷载对应的跨中挠度；

δ_s —— 滑移荷载对应的跨中挠度；

δ_y —— 屈服荷载对应的跨中挠度；

λ —— 剪跨比；

λ_o —— 考虑钢筋桁架斜置时的折减系数；

λ_r —— 考虑钢筋桁架作用的抗扭刚度折减系数；

λ_s —— 考虑初始缺陷的抗弯刚度折减系数；

λ_p —— 考虑混凝土弹塑性的扭转截面模量折减系数；

μ —— 延性系数；

v_c 和 v_s —— 混凝土和钢板泊松比；

ρ_{rb} —— 梁底纵筋配筋率；

ρ_{rh} —— 板内纵筋配筋率；

ρ_s —— 含钢率；

Φ_r —— 钢筋直径；

Φ_{rb} —— 梁底纵筋直径；

Φ_{rh} —— 混凝土板内纵向钢筋直径；

Φ_{rt}—— 混凝土板内横向钢筋直径；

Φ_{U}—— 插筋直径；

$\psi_{cr,b}$ 和 $\psi_{cr,w}$—— 混凝土板与梁腹板开裂扭率；

$\psi_{u,b}$ 和 $\psi_{u,w}$—— 混凝土板与梁腹板峰值扭率；

η_{d}—— 销栓作用折减系数。

第1章　绪　论

1.1　引　言

按照建筑材料的不同，传统建筑结构形式可分为木结构、砌体结构、混凝土结构和钢结构等类型。其中混凝土结构起源较早，是目前应用最为广泛的建筑结构形式。混凝土结构的优点为耐久性和耐火性好、维护成本低、可模性强、造价低廉、商品化程度高，缺点为抗拉强度低且易开裂、变形能力差（脆性材料）、自重大、养护期长、施工受气候和季节影响较大等。钢结构在现代高层建筑中应用最为广泛。钢结构的优点为抗拉强度高、变形能力强（延性材料）、自重轻、组装速度快（工业化程度高）、再生利用率高，缺点为薄钢板受压易屈曲、耐久性差（易锈蚀）、耐火性差、维护成本较高、对工厂施工精度要求较高、造价相对混凝土高等。

钢－混凝土组合结构充分发挥了混凝土结构抗压与钢结构抗拉的优势，弥补了各自的缺陷。与混凝土结构相比，钢－混凝土组合结构可提高构件或结构的延性，减轻自重40%～60%，缩短施工周期30%～50%；与钢结构相比，钢－混凝土组合结构可增强构件的稳定性与结构的整体性，提高耐久性与耐火性，降低钢材用量50%，降低成本10%～40%[1]。

我国常用的钢－混凝土组合结构形式主要分为传统钢－混凝土组合梁（图1.1(a)）、型钢混凝土梁/柱（图1.1(b)）和钢管混凝土柱（图1.1(c)）等。传统钢－混凝土组合梁由上部钢筋混凝土板与下部的H型钢组成，二者通过抗剪连接件实现共同工作。型钢混凝土梁 / 柱由外包的混凝土与内嵌的型钢组成，优点在于承载力高，外包混凝土可防止型钢屈曲，耐火性与耐久性好，缺点在于配筋量较大，施工复杂。钢管混凝土柱由外包钢管及其内部混凝土组成，优点在于外部钢管使内部混凝土横向受到约束，维持混凝土在高应力状态下的完整性，同时填充混凝土可增强钢管的稳定性，从而提高构件的承载力和变形能力，且钢管可充当永久模板，施工速度快；但这种结构形式的使用范围局限于以受压为主的柱、桥墩及拱架。

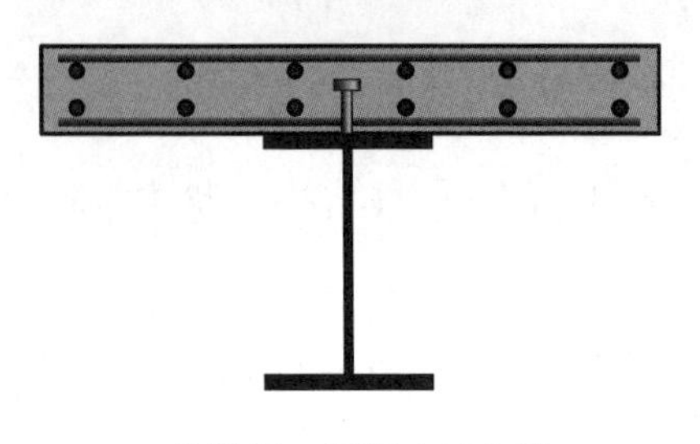

(a) 传统钢 – 混凝土组合梁

(b) 型钢混凝土梁 / 柱

(c) 钢管混凝土柱

图 1.1　钢 – 混凝土组合结构的主要形式

近 30 年来，在传统钢 – 混凝土组合梁的基础上衍生出一种新的结构形式，即 U 形钢 – 混凝土组合梁（图 1.2）。U 形钢 – 混凝土组合梁是一种在 U 形钢内与楼板内整体浇筑混凝土并共同工作形成的 T 形截面横向承重组合构件。

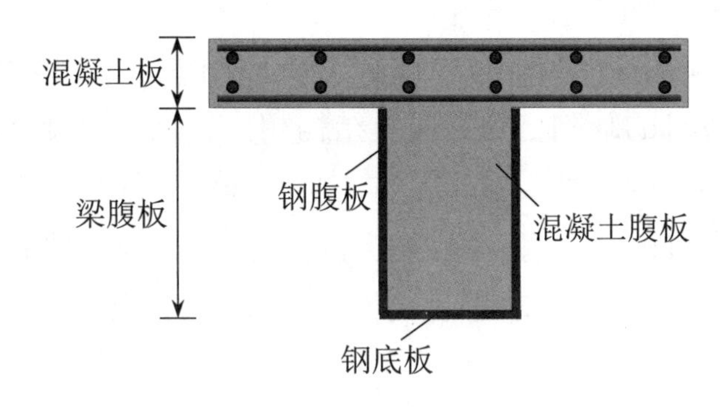

图 1.2　U 形钢 – 混凝土组合梁

在 U 形钢与混凝土能共同工作、混凝土板与梁腹板能共同工作的理想状态下，U 形钢 – 混凝土组合梁具有以下优点。

（1）内部混凝土可减小外包 U 形钢屈曲半波长，增强钢板局部稳定性。

（2）外包 U 形钢可维持内部混凝土完整性，增强组合梁变形能力。

（3）混凝土板与混凝土腹板整体浇筑，可增强组合梁整体性。

（4）与传统钢筋混凝土梁相比，新浇混凝土的蠕变和收缩变形降低 40%[2–3]。

（5）U 形钢可兼作混凝土梁腹板的永久模板，减少支撑和模板的使用，且配筋量较少，施工方便，减少施工周期。

（6）钢构件在工厂预加工后运输至现场拼装，实现工业化生产。

1.2　传统钢 – 混凝土组合梁的研究工作回顾

1.2.1　国外研究历史

1. 启蒙时期：不考虑组合作用

在 20 世纪初期，建筑结构中的主要横向承重构件为混凝土梁和钢梁。混凝土梁自重较大、适用跨度较小，钢梁虽然质量轻、跨度大，但耐火性和耐腐蚀性较差。因此，当时单纯出于抗火和防腐蚀的目的，将混凝土包裹在钢材外部，形成了最早期的钢 – 混凝土组合梁。

1912 年，Andrews[4] 基于钢筋混凝土梁提出了换算截面法，奠定了钢 – 混凝土组合梁承载力计算的理论基础。换算截面法计算简便、概念清晰，我国早期的《钢结构设计规范》（GBJ17—88）即采用了这种方法。

1923 年，Machay[5] 首次进行了两根钢骨混凝土 T 形梁试验，发现型钢与混凝土之间（无抗剪连接件）存在粘结力，使型钢与混凝土形成一个整体。试验验证了钢与混凝土共同受力、协调变形的可行性，拉开了钢 – 混凝土组合梁研究的序幕。

1925 年，Scott[6] 展开了钢骨混凝土梁试验研究，并基于该试验提出了相应的承载力计算公式，为后续提出钢－混凝土组合梁的设计方法提供了依据。

1928年，Caughey[7]基于Scott[6]的钢骨混凝土试验及理论计算，提出了钢骨混凝土组合梁的理论设计方法，推动了钢－混凝土组合梁的工程应用。

这段时期是钢－混凝土组合梁的启蒙时期，主要目的是将混凝土作为防腐蚀和防火材料包裹在钢材外部，或者解决钢结构刚度较小的问题，当时并未考虑钢与混凝土之间的组合作用。学者们虽然对此进行了相应的探索性试验，提出了简单的设计理论和设计方法，但此时的钢－混凝土组合梁并未得到广泛应用。

2. 发展时期：开始考虑组合作用

在20世纪30年代中后期，随着抗剪连接件的出现，钢与混凝土的组合作用得到加强，两种材料可以共同工作，承载力和延性显著提高。经过启蒙时期十余年的探索，学者们发现钢－混凝土组合梁适用跨度较大，耐火、耐腐蚀性能方面表现优良，应用前景广泛，由此进入快速发展时期。

1939年，Batho[8]进行了15根钢－混凝土组合梁的4点加载受弯试验和13根钢－混凝土组合梁的持续加载试验，其中受弯试件包含如图1.3所示的几种组合梁类型。研究表明，若型钢－混凝土交界面（以下简称钢－混界面）化学粘结足够，则可按照钢筋混凝土梁理论进行设计；对于无抗剪连接件的钢－混凝土组合梁，试件在钢－混界面出现滑移后立即遭到破坏。通过在钢－混界面设置抗剪连接件（如角钢），试件的整体性和抗弯承载力均可大幅提高。该研究标志着钢－混凝土组合梁进入了抗剪连接件时代，并且由“混凝土包钢”逐渐转变成“混凝土翼板在上，H型钢在下”的构造形式。

1944年，美国洲际公路协会（AASHO）制定了《公路桥涵设计规范》，其中某些章节涉及了钢－混凝土组合梁的相关设计，为钢－混凝土组合梁应用于桥梁工程提供了参考。同年，苏联修建了第一座组合公路桥。

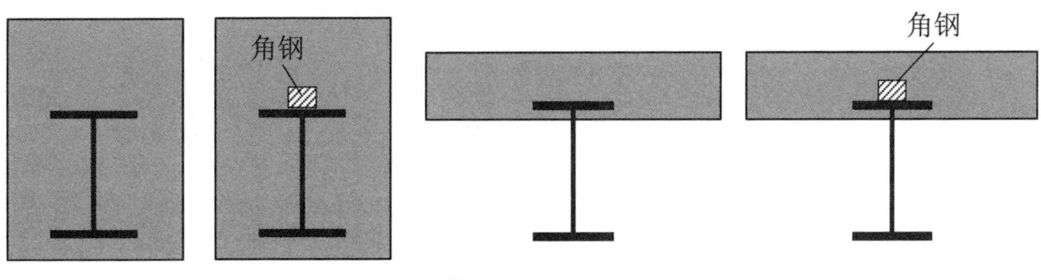

图 1.3　文献 [8] 涉及的几种组合梁类型

1945 年，德国正值战后重建期，对钢材的需求量远超当时的生产水平，因此具备快速施工、节省钢材特点的钢 – 混凝土组合梁得到了空前发展，为后续《组合梁设计指南》《桥梁组合梁标准》（DIN|1078）、《房屋建筑组合梁标准》（DIN 4239）的制定提供了宝贵的工程经验。

1946 年，美国的《房屋钢结构设计、制造和安装规范》将钢 – 混凝土组合梁作为一种新构造形式吸收采用。

1948 年，英国的《型钢在建筑中的应用》（BS 449）中提出，计算构件截面回转半径时，应考虑外包混凝土对刚度的增大作用。

1949 年，苏联建筑科学研究所制定了《多层房屋劲性钢筋混凝土暂行设计技术规程》（BTY–03.49），后来经过全面试验和理论研究诞生了《苏联劲性钢筋混凝土结构设计指南》（CN 3—78）。

1951 年，日本建筑学会（AIJ）成立了钢骨混凝土研究组，对钢骨混凝土结构进行了系统研究，形成了较为完整的设计理论，并于 1958 年制定了《钢骨混凝土结构计算规程》,其中的“简单叠加法”沿用至今。

1953 年，Newmark[9] 提出了“部分相互作用”理论，认为钢 – 混界面存在不可忽略的滑移，即钢材与混凝土并非完全共同工作、协调变形。虽然提出的公式较为复杂，对于当时的计算力来说较为困难，但该理论对钢 – 混凝土组合梁变形研究的发展具有重大意义。

1956 年，Viest[10—11] 基于推出试验，提出以滑移 0.07 mm 时的剪力作为抗剪连接件临界承载力的建议，并以此为依据提出了临界承载力经验计算公式。

1960 年，美国钢筋混凝土协会和钢结构协会联合组成组合梁联合委员会（AISC–ACI），共同研究钢 – 混凝土组合梁。

1963 年，Lehigh 大学的 Slutter[12] 进行了 12 根简支梁和 1 根连续梁的受弯试验。发现抗剪连接件在高荷载状态下会发生剪力重分布，因此不必按照剪力分布图布置；在配置了足够抗剪连接件的前提下，试件可达到全截面塑性状态，在计算简图中可应用简化后的塑性应力块理论。基于此，Slutter 提出了极限抗弯强度计算方法和塑性设计理论。该方法计算简单、结果准确，被各国规范纷纷采用 [13]，直接推动了承载力计算从 20 世纪 60 年代前的弹性设计向 20 世纪 60 年代后的弹塑性设计转变。

1964 年，Chapman[14] 进行了 17 根配置了带头栓钉的简支钢 – 混凝土组合梁受弯试验，该研究充分考虑了组合梁滑移和掀起作用。研究表明，虽然在分布荷载作用下剪力沿梁长呈三角形分布，但栓钉依旧被建议均匀分布；无论是按照弹性理论还是塑性理论进行截面设计，栓钉均应按照承载力极限状态进行设计，且栓钉头应深入混凝土受压区。

1965 年，英国制定《钢与混凝土组合结构· 房屋建筑中的简支梁》设计标准，并于两年后制定了《钢 – 混凝土组合结构·桥梁》设计标准。

1966 年，印度标准协会（ISI）制定了《组合结构设计规范》（IS:3955—1966）。

这段时期内，随着抗剪连接研究的深入，钢 – 混凝土组合梁得到了广泛应用，各国规范中相继出现钢 – 混凝土组合梁的相关条文。

3. 繁荣时期：开始考虑弹塑性

在 20 世纪 70 年代之前，各国学者对钢 – 混凝土组合梁进行了各种尝试、推广与应用，但由于计算能力不足，半个世纪过去了，仍然局限在弹性理论上。随着有限元软件的兴起，数值模拟显著减轻了手工计算的负担，计算过程复杂而烦琐的弹塑性理论得到了飞速发展。此时的钢 – 混凝土组合梁进入了更深层次弹塑性理论分析和非线性分析的繁荣时期。

1968 年，Yam[15] 提出了考虑钢、混凝土和抗剪连接件三者非弹性变形的数值计算方法，该方法可应用于讨论截面性质、跨度、抗剪连接件（分布、刚度和强度）以及荷载类型对试件极限承载力和混凝土翼板 – 梁腹板交界面（以下简称：翼 – 腹界面）性能的影响，并由此拉开了钢 – 混凝土组合梁弹塑性研究的序幕。

1970 年，Johnson[16–17] 对钢 – 混凝土组合梁的混凝土板纵向受剪性能展开试验研究，发现混凝土板受到横向弯矩和纵向剪力共同作用，由此提出了横向钢筋配置的建议。1975 年后，Johnson[18] 指出，在某些情况下，部分抗剪连接优于完全抗剪连接。根据试验和理论分析，Johnson 提出了部分抗剪连接组合梁的强度和变形计算方法，即基于换算截面法的内插法。此后，钢 – 混凝土组合梁的研究从完全抗剪连接转为部分抗剪连接，从容许应力法转为极限状态设计法。

1971 年，由国际土木工程师协会联合委员会牵头，联合欧洲国际混凝土协会（CEB）、欧洲钢结构协会（ECCS）、国际预应力混凝土联合会（FIP）和国际桥梁及结构工程协会（IABSE）共同组成组合梁结构委员会，对组合梁展开更为全面的研究。

1973 年，Hamada[19] 展开了钢 – 混凝土组合连续梁的试验与理论研究。试验表明，连续钢 – 混凝土组合梁的破坏特征为正弯矩区混凝土压碎或负弯矩区钢梁下翼缘的局部屈曲，且纵向钢筋配筋量是影响负弯矩区破坏模式的主要因素，基于该破坏模式提出了连续组合梁的极限抗弯承载力设计方法。

1981 年，Yam[20] 根据平衡关系和变形协调条件推导了组合梁控制微分方程，微分方程随边界条件和抗剪连接程度而异，并提出挠度变形计算的解析法，该方法的计算结果与英国规范《钢、混凝土与组合梁桥》（BS 5400）吻合良好。

1981 年，组合梁结构委员会发布了正式文件《组合结构规范及其说明》。4 年后，欧洲共同体委员会（CEC）对《组合结构规范》进行修订和补充，正式颁布了较为完善的钢 – 混凝土组合结构设计规范，即 Eurocode 4（以下简称 EC 4）[21]。

欧洲规范 EC 4 的问世，标志着钢 – 混凝土组合梁研究已趋于成熟。

这段时期内，钢－混凝土组合梁在桥梁与建筑领域应用广泛，各国学者对钢－混凝土组合梁的抗弯承载力、变形和竖向抗剪承载力、纵向抗剪连接等基本性能进行了深入研究，并进一步拓展到了弹塑性研究。

4. 深化时期：研究更加复杂而深入

随着试验条件更加先进，计算能力更加强大，在传统基本性能研究的基础上，各国学者对钢－混凝土组合梁展开了更加复杂、深入的研究，如复杂受力研究、疲劳性能研究等。

1989年，Bradford[22]对持续荷载（正常使用极限状态）作用下的钢－混凝土组合梁进行了非线性分析，发现混凝土收缩和蠕变对试件刚度的影响远大于残余应力。1991年，Bradford[23]建立了考虑长期荷载作用下蠕变和收缩变形的刚度计算公式。

1989年，Oehlers[24]通过对50个推出试件的分析，发现了栓钉和方钢连接件对混凝土板的纵向劈裂作用。研究表明，离散分布的抗剪连接件在混凝土板中通过销栓作用，在混凝土中产生横向拉应力，导致混凝土劈裂，降低抗剪连接程度。

1994年，美国钢结构规范借鉴了Johnson在1975年提出的内插法[18]，给出了钢－混凝土组合梁的等效抗弯刚度计算公式[25]。

1998年，Wang[26]通过试验、有限元分析和理论推导，建立了部分抗剪连接钢－混凝土组合梁的刚度计算公式。2004年，Liang[27–28]通过理论和有限元分析，建立了钢－混凝土组合梁分别在连续梁和简支梁的边界条件下，同时受剪力和弯矩复合作用时的强度计算公式。

2012年，Vasdravellis对6根同时承受负弯矩与轴压[29]、6根同时承受负弯矩与轴拉[30]的足尺钢－混凝土组合梁展开了试验研究和有限元分析，发现轴压力会显著降低试件的抗弯性能、抗屈曲性能和延性，并进一步提出和验证了在钢腹板上配置纵向加劲肋的加强方式。轴拉力水平较低时，抗弯承载力随轴拉力提高而略微提高；轴拉力水平较高时，抗弯承载力随轴拉力提高而线性降低。

2013年，Lin[31]对2根承受负弯矩的钢－混凝土组合梁展开了疲劳试验研究。结果表明，当施加的重复荷载等于初始开裂荷载时，疲劳试验对试件的开裂影响较小；当重复荷载等于裂缝稳定荷载时，试件刚度逐渐降低。

2014 年，Sun[32] 对 5 根预应力钢 – 混凝土组合梁的负弯矩区受弯性能展开了试验研究，发现预应力筋能有效控制混凝土板开裂和提高试件负弯矩区刚度，且横向裂缝间距受横向钢筋间距控制。

2014 年，Kim[33] 通过理论分析，建立了钢 – 混凝土组合梁在长期荷载作用下的蠕变和收缩预测模型，并对抗剪连接程度、尺寸效应、跨度等参数进行了分析。研究表明，部分抗剪连接的钢 – 混凝土组合梁虽然在设计时满足挠度限值，但在长期荷载作用下挠度仍会超出限值。

2019 年，Wang[34] 通过 8 个推出试件与相应的有限元分析对方钢连接件和栓钉群的纵向抗剪性能展开了试验研究，发现方钢连接件抗剪承载力比栓钉群更高，且抗剪承载力受混凝土压溃控制。

1.2.2　国内研究历史

我国早在建国初期就在桥梁工程中应用了组合梁，但当时只是出于方便施工和增加安全储备的目的，并未考虑钢 – 混凝土之间的组合作用，规范中也并未出现组合梁的相关内容。虽然国外在 20 世纪 50 年代就有了系统的栓钉连接件研究 [10-11]，但国内在改革开放前依旧缺乏相应的栓钉焊接设备。直到改革开放后，国内才出现了各类抗剪连接件，钢 – 混凝土组合梁的试验和理论研究逐渐展开。

1974 年，《公路桥涵钢结构及木结构设计规范》（JTJ 025—74）中出现了组合梁的概念，以及构造和计算的雏形，但条文相对简单。直到 1986 年，《公路桥涵钢结构及木结构设计规范》（JTJ 025—86）才对组合梁的内容进行了修订和完善。

1985 年，聂建国等 [35] 对 49 个试件进行了推出试验，系统研究了槽钢连接件的基本性能和纵向抗剪承载力。试验得到了槽钢连接件的三种破坏模式及其发生条件，并基于破坏模式提出了物理意义明确、计算简便的槽钢连接件纵向抗剪承载力计算公式。

1985 年，李铁强等[36]针对欧洲、美国、德国规范对弯筋连接件给出的纵向抗剪承载力计算公式不一致的情况，基于 44 个配置弯筋连接件的试件展开了推出试验，发现弯筋连接件的纵向抗剪承载力由钢筋抗拉承载力（约占 57%）、钢－混界面摩擦力（约占 32%）和弯筋焊接端混凝土局部抗压承载力（约占 11%）构成。

1987 年，张少云[37]对栓钉连接件进行了系统的推出试验研究，发现了栓钉连接件破坏机理，并据此提出了相应的抗剪承载力计算公式。

1988 年，我国制定了《钢结构设计规范》（GBJ 17—88），采纳了上述槽钢连接件[35]、弯筋连接件[36]、栓钉连接件[37]等抗剪连接件形式的相关成果。

1994 年，聂建国[38]通过建立微分方程，得到了考虑部分抗剪连接和滑移效应的简支钢－混凝土组合梁挠度计算公式，后来提出了折减刚度法[39]，建立了刚度折减系数的简化实用计算公式。

1997 年，聂建国通过试验和理论分析，提出了考虑滑移效应的弹性和极限抗弯强度计算公式[40]、组合梁纵向抗剪计算公式[41]、反映混凝土徐变收缩的长期刚度计算公式[42]。

1998 年，聂建国通过 6 个试件的低周往复加载试验，对钢－混凝土叠合板组合梁的抗震性能进行了研究[43]。1999 年，聂建国[44]及其学生谭英[45]通过组合梁试验和推出试验，对栓钉抗剪连接件在钢－高强混凝土组合梁中的性能进行了研究，并提出了栓钉抗剪连接件在钢－高强混凝土组合梁中的承载力计算公式。2000 年，聂建国[46]通过 12 个试件的抗弯试验，建立了考虑抗剪连接程度影响的钢－混凝土组合梁抗弯极限承载力计算公式。2002 年，聂建国[47-48]在折减刚度法基础上，进一步给出了钢－压型钢板混凝土组合梁的修正折减刚度计算公式，并建立了考虑滑移效应影响的弹性抗弯承载力计算公式。

2000 年，宗周红[49]对预应力钢－混凝土组合梁进行了弹性分析和弹塑性分析，考虑了先张法施工和后张法施工、正弯矩区和负弯矩区截面的不同情况，最后提出了弹性和塑性极限荷载的计算方法。

2001 年，许伟等[50]通过计算程序分析发现，钢 – 混凝土组合梁滑移受抗剪连接件影响更大，而掀起受荷载作用方式影响更大。

2001 年，回国臣[51]根据 6 根简支钢 – 混凝土组合梁和 12 根连续钢 – 混凝土组合梁的试验结果，发现当时的《钢结构规范》（GBJ 17—88）与欧洲规范给出的钢 – 混凝土组合梁抗剪承载力计算模型中，均忽略了混凝土翼板的抗剪贡献，因此计算出的理论值只有实测值的 60% ~ 70%。

2003 年，蒋丽忠和余志武利用 Goodman 弹性夹层假设及弹性体变形理论，推导了集中荷载[52]和均布荷载[53]作用下，简支钢 – 混凝土组合梁的界面滑移和挠度变形的理论计算公式。

2004 年，陈世鸣[54]对钢 – 混凝土组合梁挠度计算展开了理论分析，发现影响挠度计算的影响因素有挠跨比允许值、跨高比、滑移、残余应力和施工荷载等。

2005 年，王景全[55]在现有变形计算方法的基础上，提出以插值的方式统一完全抗剪连接、部分抗剪连接和无抗剪连接钢 – 混凝土组合梁的变形计算，即组合系数法。

2005 年，聂建国[56-58]通过试验和非线性有限元分析的方式对简支钢 – 混凝土组合梁的剪力滞后效应和有效板宽展开了研究，重新定义了塑性阶段有效宽度，即根据混凝土板上的合力和合力作用点同时等效来计算有效宽度，提出了考虑有效板宽的塑性承载力计算方法。

2008 年，邵永健[59]提出了修正的换算截面法，并对 7200 根钢 – 混凝土组合梁进行回归，得到了刚度修正系数的计算公式以及影响因素。

2008 年，付果[60]基于弹性体变形理论，建立了简支钢 – 混凝土组合梁的翼 – 腹界面竖向掀起作用的微分方程，得到了竖向掀起力沿梁长分布的表达式和栓钉所受掀起力的大小，为栓钉的抗掀起设计提供了理论计算依据。

2009 年，聂建国[61]进行了 8 根简支高强钢 – 混凝土组合梁的受弯试验，并根据塑性理论分析方法，得出了钢材强度等级对组合梁抗弯承载力影响更大的结论。

2010年，胡夏闽[62]在试验基础上推导了附加曲率方程，并根据曲率等效原则建立了考虑翼－腹界面相对滑移的抗弯刚度计算公式，由此提出以附加曲率的形式来考虑翼－腹界面滑移带来的截面曲率增加和挠度增加，即附加曲率法。

2011年，周东华[63]针对我国《钢结构设计规范》（GB 50017—2003）中折减刚度法须满足相对轴向刚度与相对弯曲刚度比值不小于5这一基本条件的情况，提出了适用于任何纵向抗剪刚度的有效刚度法。

2013年，徐荣桥[64]基于现有的部分抗剪连接钢－混凝土组合梁挠度计算方法，针对我国《钢结构设计规范》（GB 50017—2003）中折减刚度法存在的随着抗剪连接程度增大，抗弯刚度反而减小的情况，提出了钢－混凝土组合梁挠度计算的改进折减刚度法，同时考虑了边界条件对折减刚度的影响。2015年，彭罗文[65]针对同样的问题，提出了等效刚度法，以不同边界条件下的等效计算长度系数来统一等效刚度的表达式。

2014年，刘洋[66]对负弯矩作用下的钢－混凝土组合梁进行了系统的有限元参数分析，考虑了梁端弯矩比、综合力比、钢腹板高厚比、受压翼缘长细比、残余应力分布模式、抗剪连接程度等参数。研究表明，负弯矩区钢材受压区域随综合力比增大而增大，即提高综合力比不利于组合梁稳定性。此外，抗剪连接程度对负弯矩区受弯承载力影响较小。

2017年，李小鹏[67]对T形波纹腹板H型钢－混凝土组合梁的扭转性能进行了试验、有限元分析和理论研究，发现了该种钢－混凝土组合梁的破坏机理、混凝土板和钢腹板的变形特征，并据此提出了考虑钢腹板抗扭贡献的极限扭矩计算公式。

综上所述，虽然我国的钢－混凝土组合梁研究比国外起步晚半个世纪，但由于正值国外钢－混凝土组合梁研究的繁荣时期，有丰富的理论基础和工程实践经验可以借鉴，因此发展较为迅速，短时间内在翼－腹界面性能（抗剪连接和滑移）、刚度、承载力、数值模拟和设计理论方面取得了丰硕的成果。

1.2.3 研究现状

从 20 世纪 90 年代开始，传统钢 – 混凝土组合梁基本力学性能研究已趋于成熟。随着试验条件与计算能力的发展，钢 – 混凝土组合梁的研究开始朝更加深入、更加多元化的方向发展，主要包括以下几种。

（1）开发新构造形式，如外包 U 形钢 – 混凝土组合梁 [2,68]、冷弯薄壁型钢 – 混凝土组合梁 [69]、钢 – 压型钢板混凝土组合梁 [47]、钢腹板浇灌混凝土的钢 – 混凝土组合梁 [70]、腹板内嵌式钢 – 混凝土组合梁 [71]、波纹钢腹板组合梁 [72,67] 等。

（2）引入新工艺，如预制装配式钢 – 混凝土组合梁 [73]、预制装配式预应力钢桁 – 混凝土组合梁 [74]、预应力钢 – 混凝土组合梁 [49] 等。

（3）引入新材料，如 FRP– 混凝土组合梁 [75][76][77][78]、钢 – 高强混凝土组合梁 [44–45]、高强钢 – 混凝土组合梁 [61]、钢 – 火山灰混凝土组合梁 [79–80] 等。

（4）采用新研究方式，如从构件研究到体系研究、从平面结构研究转为空间结构研究。

（5）进入新领域，从传统建筑和桥梁领域向塔桅、隧道、深井、海洋平台等领域拓展 [83]。

虽然目前钢 – 混凝土组合梁的发展方向较多，但研究重点还是在现有的组合梁基础上——结合已有研究结果和工程经验，对组合梁构造形式和材料进行创新。

U 形钢 – 混凝土组合梁是在上述时代背景下产生的一种新构造形式。这种组合梁具有刚度大、节省模板、稳定性好的特点，与我国正大力发展的装配式建筑契合度较高，具有巨大的社会经济效益和广阔的应用发展前景，可广泛应用于工业厂房、大跨空间结构、高层建筑和桥梁结构等，因此在诞生之初便吸引了国内外众多学者的目光，基于 U 形钢 – 混凝土组合梁的各种研究也逐渐展开。

1.3 U 形钢 – 混凝土组合梁的研究与应用

1.3.1 国外研究历史

1993 年，Oehlers[2,84] 对压型钢板 – 混凝土组合梁（图 1.4(a)）的抗弯和抗剪性能展开了试验研究，发现这种组合梁的侧壁钢板可以在保持组合梁整体延性的同时，提高抗剪承载力约 50%（图 1.4(b)），与普通钢筋混凝土梁提升承载力的同时会牺牲延性这一特点不同。与钢筋混凝土梁相比，外包钢板能够有效减少混凝土蠕变和收缩变形，进而提高组合梁跨高比 20% ~ 30%，但这种组合梁在提出之初并未考虑梁腹板与混凝土板的连接。1994 年，Oehlers[3] 基于之前的抗弯和抗剪试验，对钢板屈曲和钢 – 混界面粘结力展开了理论研究，建立了薄壁型钢弹性屈曲系数计算方法，并给出了简化的设计公式。研究表明，钢板屈曲和钢 – 混界面粘结力对试件抗弯承载力影响较大。

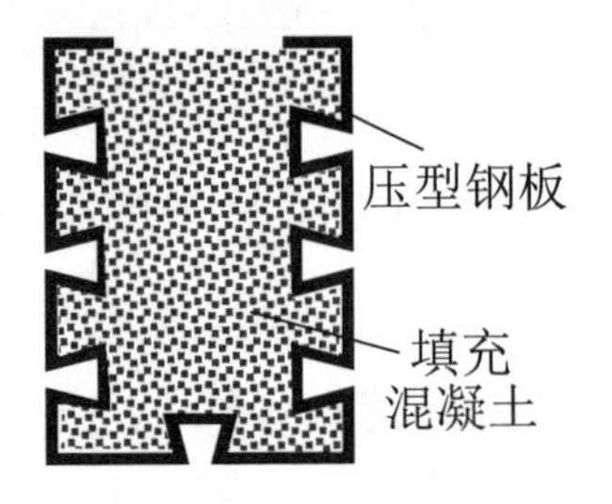

(a) 压型钢板 – 混凝土组合梁截面构造

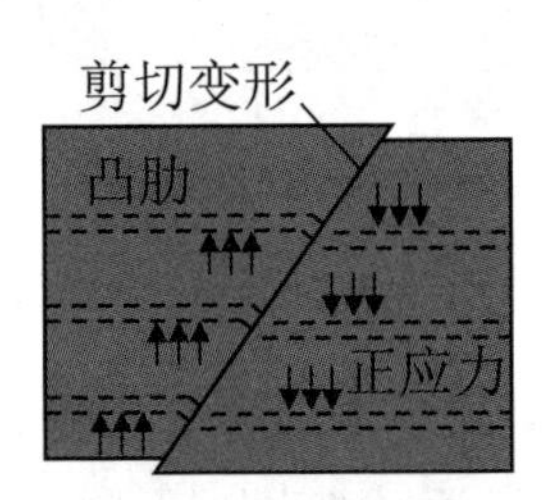

(b) 压型钢板 – 混凝土组合梁的抗剪示意图 [2]

图 1.4　压型钢板 – 混凝土组合梁

1994 年，Uy[85–88] 对 2 根压型钢板 – 混凝土组合梁（图 1.4）和 2 根普通钢筋混凝土梁在长期荷载作用下的挠度变形进行了试验和理论研究，发现外包钢板能有效减小混凝土的蠕变和收缩变形。其建立有限条法计算模型，成功预测了试件钢 – 混界面粘结滑移破坏、钢板局部屈曲破坏两种破坏模式。研究表明，混凝土的存在可以减小压型钢板的屈曲半波长，提高钢板的抗屈曲能力。1996 年，Uy[89] 将有限条法计算模型拓展到了压型钢板组合楼板、组合墙和组合柱等构件。

1977 年，Leskelä[90] 对 U 形钢 – 混凝土组合梁展开了足尺受弯试验研究，并对试件进行了全过程分析，得到了钢 – 混界面剪切应力分布状态。通过拔出试验，其得到了 U 形钢 – 混界面的剪力 – 滑移曲线，并将此应用于有限元分析。

1998 年，Hossain[91] 对 U 形钢 – 火山灰骨料混凝土组合梁展开了试验研究。研究表明，内部混凝土对外部 U 形钢有支撑作用，可提高抗屈曲能力。U 形钢开口处的稳定性决定了整个梁的强度，而火山灰骨料对试件的抗弯性能影响较小。

2000 年，Hanaor[92] 对空腹式 U 形钢 – 混凝土组合梁进行了试验研究，发现翼 – 腹界面纵向剪力传递较为薄弱，且由于钢板厚度较小，不适合传统焊接栓钉。文中给出了水泥钉（图 1.5(a)）、膨胀螺栓（图 1.5(b)）、贯通螺栓（图 1.5(c)）、水泥螺钉（图 1.5(d)）4 种翼 – 腹界面抗剪连接方式，并通过推出试验和梁受弯试验证明几种方式均能实现良好的纵向抗剪连接。

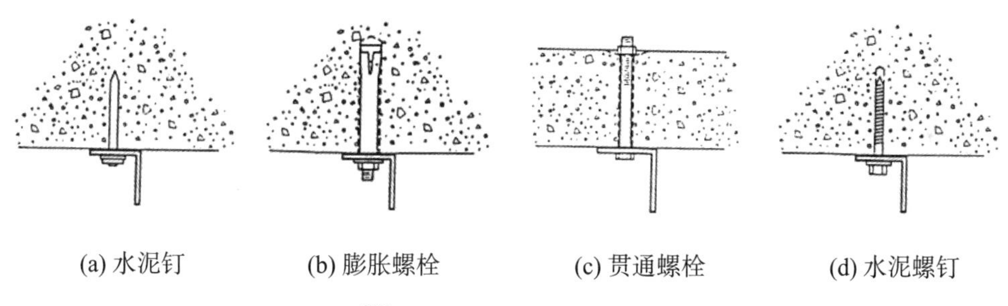

图 1.5　文献 [92] 中的 4 种翼 – 腹界面抗剪连接方式

2000 年，Nakamura[93–94] 基于部分预应力 3 跨连续 U 形钢 – 混凝土组合桥梁实际工程，对 3 个 U 形钢 – 混凝土组合梁试件进行了受弯试验研究，分别模拟了正弯矩区（空腹）、负弯矩区（实腹且混凝土板内带预应力钢筋）、不考虑混凝土板作用 3 种情况。研究表明，负弯矩区钢板存在局部屈曲，但相比传统 H 型钢 – 混凝土组合梁，腹板高度从 3.0 m 降低到 2.5 m，费用降低 20% ~ 30%。

2003 年，Hossain[95] 对 23 个 U 形钢 – 混凝土组合梁试件进行了受弯试验，涉及开口 U 形钢截面、U 形钢上翼缘卷边、U 形钢上翼缘卷边之间焊接钢棒、箍筋加强、闭口箱形钢截面等构造(图 1.6)。研究表明，除闭口箱形截面外，无论是两点加载还是单点加载，钢 – 混界面均容易发生分离，U 形钢向两侧张开，处于受压区的 U 形钢上翼缘发生屈曲。2004 年，Hossain[96] 尝试将质量更轻的火山灰混凝土用于 U 形钢 – 混凝土组合梁。2005 年，Hossain[97] 基于之前的试验和理论研究，提出了 U 形钢 – 混凝土组合梁的实用设计方法。

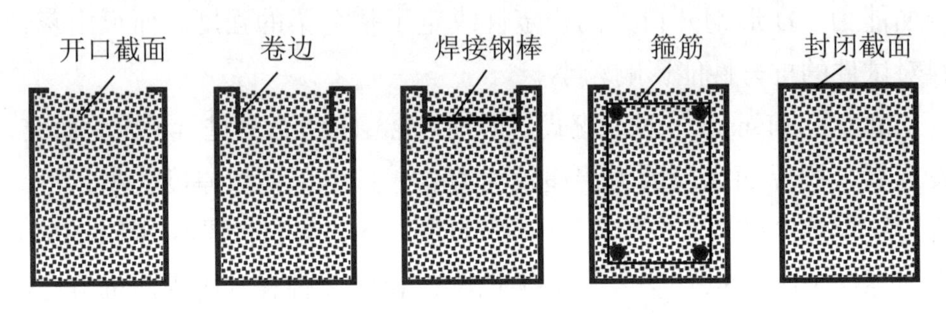

图 1.6　文献 [95] 中的 5 种组合截面构造

2006 年，Kottiswaran[98] 提出了半包围式 U 形钢 – 混凝土组合梁（图 1.7），并进行了抗弯和抗剪试验，通过后续理论和有限元分析发现，钢 – 混界面的粘结力是决定试件强度的关键因素。虽然底部卷边能够在一定程度上加强钢 – 混凝土整体作用，减少滑移，但 U 形钢腹板依旧容易张开。

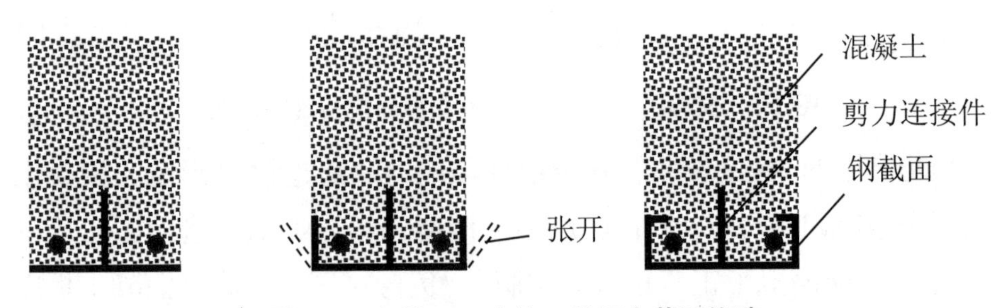

图 1.7　文献 [98] 中的 3 种组合截面构造

2006 年，Lakkavalli[99] 对 12 个 C 形钢 – 混凝土组合梁和 22 个推出试件进行了试验研究，发现纵向抗剪作用以及对截面抗弯承载力提高作用从强到弱为：上翼缘预制凸耳、上翼缘预制钻孔、自攻螺钉。

2007 年，Vo[100] 对矩形钢管混凝土组合梁进行了理论研究，建立了受弯、受扭及弯扭耦合计算模型，并通过有限元分析发现：内部混凝土可减小冷弯薄壁型钢局部屈曲的半波长，提高了钢材的屈曲承载力。

2009 年，Zhang[101] 对施加体外预应力的空腹式 U 形钢 – 混凝土组合梁进行了受弯试验研究与理论分析。研究表明，施加体外预应力后，承载力增加 27.2%，弹性极限增加 29.2%，刚度增加 54%，延性增加 18%。

2011 年，Chaves[102] 提出在 U 形钢腹板上焊接拱形钢条带（图 1.8(a)）和拱形钢筋（图 1.8(b)）两种增强翼 – 腹界面整体性的措施，并对 11 个 U 形钢 – 混凝土组合梁试件进行了受弯试验与有限元分析。通过这样的加强方式，试件整体性得到了有效提高，且达到了全截面塑性状态。

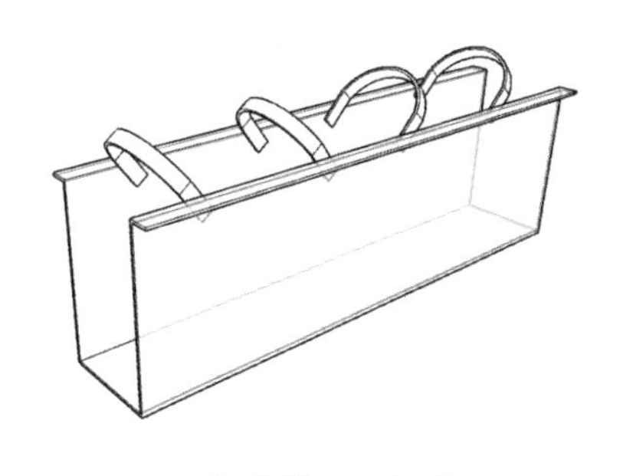
(a) 焊接拱形钢条带

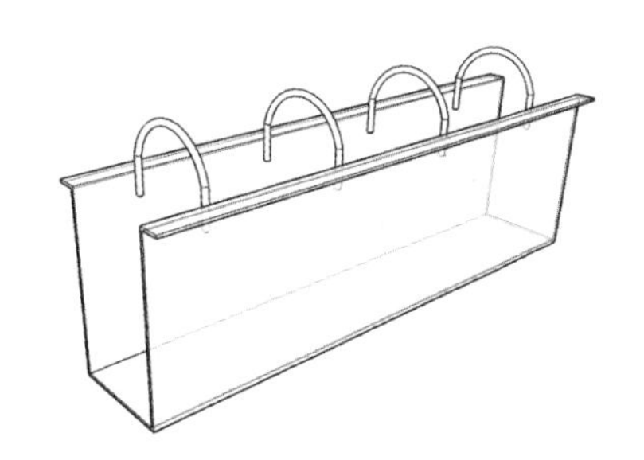
(b) 焊接拱形钢筋

图 1.8　文献 [102] 中的两种翼 – 腹界面连接方式

2012 年，Park[103-104] 对 U 形钢 – 混凝土组合梁 – 钢筋混凝土柱节点、U 形钢 – 混凝土组合梁 –H 型钢柱节点抗震性能进行了试验研究。U 形钢梁由两个 J 形薄壁型钢截面焊接而成，U 形钢上翼缘焊有栓钉。2015 年，Park[105] 又提出了一种新型的焊接 U 形钢截面，将两个 Z 形钢截面焊接在一块钢底板上，利用 Z 形钢底部卷边嵌入混凝土以减少钢 – 混界面滑移。通过抗震试验分析，发现节点破坏主要受 U 形钢腹板局部屈曲和 U 形钢腹板在梁端处拉断控制。

2013 年，Valsa[106] 对 16 个 U 形钢 – 混凝土组合梁试件进行了受弯试验研究，考虑了开口截面、闭口截面、空心截面、钢 – 混界面焊接栓钉、钢 – 混界面焊接方钢等构造形式。研究表明，填充混凝土的组合截面比空心截面承载力高 32% ~ 38%，钢 – 混界面焊接栓钉可提高闭合截面抗弯承载力51%、开口截面抗弯承载力120%。

2014年，Ahn[107] 提出将U形钢－混凝土组合梁应用于钢框架结构体系中，并成功在美国申请专利。专利涉及的U形钢－混凝土组合梁中U形钢上翼缘外翻，翼－腹界面采用焊接角钢的方式进行加强。

2015年，Fauzi[108] 对4根U形钢－混凝土组合梁进行了负弯矩试验研究，其截面构造与文献[95]中翼缘卷边之间焊接钢棒的截面（图1.6）类似。研究表明，试件的破坏模式受钢－混界面粘结强度控制，U形钢开口处在跨中截面易发生张开型破坏。

2016年，Kim[109] 提出了一种新的螺栓连接U形钢截面构造，并对6个试件进行了受弯试验，对两个试件进行了抗震试验。梁高较小时，可将两个Z形钢通过螺栓连接在一块钢底板上形成U形钢截面；梁高较大时，可将两个Z形钢通过螺栓连接在底部C形钢内翻上翼缘上。同时，在U形钢腹板之间焊接角钢防止U形钢张开。研究表明，虽然嵌入混凝土内的卷边以及螺栓可以有效减少钢－混界面滑移，但螺栓孔处易发生滑移破坏，因此必须使用高强螺栓。

2016年，Masrom[110] 通过对3个U形钢－混凝土组合梁试件的受弯试验分析，建立了延性评估模型。研究表明，试件的强度和破坏模式受钢－混界面粘结强度控制，一旦钢板屈曲，试件即达到破坏。

2018年，Keo[111] 对应用于外翻翼缘U形钢－混凝土叠合板组合梁中的方钢连接件和角钢连接件进行了推出试验分析，并建立了相应的有限元模型对其进行参数分析，最后给出了纵向抗剪承载力计算公式。

近30年来，国外学者对U形钢－混凝土组合梁的研究主要集中在U形钢截面构造形式和抗剪连接构造的优化，发现U形钢－混凝土组合梁这一构造概念在抗弯、抗剪、长期变形等方面均具有优良特性，但也存在钢板屈曲、纵向抗剪连接等问题，影响U形钢－混凝土组合梁的整体性。

1.3.2　国内研究历史

1997 年，姜绍飞[68]基于 13 根 U 形钢 – 混凝土组合梁的弯曲试验，对其开裂机理及开裂性能展开了研究，并给出了相应的开裂弯矩、裂缝宽度和裂缝间距计算公式。研究表明，U 形钢 – 混凝土组合梁开裂弯矩较普通钢筋混凝土梁明显提高。

1998 年，聂建国[69]对 2 根简支空腹式箱形截面钢 – 混凝土组合梁（图 1.9(a)）进行了 8 点加载试验。研究表明，翼 – 腹界面的栓钉能够增强组合梁的整体性和延性，且正截面抗弯强度可按照等效矩形应力图方法计算，受滑移效应影响的刚度可按照折减刚度法计算，研究成果成功应用于 2 幢高层建筑结构中。

2002 年，林于东[112]对 12 根简支帽形截面钢 – 混凝土组合梁（帽形截面钢即带有外翻宽翼缘的 U 形钢）（图 1.9(b)）进行了受弯试验研究，并提出了开裂弯矩和极限弯矩计算公式。研究表明，这种组合梁强度储备大、塑性发展充分，且内部混凝土能增加构件刚度、防止钢梁平面外失稳，但由于承载力极限状态下混凝土已开裂，因此混凝土强度对承载力影响较小。

2003 年，郭红梅[113]通过考虑翼 – 腹界面滑移效应的影响，推导了滑移微分方程，并给出了帽形截面钢 – 混凝土组合梁在跨中集中荷载、两点对称集中荷载、均布荷载作用下的挠度计算公式。但该公式较为复杂，不适合工程设计，需要进一步简化。

2003 年，张耀春[114]对 6 根轻钢 – 混凝土组合梁（图 1.9(c)）进行了受弯试验研究和有限元分析，U 形钢截面由带有卷边的冷弯薄壁 Z 形钢和 C 形钢焊接形成。研究表明，嵌入混凝土内的卷边越多，钢 – 混凝土组合作用越好，试件延性越好。

2003 年，周天华[115]对 2 根简支、1 根连续帽形截面钢 – 混凝土组合梁进行了受弯试验研究。研究表明，即使翼 – 腹界面抗剪连接不足，这种组合梁依旧具有较好整体性和延性，可按照等效矩形应力图计算塑性抗弯承载力；且在钢 – 混凝土自然粘结破坏前，可按照换算截面法计算试件刚度。

2003 年，宗周红 [116] 进行了 8 根正弯矩区、4 根负弯矩区帽形截面钢 – 混凝土组合梁的受弯试验，主要参数为截面几何特性、混凝土强度、跨高比等，提出了简化的抗弯承载力设计模型。研究表明，试件在受弯时符合平截面假定，且钢截面尺寸对正弯矩区受弯承载力影响较大，对负弯矩区受弯承载力影响较小。

2005 年，毛小勇 [117] 采用 ANASYS 软件对轻钢 – 混凝土组合梁在标准升温下的抗火性能进行了有限元模拟。研究表明，由于混凝土具有吸热作用，因此钢梁温度明显低于无混凝土时的裸露钢构件，体现了 U 形钢 – 混凝土组合梁相较于传统 H 型钢 – 混凝土组合梁的抗火优势。

2005 年，东南大学的李爱群团队 [118–119] 以及江苏大学的石启印团队 [120–121] 开始对焊接截面的 U 形钢 – 混凝土组合梁（图 1.9(d)）展开研究，即将两块薄壁 C 形钢或 Z 形钢焊接在厚度较大的底部钢板上形成 U 形钢截面，优点在于可以充分利用钢底板抗拉特性，缺点在于焊接量较大，薄壁 C 形钢腹板残余变形较大。在 2005—2009 年的五年时间，两个团队分别进行了简支梁受弯试验 [119]、连续梁试验 [122]、节点试验 [123]、框架抗震试验 [119]、抗扭试验 [124][125]、滑移与变形分析 [126]、延性分析 [127] 等大量工作。

笔者将两个团队的主要成果整理如下：

（1）U 形钢上翼缘外翻虽然避免了对翼 – 腹界面混凝土的削弱，但对内部填充混凝土的约束作用较弱，导致钢 – 混界面粘结过早破坏，U 形钢腹板失稳，内部混凝土剪坏。

（2）翼 – 腹界面混凝土能够承担水平纵向剪切力，因此 U 形钢 – 混凝土组合梁所需的抗剪连接件相对更少。

（3）薄壁 U 形钢腹板厚度较小，易发生屈曲，因此在计算抗弯承载力时，需要对钢板屈服强度进行折减，折减系数建议为 0.9。

（4）承载力极限状态下需要考虑翼 – 腹界面滑移，如果正常使用，极限状态下则可不考虑。

（5）连续梁在支座处 15% 跨度范围内取开裂刚度，其余截面取未开裂刚度。

（6）组合截面的抗剪贡献比例约为：U 形钢腹板 40%、混凝土梁腹板 40%、混凝土翼缘板 20%。

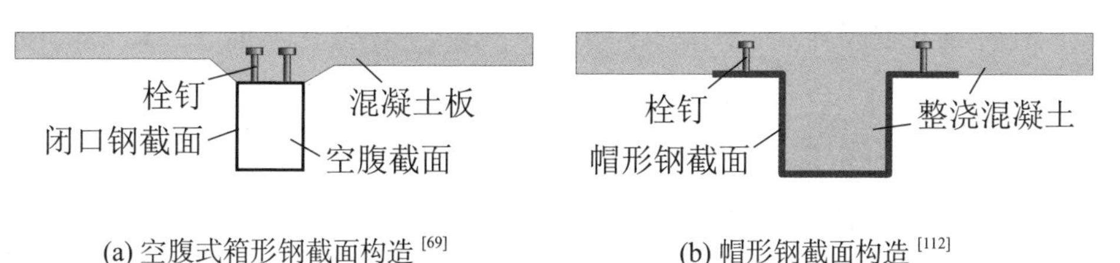

(a) 空腹式箱形钢截面构造 [69]　　(b) 帽形钢截面构造 [112]

(c) 焊接轻钢截面构造 [114]　　(d) 焊接轻钢和厚底板构造 [119]

图 1.9　国内出现的几种 U 形钢 – 混凝土组合梁构造

2008 年，翟林美 [128] 对无粘结预应力空腹式 U 形钢 – 混凝土组合梁进行了理论研究，分析了简支梁和连续梁的开裂、抗弯承载力、滑移与变形等性能，最后建立了相应的非线性数值计算模型，对弯矩 – 曲率、荷载 – 挠度等关系进行全过程模拟。

2008 年，张道明 [129] 在石启印提出的焊接截面 U 形钢 – 混凝土组合梁基础上添加了预应力筋和内隔板，以改善该组合梁的钢 – 混界面滑移与负弯矩区开裂性能。其通过试验与有限元分析，提出了钢 – 混界面粘结滑移的解析方程和截面抗弯在各受力阶段的解析方程。

2009 年，沈建华 [130] 对 8 根带有外翻翼缘的 U 形钢 – 混凝土组合梁进行了受剪试验，并通过试验建立了抗剪承载力回归公式，以及考虑滑移影响的刚度计算方法。

2009 年，王连广 [131] 提出了基于能量法的 U 形钢 – 混凝土组合梁变形计算公式。2010 年，王连广 [132] 基于能量法对翼 – 腹界面纵向剪力进行了分析，发现抗剪连接件刚度与 U 形钢厚度是影响翼 – 腹界面纵向剪力的关键因素。

2010年，赵静[133]对U形钢–混凝土组合梁、传统H型钢–混凝土组合梁、传统钢筋混凝土梁的经济性进行了研究，发现U形钢–混凝土组合梁刚度大、造价低，尤其是在跨度大于15 m时，U形钢–混凝土组合梁相比于传统H型钢–混凝土组合梁挠度降低15%，造价减少70%。

2011年，山东建筑大学的张婷[134]对U形钢–混凝土组合梁进行了受弯试验与有限元分析，研究了角钢连接件与栓钉连接件对组合梁抗弯性能的影响。

2011年，高轩能[135–136]基于ANSYS软件对U形钢–混凝土组合梁进行了火灾–结构耦合有限元分析，研究标准火灾下组合梁的耐火性能。研究表明，内填混凝土的U形钢相比于裸露的钢材，其温升降低幅度可达到15% ~ 60%，温升延时可达15 min左右；U形钢外角点处为耐火性能最不利点，应特别注意该处的防火保护；由于混凝土可以吸热，U形钢–混凝土组合梁耐火特性显著优于普通H型钢–混凝土组合梁。

2014年，屈创[137]对外包花纹钢–混凝土组合梁进行了受弯试验与有限元分析，提出了弹性承载力、滑移变形、极限承载力计算公式。研究表明，花纹钢可有效改善钢–混界面滑移性能。2018年，陈丽华[138]同样对外包花纹钢–混凝土组合梁进行了试验研究，且在翼–腹交界采用了螺栓以加强纵向抗剪承载力。

2016年，浙江东南网架股份有限公司[139]取得了U形钢–混凝土组合梁的专利，这种组合梁由于在U形钢底板、腹板上均打满栓钉，且配置了箍筋等构造，较为复杂，不适合工程应用。

2014年，吴波[140]对U形钢–再生混合土组合梁进行了受弯试验研究，发现配置梁底纵筋可有效减少钢–混界面滑移，且对刚度和承载力的提高比增加钢板厚度更有效。此外，25% ~ 40%的废弃混凝土块体取代率不影响试件的宏观力学性能（刚度、延性、承载力等），与完全现浇混凝土试件的荷载–挠度曲线十分接近。

2014 年，操礼林 [141–142] 对高强 U 形钢 – 混凝土组合梁受弯性能进行了研究。2016 年，李业骏 [143–144] 对普通 U 形钢 – 混凝土组合梁以及高强 U 形钢 – 高强混凝土组合梁的延性性能分别进行了研究，进一步拓展了这种组合梁的应用范围。

2014 年，韦灼彬 [145] 提出采用 PBL 连接件来改善钢 – 混界面、翼 – 腹界面的性能，提出用抗弯承载力折减系数来考虑滑移效应并建立了简化计算模型，计算结果与试验值吻合良好。试验采用的 U 形钢截面由厚底板和薄壁型钢腹板焊接而成，而 PBL 连接件同样焊接量较大，因此不适合工程应用。

2016 年，胡斌 [146] 以实际项目为背景，通过有限元分析对 U 形钢 – 混凝土组合梁、传统 H 型钢 – 混凝土组合梁、型钢混凝土组合梁的抗弯性能进行了对比分析，发现 U 形钢 – 混凝土组合梁抗弯性能和抗火性能更好。其在此基础上对 U 形钢 – 混凝土组合梁进行了施工模拟，发现 U 形钢在湿混凝土重力荷载下挠度和应力均在规范限值以内。

2017 年，郭兰慧 [147–148] 对配置角钢连接件的 U 形钢 – 混凝土组合梁进行了受弯试验以及有限元分析，发现角钢连接件焊接在 U 形钢上翼缘比焊接在 U 形钢腹板之间更能有效传递纵向剪力。此外，焊接残余应力会使组合梁刚度降低 30%，但对极限抗弯承载力影响较小。

综上所述，U 形钢 – 混凝土组合梁在国内发展的 20 年间，学者们从未停止对新的 U 形钢截面与更优良的纵向抗剪连接构造的探索，致力于增强 U 形钢 – 混凝土组合梁的整体性。通过横向对比可知，每种构造均有各自的优势，但也伴随一定的缺陷。学者们对这些构造展开了系统的抗弯、抗剪、抗火性能相关研究，积累了大量宝贵的经验，为本书研究对象的提出与研究工作的开展提供了重要参考。

1.3.3　U 形钢 – 混凝土组合梁的工程应用

U 形钢 – 混凝土组合梁结构是一种综合经济效益良好的新型结构体系，符合装配式建筑的发展，在一些工程中已有应用，如北京银泰中心、上海浦东杨南小区住宅楼等。

1. 实际案例

下面对本书作者参与的3个工程项目进行介绍。

● 垫江县第八中学基成科技楼

（1）工程概况。该项目位于重庆市垫江县澄溪镇人民路409号，为垫江县第八中学扩建建筑，总建筑面积为3616m^2。该项目建设单位为垫江县澄溪镇人民政府，设计及施工单位为重庆渝建实业集团股份有限公司。该项目高度为23.4m，地上6层，采用框架结构体系，基础形式为桩基础，无地下室。该项目抗震设防烈度为6度，设计基本地震加速度为0.05g，水平地震影响系数最大值为0.04，场地类别为Ⅱ类，设计地震分组为第一组，特征周期为0.35s。该项目抗震设防类别为重点设防类，按7度进行抗震计算并采取抗震措施，抗震等级为三级，基顶可作为建筑物嵌固端。

（2）工程建筑特点。该项目的东西跨度为62.4m，南北跨度为30.6m，建筑分区开间跨度为2.9～8m，进深为2.3～8m。该项目一层至三层为实验室，四层为电子阅览室，五层为技术与设计室，六层为会议室。项目效果图如图1.10所示，建筑标准层平面图如图1.11所示。

图1.10　垫江县第八中学基成科技楼项目效果图

（3）工程结构特点。该项目结构纵向为多跨框架，横向为两跨或者三跨框架。框架柱采用矩形钢管混凝土柱，主次梁均采用外包 U 形钢 – 混凝土组合梁。楼梯采用滑动支座与主体结构脱开。柱脚采用外包式柱脚。楼板采用 YJ 免拆底模钢筋桁架楼承板，内隔墙采用 ALC 蒸压加气混凝土条板，外墙采用装配式发泡陶瓷外围护墙。标准层框架梁布置图如图 1.12 所示。

外包 U 形钢 – 混凝土组合梁是由上翼缘内翻的 U 形钢及其内部填充的混凝土作为腹板、有效宽度范围内的楼板作为翼板组成的（图 1.13）。外包 U 形钢采用内翻翼缘形式，可增强外包 U 形钢与混凝土之间的相互作用，并在一定程度上抑制混凝土板的掀起；槽钢连接件等间距焊接于 U 形钢上翼缘，能增强 U 形钢的整体稳定性。槽钢连接件的上下翼缘能抵抗混凝土板的掀起并增强 U 形钢的抗扭转能力，槽钢腹板能抵抗混凝土翼板和 U 形钢间的相对滑移。U 形钢底部设置抗火钢筋，火灾下延缓组合梁的破坏，提高组合梁的耐火极限。

外包 U 形钢 – 混凝土组合梁的承载能力按照塑性分析方法进行计算，按照《再生混合混凝土组合结构技术标准》（JGJ/T 468—2019）中关于 U 形外包钢再生混凝土组合梁的规定执行。对参与结构整体抗侧力计算的框架梁，考虑楼板与外包 U 形钢组合梁之间的组合作用，同时将 U 形钢等效成混凝土，按照等效矩形截面混凝土梁建模计算。根据《组合结构设计规范》（JGJ 138—2016）设计框架梁及多跨连续梁，组合梁应考虑在竖向荷载作用下梁端负弯矩的弯矩调幅，弯矩调幅系数采用 0.15。结构中的次梁均按照两端铰接计算内力。

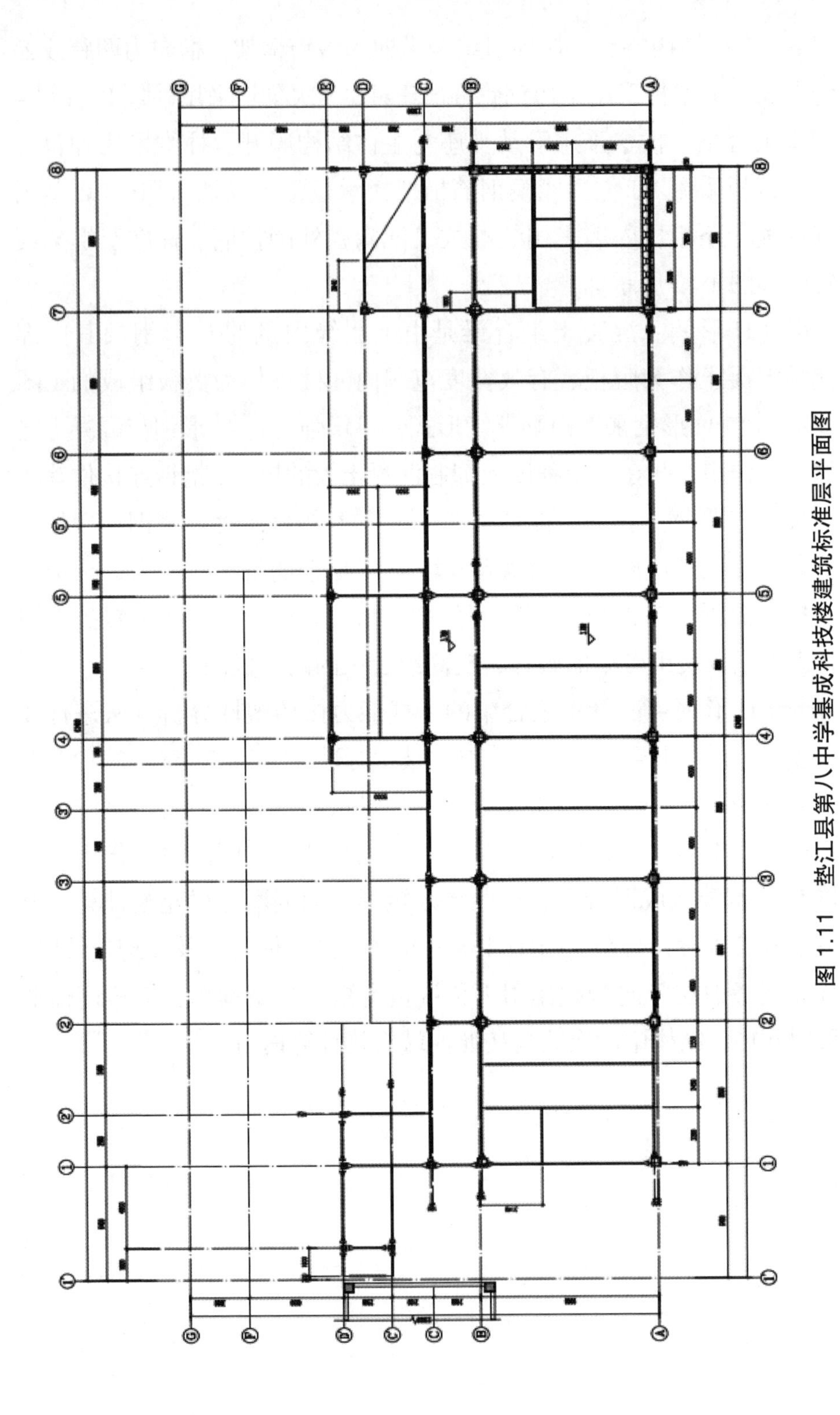

图 1.11　垫江县第八中学基成科技楼建筑标准层平面图

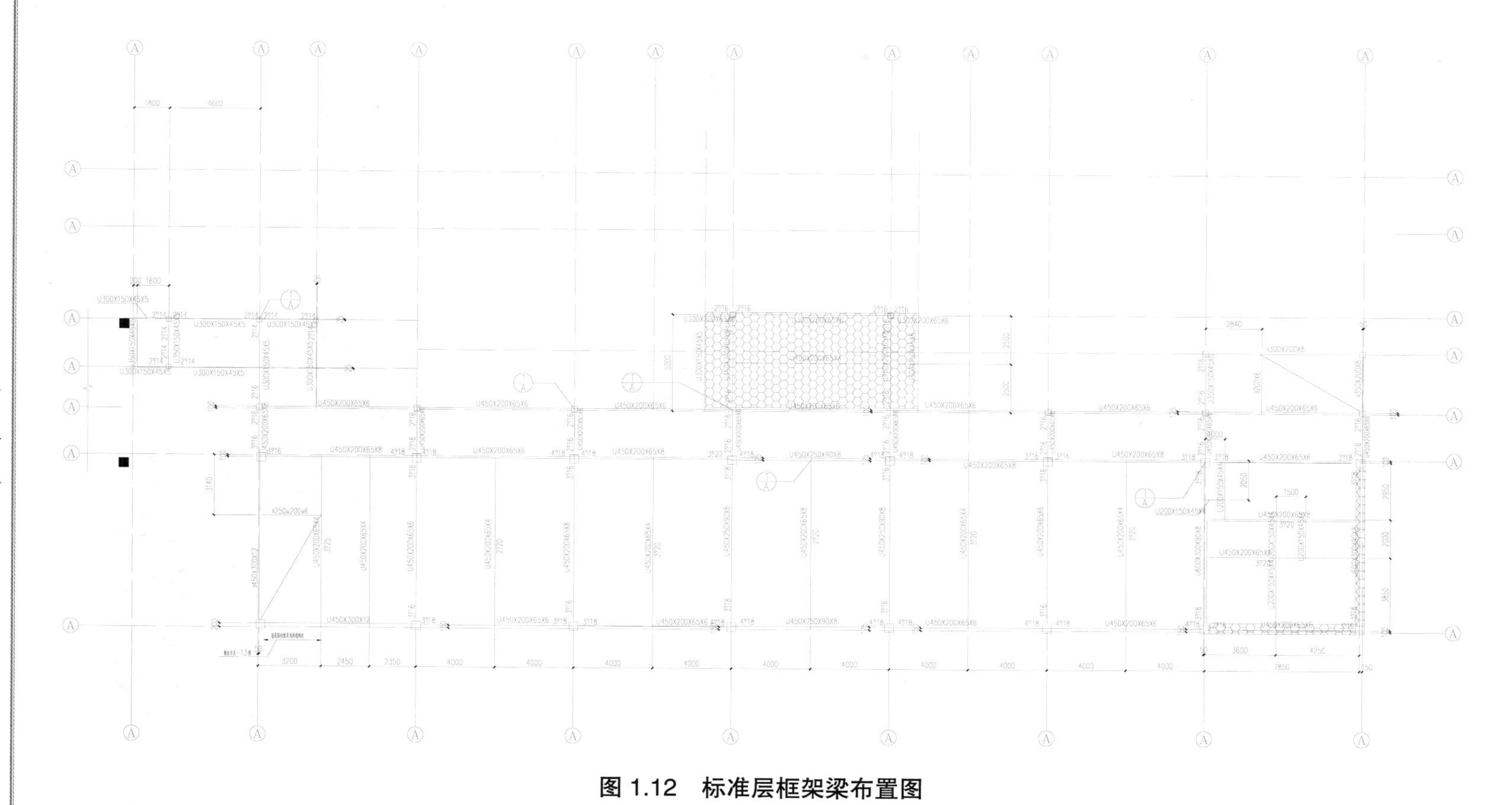

图 1.12 标准层框架梁布置图

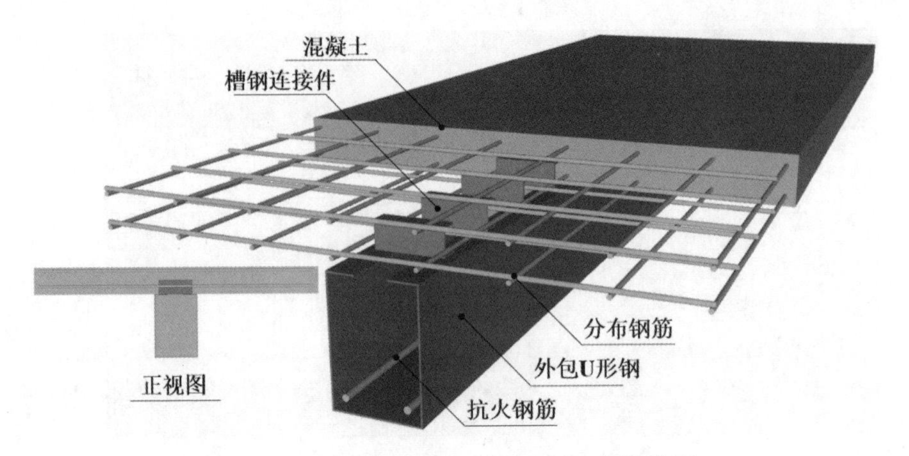

图 1.13　外包 U 形钢－混凝土组合梁简图

对于框架组合梁，考虑到梁将弯矩传递到柱子，且梁柱连接处翼板内钢筋连接构造的复杂性，对于框架梁端翼板内钢筋，仅考虑柱宽范围内翼板负筋的有效作用。对于负弯矩区纵向受拉钢筋，按照《混凝土结构设计规范》(GB 50010—2010)中规定的最大和最小配筋率。在计算纵向受拉钢筋配筋率时，矩形截面梁采用与U形钢等宽的矩形截面。组合梁的抗剪计算分为抗剪连接件计算及纵向抗剪计算。外包U型钢组合梁采用槽钢作为抗剪连接件，按照《钢结构设计标准》(GB 50017—2017) 14.3.1 条计算槽钢抗剪连接件的抗剪承载力，按照其 14.6 节规定计算纵向抗剪承重力。

该项目的主要节点包括梁柱节点、主次梁铰接节点、主次梁刚接节点、柱脚节点。梁柱节点的形式为贯通环板节点（图 1.14），环板在节点钢管外部和内部均延伸一定宽度，内环板中部开一个较大圆孔以保证节点区和柱内混凝土形成整体，四角设置 4 个小排气孔。钢梁上下翼缘与外环板采用对接焊缝焊接，腹板与节点区钢管采用双面角焊缝焊接。钢梁端部塑性铰区段和跨中区段在翼缘处采用对接焊缝连接，在腹板处采用高强螺栓连接。该项目的贯通环板节点能够满足框架刚性节点要求。

主次梁铰接节点采用腹板连接板和高强螺栓连接，将腹板连接板焊接在主梁U形钢腹板上，并与次梁采用高强螺栓连接。次梁端部内翻翼缘先切割掉，待螺栓安装完毕后恢复（图 1.15）。

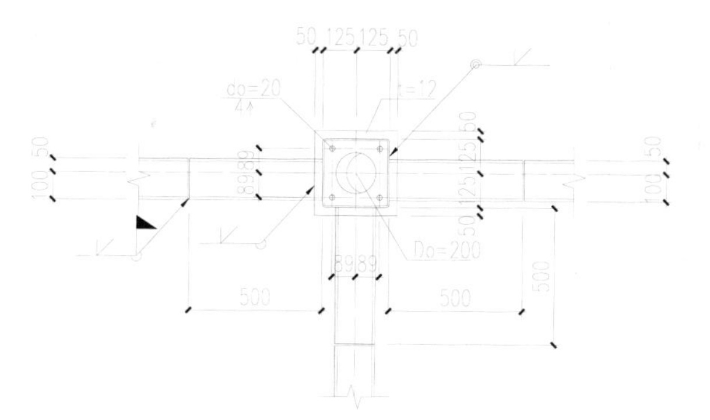

（a）节点平面图

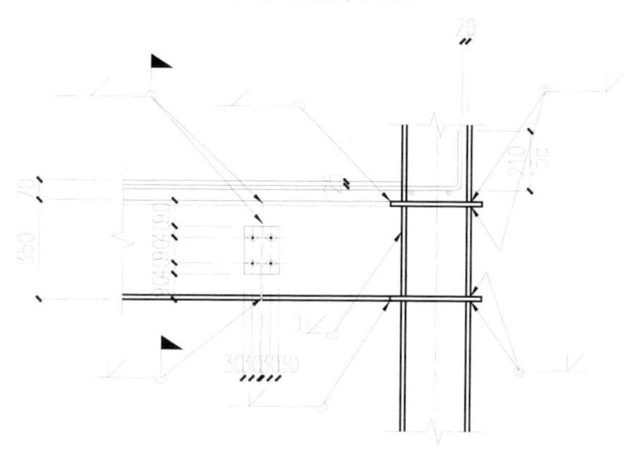

（b）节点立面图

图 1.14　梁柱节点

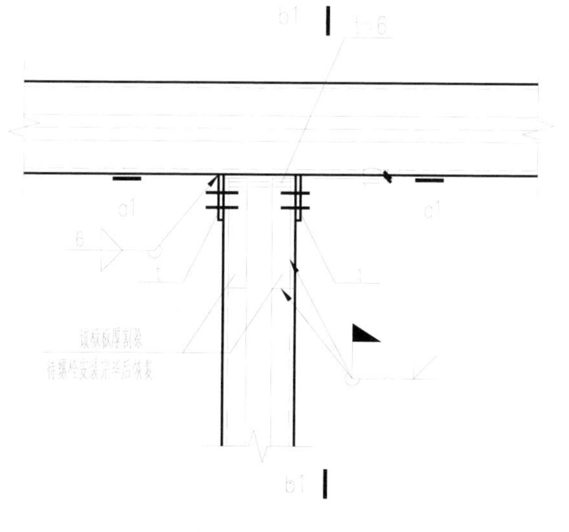

（a）节点平面图

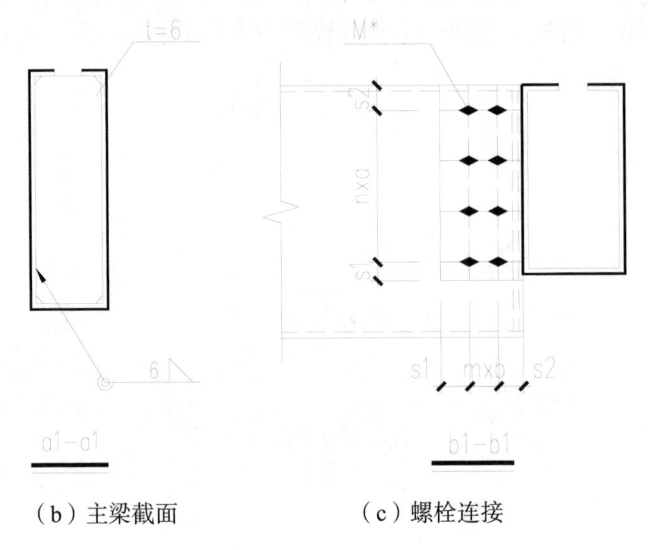

（b）主梁截面　　　　（c）螺栓连接

图 1.15　主次梁铰接节点

主次梁刚接节点是在铰接节点的基础上，在相对的两个次梁顶部内翻翼缘上焊接贴板使其翼缘与主梁连接，形成次梁两端刚接的主次梁连接形式（图 1.16）。

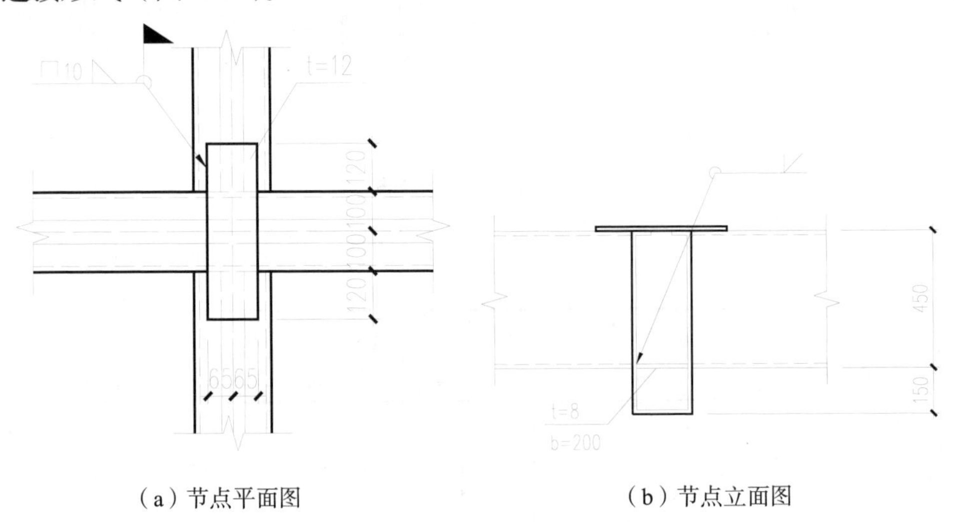

（a）节点平面图　　　　（b）节点立面图

图 1.16　主次梁刚接节点

方钢管混凝土柱脚采用外包式柱脚形式（图 1.17）。柱钢管外壁在外包混凝土高度范围内焊有栓钉连接件，钢管内部混凝土设置纵向锚筋锚入基础混凝土。外包混凝土的 4 个角部布置纵筋，顶部布置 4 道间距 50mm 的箍筋，底部沿竖向设置地脚锚栓锚入基础承台混凝土。

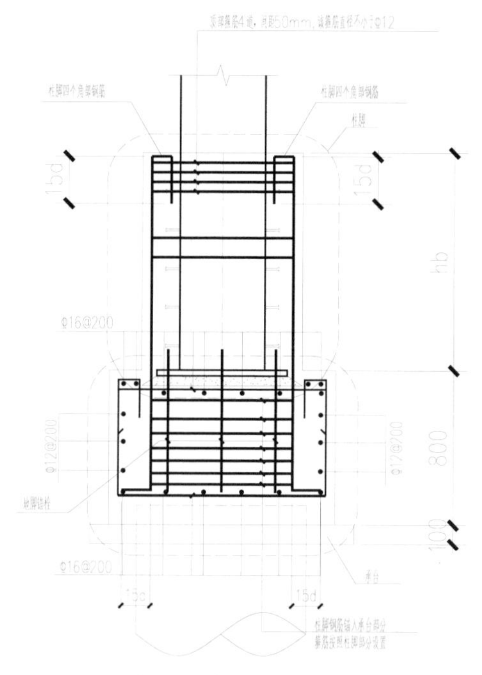

（a）柱脚及基础详图

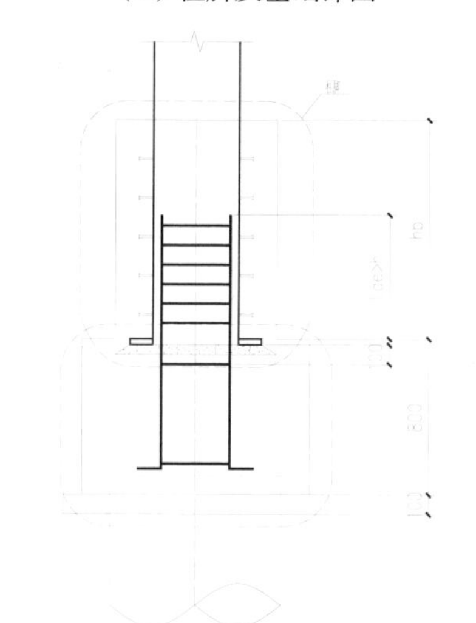

（b）柱脚芯柱配筋详图

图 1.17　外包式柱脚形式

● 垫江三合湖文化活动中心

（1）工程概况。该项目位于重庆市垫江县，有 3 栋主体建筑，主体结构为地上两层，采用框架结构，建筑物结构高度为 9.450m。该项目抗震设防烈度为 6 度，设计基本地震加速度为 0.05g，水平地震影响系数最大值为0.04，场地类别为Ⅱ类，设计地震分组为第一组，特征周期为0.35s。该项目抗震地段为有利地段。本工程抗震设防类别为丙类，建筑结构安全等级为二级，抗震等级为四级。

（2）工程建筑特点。以三号楼为例进行说明，该项目的东西跨度为99.8m，南北跨度为64.5m，建筑分区开间跨度为2.7～8.9m，进深为2.3～7.5m。该项目地下一层为停车场，地上两层包括展厅、接待室、活动中心、会议室等。项目效果图如图1.18所示，典型建筑平面布置图如图1.19所示。

图1.18　项目效果图

（3）工程结构特点。该项目主体结构竖向构件采用钢管混凝土柱，水平构件采用外包U形钢–混凝土组合梁，楼板采用免拆底模钢筋桁架楼承板，同时采用钢结构楼梯。非承重围护墙采用120mm厚空心钢筋陶粒混凝土轻质墙板。该项目应用的外包U形钢–混凝土组合梁如图1.20所示，框架梁顶部垂直相交的钢筋在上下方向应错开，梁端钢筋穿过柱侧壁时应开孔。框架梁顶部钢筋设置于肋板支座顶部钢筋下，注意钢筋位置布置，应避开钢筋桁架腹杆（图1.20(a)）。框架梁一侧如果是卫生间，那么该处楼板采用降板处理（图1.20(b)）。一层梁平面布置图如图1.21所示。该项目方钢管混凝土柱节点采用内环板刚性节点形式（图1.22）。

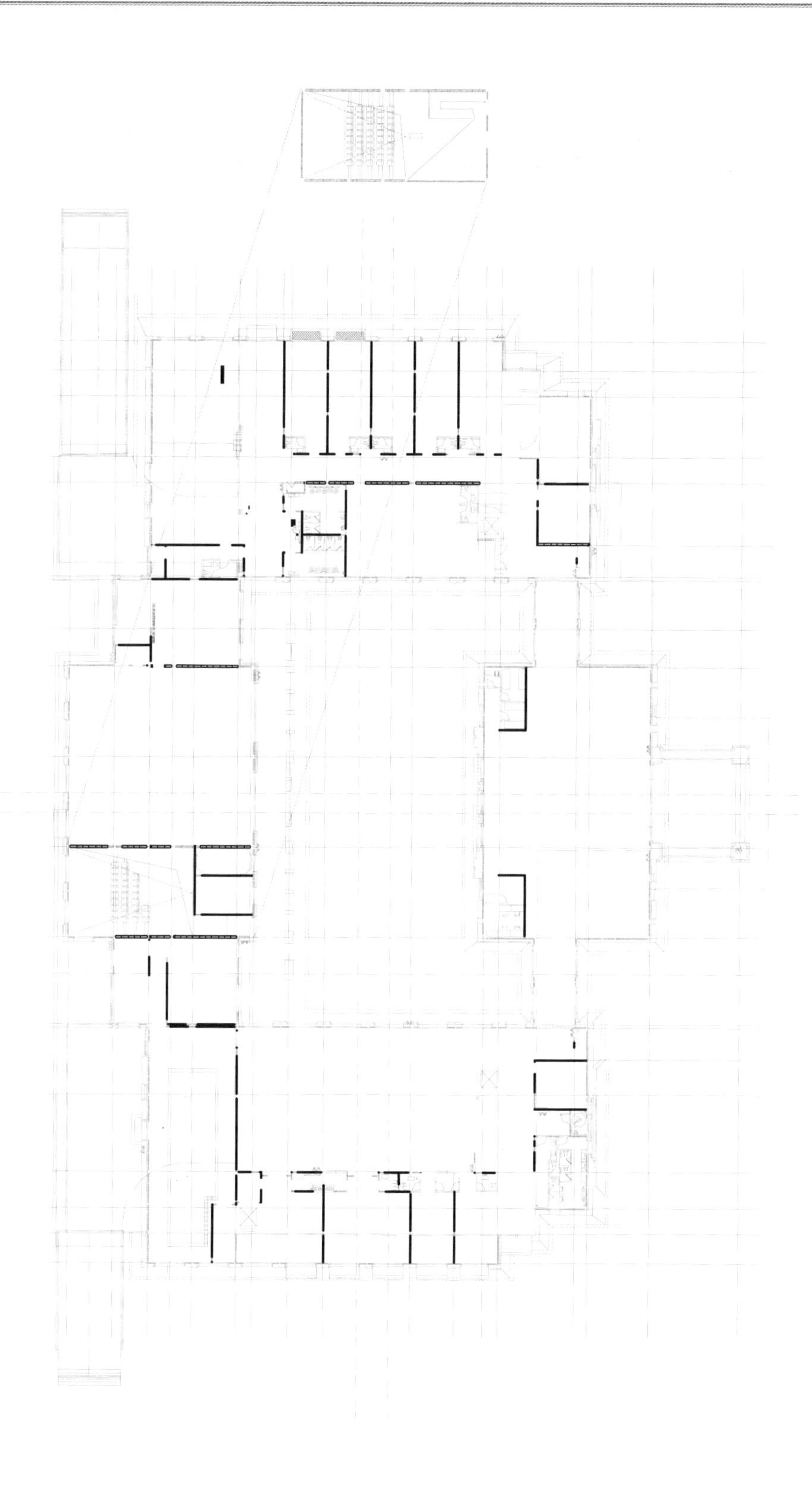

图 1.19　典型建筑平面布置图（三号楼）

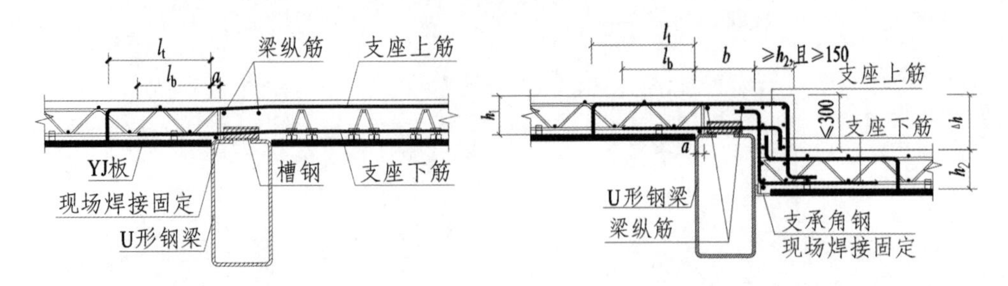

（a）框架梁两侧楼板交错布置钢筋图　　（b）卫生间降板钢筋图

图1.20　外包U形钢－混凝土组合梁

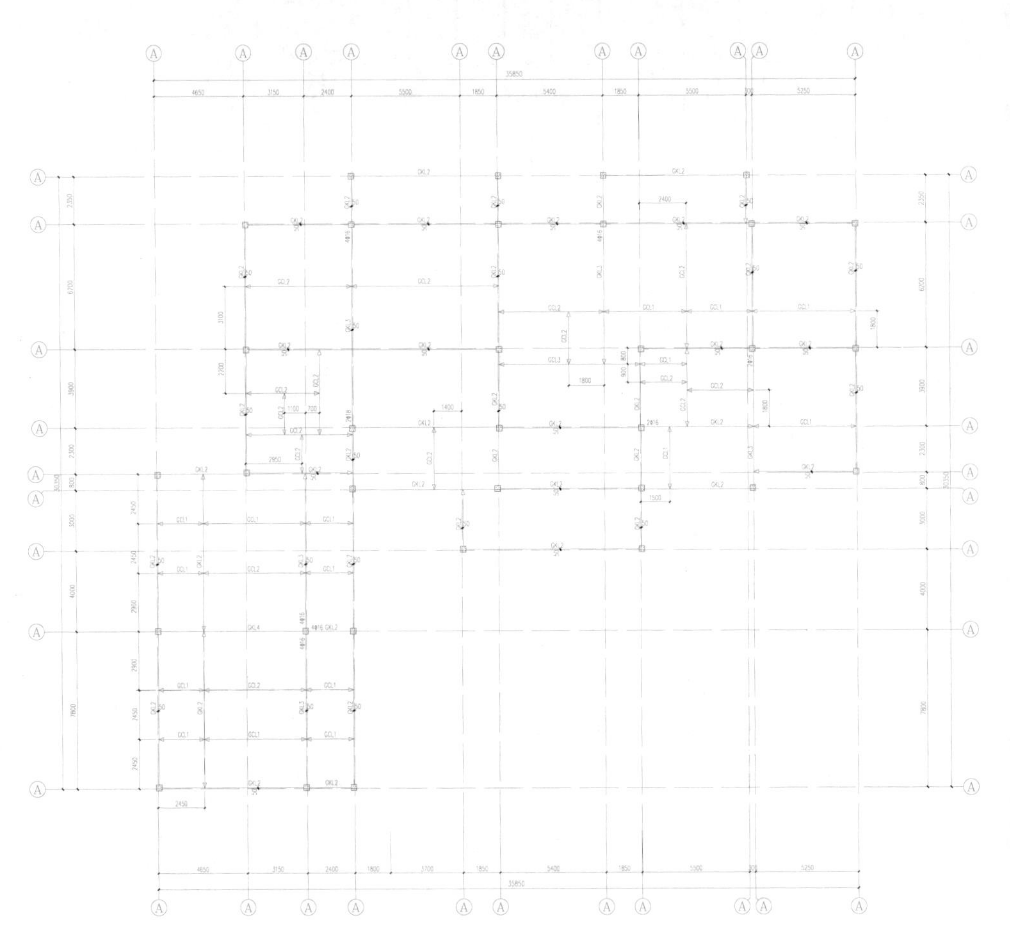

图1.21　一层梁平面布置图

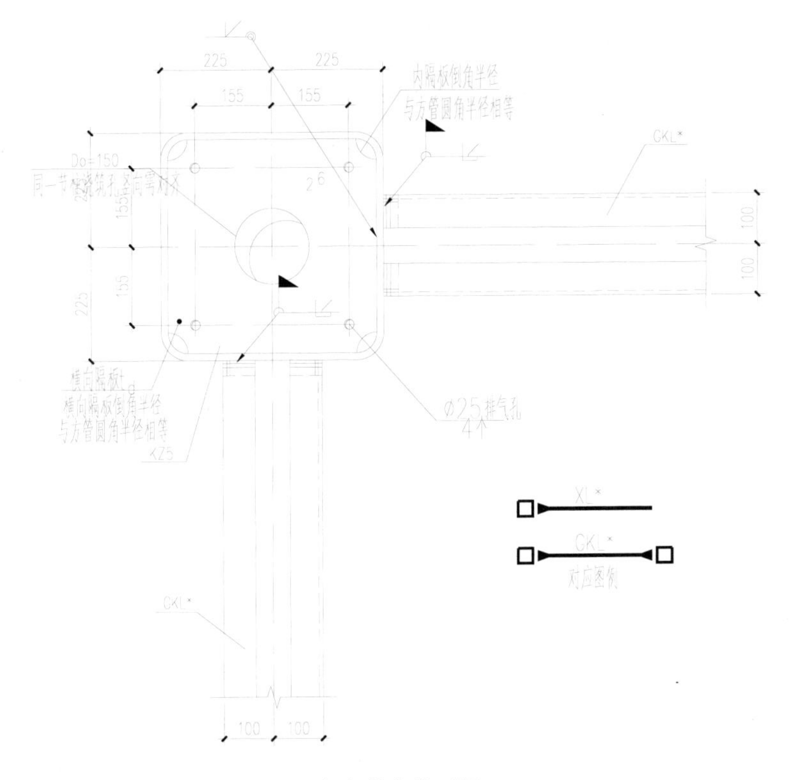

（a）节点截面图

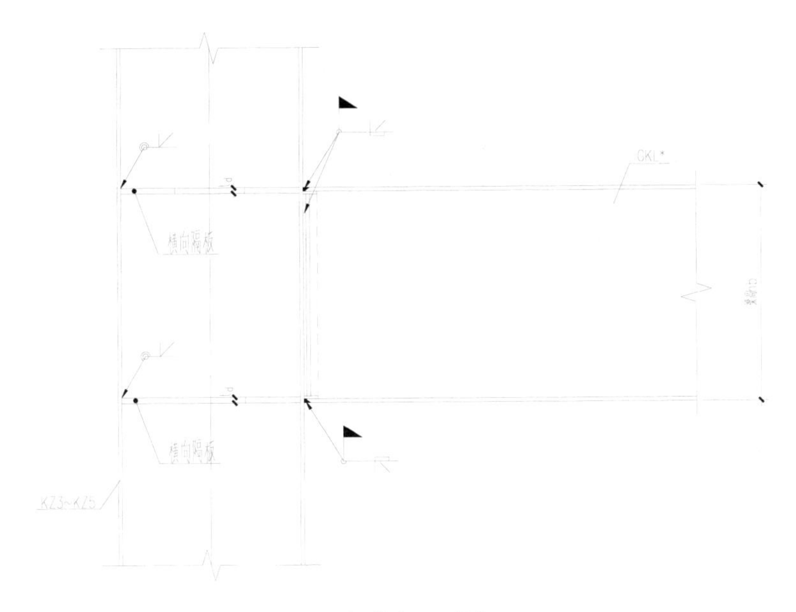

（b）节点立面图

图 1.22　内环板刚性节点

● 垫江管廊监控中心

（1）工程概况。该项目位于重庆市垫江县，建筑用地总面积为12686m²，建筑高度为13.80m，地上三层，地下一层。该项目抗震设防烈度为6度，设计基本地震加速度为0.05*g*，水平地震影响系数最大值为0.04，场地类别为Ⅱ类，设计地震分组为第一组，特征周期为0.35s。该项目抗震地段为有利地段。该项目抗震设防类别为乙类，建筑结构安全等级为一级，抗震等级为三级。框架嵌固端位置在基础顶。

（2）工程建筑特点。该项目由办公、监控、绿化以及停车场等系统组成，是集办公、监控、管理为一体的综合管养基地。该项目的东西跨度为82.7m，南北跨度为38.8m，建筑分区开间跨度为2.9～6m，进深为2.3～8m。项目效果图如图1.23所示，典型建筑平面布置图如图1.24所示。

图1.23　项目效果图

（3）工程结构特点。该项目主体结构竖向构件采用钢管混凝土柱，水平构件采用外包U形钢－混凝土组合梁。采用的外包U形钢－混凝土组合梁的做法与“垫江三合湖文化活动中心”项目相同，如图1.20所示。结构二层梁平面布置图如图1.25所示。该项目方钢管混凝土柱节点采用内环板刚性节点形式（图1.26）。

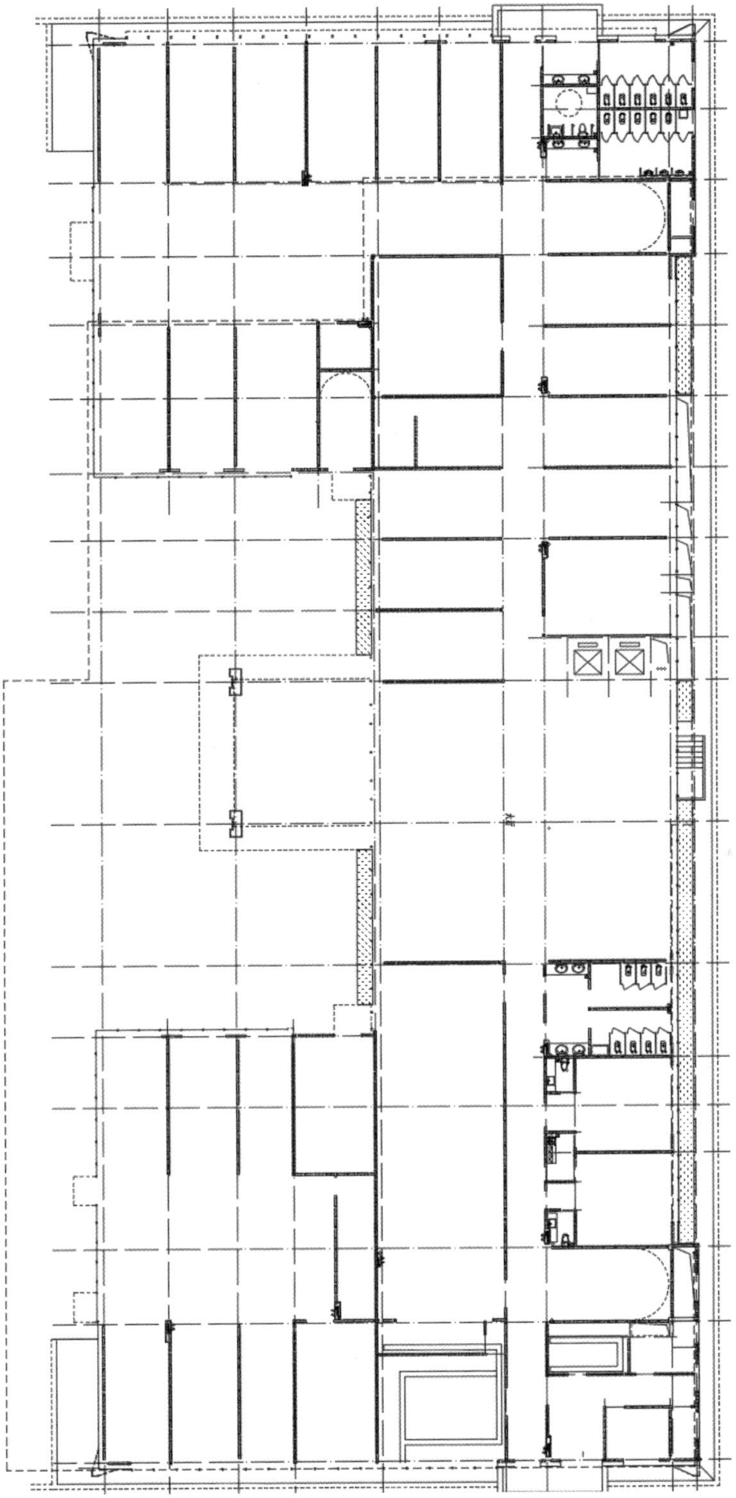

图1.24　典型建筑平面布置图

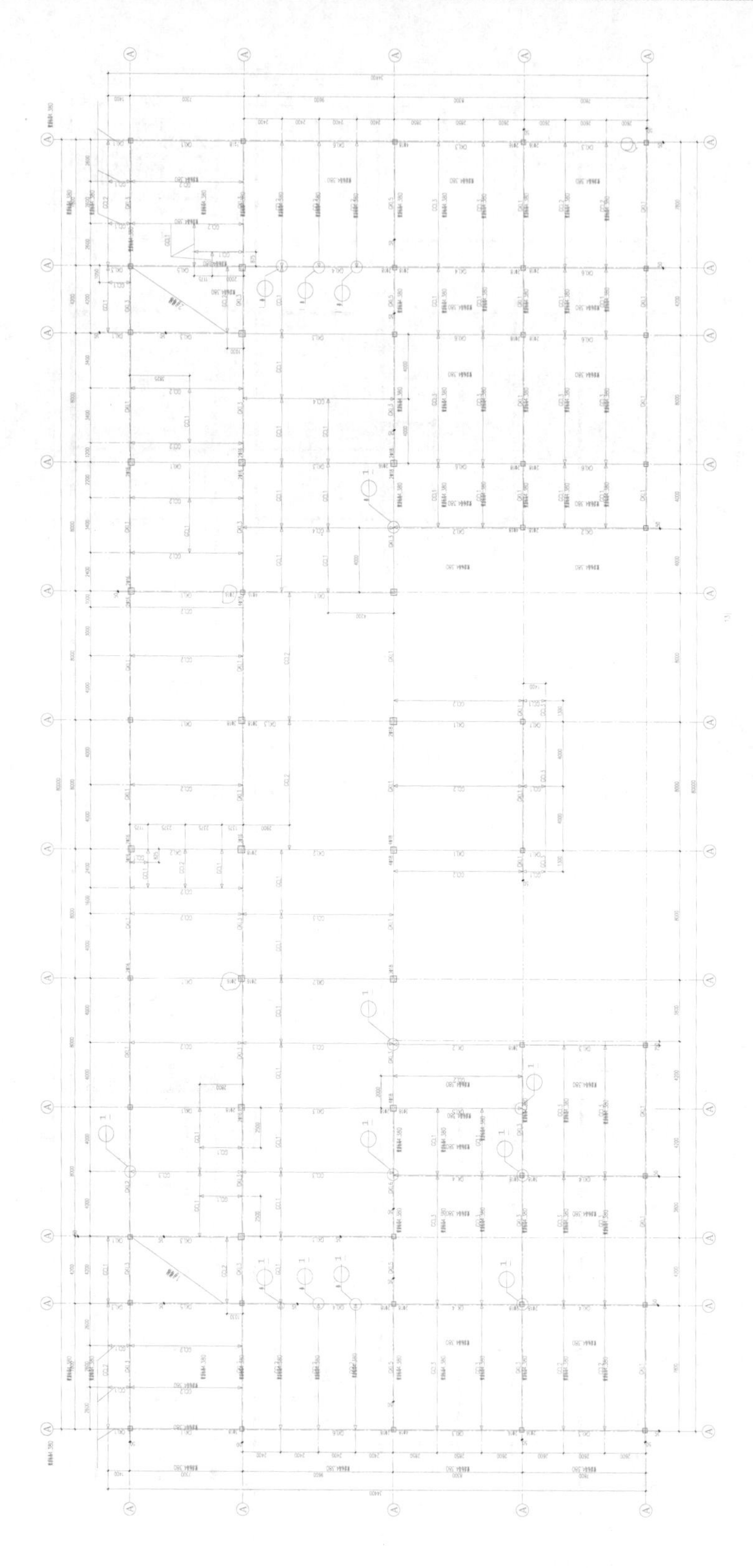

图 1.25　二层梁平面布置图

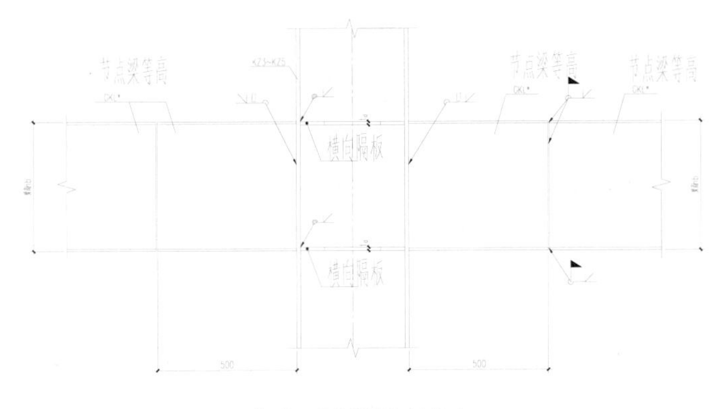

（a）两边梁等高节点

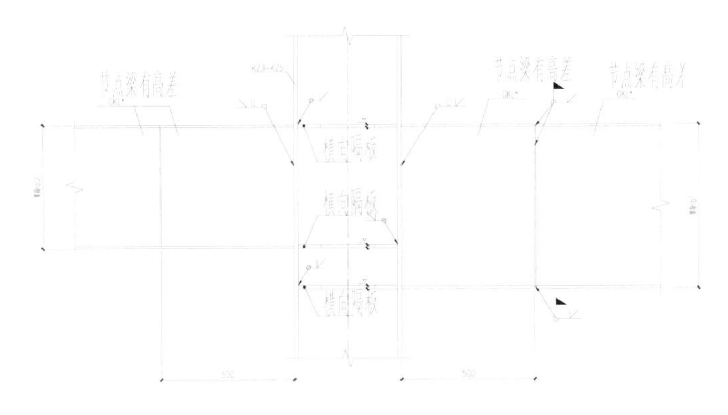

（b）两边梁不等高节点

图 1.26　内环板刚性节点

以上 3 个工程案例中的外包 U 形钢－混凝土梁均采用槽钢连接件作为抗剪连接件，这种连接件能有效改善组合梁翼－腹界面纵向抗剪问题，且在一定程度上抑制混凝土楼板的掀起。但同时也存在需要进一步改进的方面，比如提升 U 形钢扭转稳定性、降低焊接残余应力对构件刚度的不利影响，同时槽钢连接件与混凝土板内钢筋排布的位置关系也需要深化设计。

1.4　U 形钢－混凝土组合梁研究工作总结

在 20 世纪 90 年代 [2]U 形钢－混凝土组合梁诞生之初，其抗弯承载力明显受到薄壁型钢屈曲的制约，且当时并未考虑梁与楼板之间的组合作用。在之后30年发展历史里，国内外学者基于U形钢－混凝土组合梁的概念，提出了种类繁多的类似构造与名称。

1.4.1 U形钢－混凝土组合梁的介绍

1. 按照U形钢截面类型分类

（1）压型截面[2]（图1.27(a)）。这种截面的优势在于压型钢板的凸肋可以增强钢－混界面粘结性能；缺点在于压型钢板本身厚度较小（0.8 ~ 1.6 mm），在施工阶段需要大量支撑，且使用阶段易发生钢板局部屈曲。

（2）冷弯型截面（图1.27(b)）。这种截面由等厚度的一整块钢板在加工厂冷弯而成，所用钢板的厚度较压型钢板略大。其根据上翼缘形式又分为两个子类，即外翻翼缘[94,102]和内翻翼缘[95,106,108]，其中内翻翼缘对内包混凝土的约束效果更好[119]。两种截面类型都易于制作，且在施工阶段就具有一定刚度，减少或取消支撑。

（3）焊接型截面（图1.27(c)）。这种U形钢截面的优势在于形式灵活，可根据工程需要，选用不同形状的薄壁Z形钢、C形钢、J形钢等作为腹板，选用厚钢板作为底板以增强抗弯能力[119]，也可取消底板[103]；缺点是受焊接残余应力影响较大，尤其是厚度较薄的腹板，焊接后有明显残余变形，加工成本和难度增加。

（4）螺栓连接截面（图1.27(d)）。这种截面解决了薄壁型钢不利于焊接的问题，且嵌入混凝土内的螺栓有利于增强钢－混凝土截面粘结力；缺点在于只能使用摩擦型高强螺栓，否则会发生螺栓滑移破坏[109]，增加了施工难度和施工成本。

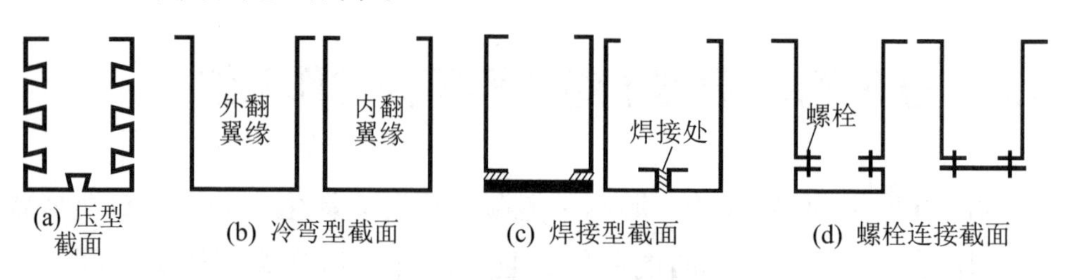

图1.27 四类代表性U形钢截面

2. 按照混凝土形式分类

（1）空腹式截面[94]。由于混凝土抗拉强度较低，开裂后即退出工作，因此有学者

（2）火山灰混凝土[96]。同样出于减轻自重的考虑，有学者提出采用质量较小的火山灰混凝土的想法。

（3）再生混凝土[140]。由于混凝土包裹在U形钢内，且正弯矩区混凝土开裂较早，因此有学者提出采用废弃混凝土块部分代替现浇混凝土的想法。试验证明，25% ~ 40% 的废弃混凝土块体取代率并不会影响梁的宏观力学性能（如初始刚度、抗弯承载力、延性等性能指标）。

除上述钢截面和混凝土形式外，还出现了花纹钢[137,150]、高强混凝土[141−142]、预应力[129]等新工艺。

1.4.2 U形钢－混凝土组合梁的研究现状

目前的研究现状为，U形钢－混凝土组合梁的构造种类繁多，各有优劣，但均未完全解决钢－混界面分离和滑移、翼－腹界面掀起和滑移这两个薄弱面问题。从理论上分析，U形钢－混凝土组合梁具有良好的工作性能，但这些优势必须在整体性得到满足的前提下才能得以发挥。例如，钢腹板及其内部混凝土的组合抗剪必须在钢－混界面粘结强度足够的情况下完成，二者单独作用时，U形钢易发生鼓曲、混凝土易单独剪坏[130]。若这两个薄弱面问题不解决，U形钢－混凝土组合梁的承载力和延性均会受到严重影响。近年来，国内外学者做出了以下尝试。

1. 针对钢－混界面

（1）使用压型钢板[2]（图1.28(a)）作为U形钢截面，可利用压型钢板的凸肋抑制钢－混界面分离和滑移；但压型钢板本身较薄，屈曲后试件整体作用失去，破坏较为迅速。

（2）将U形钢上翼缘卷边（图1.28(b)）[95]向下嵌入混凝土，可在一定程度上增强U形钢上翼缘与混凝土之间的相互作用；但由于上翼

缘之间缺少抗分离构造措施，U形钢会带动卷边内的混凝土向两侧张开。若能解决U形钢张开问题，该方案则优势较为明显。

（3）将J形钢的下翼缘卷边嵌入混凝土内（图1.28(c)[103]，这种方案有利于增强U形钢底板与混凝土之间的相互作用，但通长的焊缝会对薄壁J形钢产生不利影响。

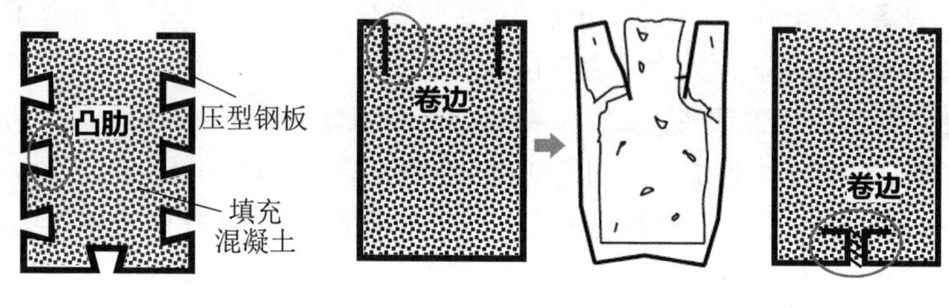

(a) 压型钢板　(b) 内翻上翼缘卷边　(c) 焊接J形钢卷边

图1.28　已有的钢–混界面加强方式

2. 针对翼–腹界面

（1）上翼缘焊接栓钉（图1.29(a)）[103,119]。这是最常用的做法，但上翼缘通常宽度较窄，施工不方便，且焊接栓钉对薄壁型钢会产生不利影响。

（2）上翼缘焊接角钢（图1.29(b)）[147–148]。这种做法能有效改善翼–腹界面纵向抗剪问题；但无法抑制混凝土板掀起，也无法改善U形钢扭转稳定性，且角钢焊接量较大，焊接残余应力对构件刚度会产生不利影响。

（3）上翼缘焊接拱形钢筋（图1.29(c)）[102]或拱形钢条带。这种做法可增强翼–腹界面纵向抗剪承载力，同时可抑制混凝土板掀起；但依旧存在焊接残余应力，且无法形成封闭截面，与板内钢筋易发生碰撞，施工复杂，具有可优化空间。

（4）贯通螺栓（图1.29(d)）[92]或水泥钉。这种做法对翼–腹界面纵向抗剪与竖向抗掀起均有一定效果；但无论螺栓预埋还是后期打孔安装，施工均较为复杂，且螺栓杆与螺栓孔之间存在一定滑移。

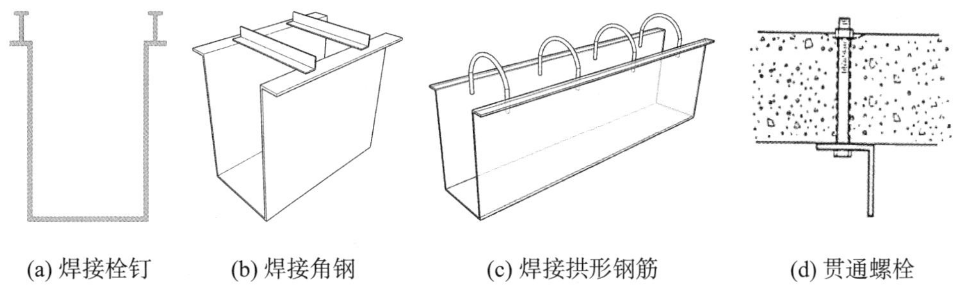

(a) 焊接栓钉　(b) 焊接角钢　(c) 焊接拱形钢筋　(d) 贯通螺栓

图 1.29　常用翼 – 腹界面加强方式

1.4.3　U 形钢 – 混凝土组合梁为待优化的方面

综上所述，目前出现的钢截面中，带内翻翼缘的冷弯型截面在制作、施工、残余应力、整体性等方面均有较明显的优势，可优先选用；但还有以下尚待优化的方面：

（1）钢 – 混界面加强方面，U 形钢上部需配置防止翼缘张开的构造措施，下部需配置抗滑移的构造措施。

（2）翼 – 腹界面加强方面，拱形钢筋“抗掀起”与“抗滑移”概念清晰，可行性较强，但需要考虑对焊接的优化。

第 2 章　新型 U 形钢 – 混凝土组合梁的翼板 – 腹板界面性能研究

2.1 引　言

本章提出了一种新型U形钢–混凝土组合梁(图2.1),对翼–腹界面、钢–混界面两个薄弱面进行了加强，提高了其整体性，发挥了U形钢–混凝土组合梁天然的优势。

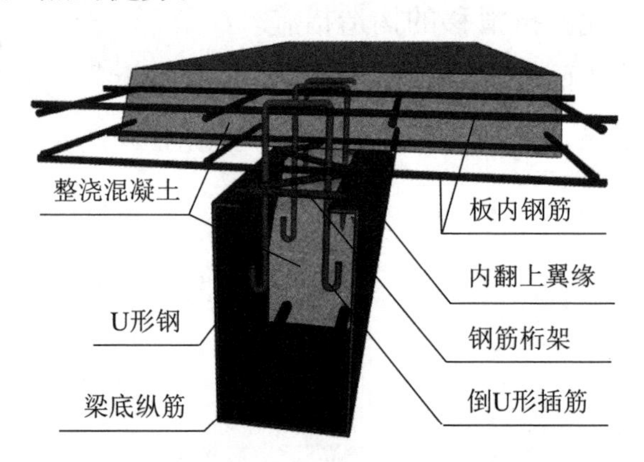

图 2.1　新型 U 形钢 – 混凝土组合梁

新型 U 形钢 – 混凝土组合梁主要由带内翻翼缘的冷弯 U 形钢截面、梁底纵筋、钢筋桁架、倒 U 形插筋、板内钢筋以及整体浇筑的混凝土构成，具有以下优势：

（1）冷弯 U 形钢截面制作简单，且在施工阶段具有一定刚度。

（2）内翻翼缘对内部混凝土约束效果好。

（3）为防止 U 形钢张开，在内翻翼缘上点焊钢筋桁架，将 U 形钢开口截面转化为等效闭口箱形截面，相较于焊接角钢、焊接栓钉等构造，施工更加方便，抗扭稳定性更好。

（4）经初探性试验[151]证明，梁底纵筋可通过限制混凝土纵向变形减少钢 – 混界面滑移最高达 93%，既解决了焊接问题，又对钢 – 混界面进行了有效加强。

（5）基于拱形钢筋的概念，增加了只需要简单绑扎的倒 U 形插筋，既解决了焊接问题，又起到了“抗掀起”与“抗滑移”的作用。

由于梁底纵筋、钢筋桁架、倒 U 形插筋组成的钢筋加强系统概念清晰，对应的力学作用明确，因此，经过钢筋加强系统改良的新型 U 形钢 – 混凝土组合梁具有一定的研究价值和应用前景。

2.2　传统栓钉纵向抗剪承载力计算方法

新型 U 形钢 – 混凝土组合梁的纵向抗剪承载力计算方法目前尚未被研究，但关于传统 H 型钢 – 混凝土组合梁的栓钉抗剪承载力研究已经较为成熟，且广泛应用于各国组合梁设计规范中。

最初的栓钉抗剪承载力（Q_u）计算指数模型由 Lehigh 大学 Ollgaard 等人[159]在 1971 年提出，并根据试验数据采用数据拟合的方法确定其指数。研究发现，Q_u 主要受栓钉截面面积 A_d、混凝土抗压强度 f_c' 和混凝土弹性模量 E_c 的影响，由以下经验公式计算：

$$Q_u = 1.106 A_d f_c'^{0.3} E_c^{0.44} \tag{2.1}$$

以式（2.1）为基础，各国修正并编入了相应的组合梁规范。

美国钢结构规范 AISC 360–16[156]为了方便设计，对式（2.1）进行了一定程度的简化，指数统一取 0.5:

$$Q_u = 0.5 A_d \sqrt{E_c f_c'} \leqslant A_d f_u \tag{2.2}$$

加拿大钢结构规范 CAN/CSA–S16–01[160]在式（2.2）的基础上，进一步引入了承载力修正系数 ϕ_{sc}（建议取 0.8）:

$$Q_{\mathrm{u}}=0.5\varphi_{\mathrm{sc}}A_{\mathrm{d}}\sqrt{E_{\mathrm{c}}f_{\mathrm{c}}'}\leqslant\varphi_{\mathrm{sc}}A_{\mathrm{d}}f_{\mathrm{u}} \tag{2.3}$$

欧洲规范 EC 4 基于 75 个推出试件进行了可靠度分析，按照破坏模式（混凝土压溃与栓杆剪坏）分别提出了两种计算方式，栓钉的抗剪承载力取二者的较小值：

$$Q_{\mathrm{u}}=\min\left\{0.29\alpha d^{2}\sqrt{E_{\mathrm{c}}f_{c}'}/\gamma_{\mathrm{v}},0.8A_{\mathrm{d}}f_{\mathrm{u}}/\gamma_{\mathrm{v}}\right\} \tag{2.4}$$

我国的《钢结构设计标准》（GB 50017—2017）[157] 中，采用以下方法计算 Q_{u}：

$$Q_{\mathrm{u}}=0.43A_{\mathrm{d}}\sqrt{E_{\mathrm{c}}f_{\mathrm{c}}'}<0.7A_{\mathrm{d}}\gamma_{\mathrm{s}}f_{\mathrm{yd}} \tag{2.5}$$

式（2.1）~ 式（2.5）中：

f_{u} —— 栓钉的抗拉强度；

α —— 栓钉长度影响系数；

d —— 栓钉直径；

γ_{v} —— 分项安全系数；

f_{yd} —— 栓钉抗拉强度；

γ_{s} —— 栓钉的强屈比。

式（2.1）~ 式（2.5）计算简单，意义明确，非常适合工程设计。但最初的公式式（2.1）是经验公式，物理意义不够明确；改进后得到的半经验公式式（2.2）~ 式（2.5）考虑了栓钉剪坏与混凝土局部受压破坏两个破坏模式，但并不适用于复杂的新型 U 形钢 – 混凝土组合梁。因此，需要提出一个物理意义更加明确、既能反映翼 – 腹界面纵向抗剪机理又简单易算的设计公式。鉴于倒 U 形插筋与长栓钉在受力方面较为类似，同样处于弯曲与剪切复合作用下，且都属于柔性连接件，因此倒 U 形插筋抗剪承载力的计算方法可以参照栓钉抗剪承载力的计算方法。此外，根据李铁强对弯筋连接件的研究 [36]，可推测出新型 U 形钢 – 混凝土组合梁的翼 – 腹界面还有其他构造参与纵向抗剪，如翼 – 腹界面整浇混凝土的直剪作用、钢筋桁架的咬合作用等。

为了研究翼 – 腹界面的纵向抗剪机理，设计了一批推出试验，以实现以下目的：

（1）了解增加插筋后的翼 – 腹界面纵向抗剪基本性能。

（2）分析翼 – 腹界面纵向抗剪性能的影响因素。

（3）根据破坏机理提出翼 – 腹界面纵向抗剪承载力计算方法。

（4）提出翼 – 腹界面抗剪连接程度的计算方法。

在初探试验中已证明，配置梁底纵筋可以大幅减少钢 – 混界面滑移。因此本章将整个梁腹板视为整体，重点关注新型 U 形钢 – 混凝土组合梁的纵向抗剪承载力与翼 – 腹界面相对变形。

2.3　推出试验方案

2.3.1　试件设计

推出试件的设计思路如图 2.2 所示。根据混凝土板的双轴对称性，设计出如图 2.2 所示的适合新型 U 形钢 – 混凝土组合梁的推出试件，由两侧的梁腹板支撑中间的混凝土板。为了防止混凝土板发生破坏，影响试验结果，板内钢筋偏安全地设计为钢筋笼；为了加工方便，在不改变受力状态的基础上，将倒 U 形插筋（以下简称：插筋）简化为工程中常用的带 180° 弯钩或 135° 弯钩的拉筋；为了防止插筋在浇筑混凝土时移位，将其绑扎固定于混凝土板里的钢筋笼上。

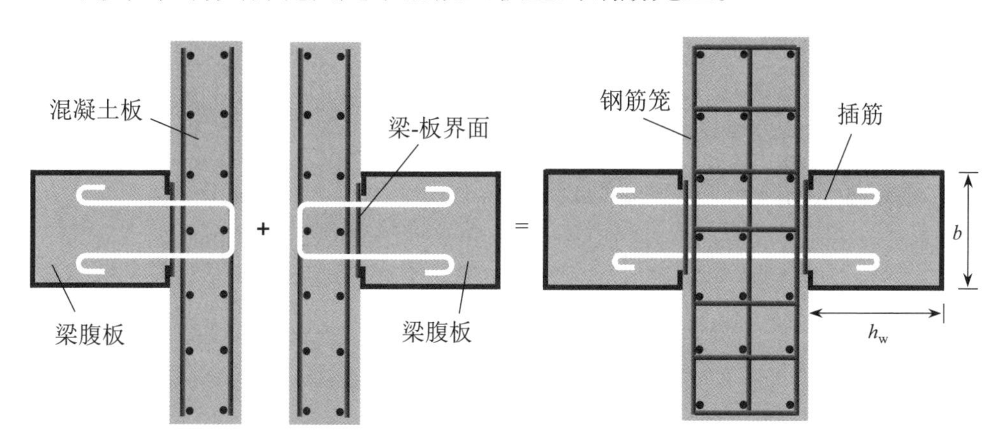

图 2.2　推出试件设计（水平剖面图）

试件的立面图如图 2.3(a) 所示，混凝土板设计为 600 mm（宽度）× 460 mm（高度）× 200 mm（厚度），梁腹板为 150 mm（梁腹板宽 b）× 200 mm（腹板高 h_w）× 400 mm（梁腹板长度）。混凝土板钢筋笼统一采用直径 Φ_r = 10 mm 的 HRB400 钢筋，上表面与下表面保护层厚度为 30 mm，其余 4 个表面保护层厚度为 15 mm。混凝土板下端净空为 80 mm，翼－腹界面混凝土受剪长度 l_λ = 330 mm。

图 2.3(b) 为翼－腹界面构造图，U 形钢宽度（梁腹板宽）b 为 150 mm，内翻上翼缘宽度为 b_f，则钢筋桁架纵向投影长度为 b–b_f，相邻斜向布置的桁架杆件之间夹角为 α_{tr}。

推出试验共包含 11 个试件，具体参数见表 2.1。试件按照如下规则命名（以 P1–208–80–30 为例说明）：“P1”表示推出试验编号为 #1 的试件；“2U8”表示配置了 2 组直径为 8 mm 的倒 U 形插筋，即插筋肢数 n_U = 4，“NU”表示无插筋；“80”表示相邻斜置桁架杆件的夹角 α_{tr} = 80°，“NR”表示无桁架；“30”表示内翻上翼缘宽度 b_f = 30 mm。

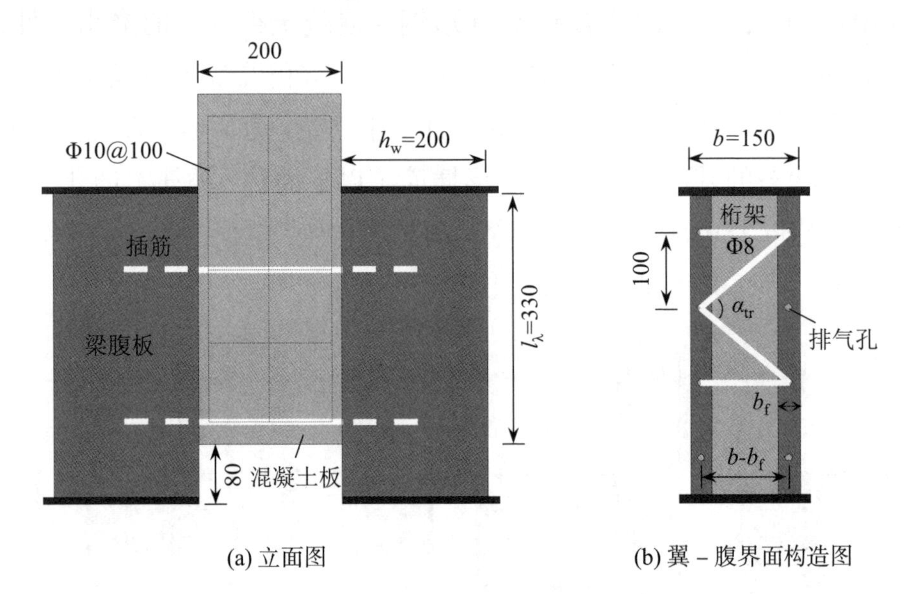

(a) 立面图　　(b) 翼－腹界面构造图

图 2.3　推出试件构造图

表 2.1　推出试件参数表

试件编号	Φ_U(mm)	n_U	α_{tr}(°)	n_{tr}	b_f(mm)	$f_{c,k}$(MPa)	f_{yr}(MPa)	f_{ur}(MPa)	γ_r
P1–2U8–80–30	8.0	4	80	4	30	35.7	458	617	1.35
P2–2U6–80–30	6.0	4	80	4	30	35.7	476	604	1.27
P3–2U12–80–30	12.0	4	80	4	30	35.7	443	567	1.28
P4–4U8–80–30	8.0	8	80	4	30	35.7	458	617	1.35
P5–2U8–80–40	8.0	4	80	4	40	35.7	458	617	1.35
P6–2U8–80–20	8.0	4	80	4	20	35.7	458	617	1.35
P7–2U8–45–30	8.0	4	45	7	30	35.7	458	617	1.35
P8–2U8–0–30	8.0	4	0	4	30	35.7	458	617	1.35
P9–2U8–NR–30	8.0	4	—	0	30	35.7	458	617	1.35
P10–NU–80–30	—	0	80	4	30	35.7	458	617	1.35
P11–NU–NR–30	—	0	—	0	30	35.7	458	617	1.35

注：Φ_U 为插筋直径；n_{tr} 为桁架杆件数量；$f_{c,k}$ 为混凝土棱柱体抗压强度；f_{ys} 为钢板屈服强度；f_{yr} 为钢筋屈服强度；f_{ur} 为钢筋极限强度；γ_r 为钢筋强屈比（即 $\gamma_r = f_{ur}/f_{yr}$）。

2.3.2 加载方案

试件放置于刚性自平衡框架内，由固定在自平衡框架顶部横梁上的千斤顶进行单向加载。EC 4[21] 推荐的推出试验标准加载流程为：先进行 25 次 $0.05P_u$（P_u 为预测的峰值荷载）~ $0.40P_u$ 之间的循环加载与卸载，再进行正式加载，目的是消除钢－混界面粘结力。

这种循环预加载方式并不适合新型 U 形钢－混凝土组合梁，原因如下：

（1）U 形钢内翻上翼缘（宽度为 30 mm）面积远小于常用的 H 型钢翼缘面积，按照 EC 4 建议的钢－混界面粘结强度 0.5 MPa 计算，本试件的钢－混界面粘结力约为 20 kN，远小于试件峰值承载力，因此可以忽略不计。

（2）混凝土板与混凝土腹板整体浇筑，因此在翼－腹界面混凝土断裂前，试件不会出现明显滑移，这是新型 U 形钢－混凝土组合梁与传统 H 型钢－混凝土组合梁在翼－腹界面之间最大的区别。

如果完全照搬标准流程，加载至 $0.40P_u$ 时翼－腹界面混凝土会发生部分直剪破坏，产生明显滑移，正式加载时则失去了无滑移段这一重要特征。因此，新型 U 形钢－混凝土组合梁推出试验采用普通静力试验加载制度。

2.4 试验结果

2.4.1 破坏过程与破坏模式

1. 破坏过程

配置插筋的试件破坏过程可近似分为 3 个阶段（图 2.4）。

（1）无滑移阶段（0 ~ P_s）：翼－腹界面混凝土保持完好，翼－腹界面几乎无相对滑移。

（2）滑移阶段（P_s ~ P_u）：U 形钢上翼缘与混凝土板之间出现裂隙，

滑移开始增长；随后翼－腹界面混凝土剪切面逐渐破坏，试件刚度持续减小，混凝土板与梁腹板有分离趋势，但分离趋势受到插筋控制。

（3）下降段（P_u 以后）：两侧梁腹板朝远离混凝土板方向发生分离，钢筋桁架－骨料咬合作用、混凝土剪切面之间骨料－骨料咬合作用均失效。

未配置插筋的试件，同样经历了以上 3 个阶段。区别在于滑移阶段与下降阶段较为短暂，翼－腹界面混凝土断裂后，滑移出现，梁腹板向两侧分离，试件迅速失去承载力，破坏较为突然。

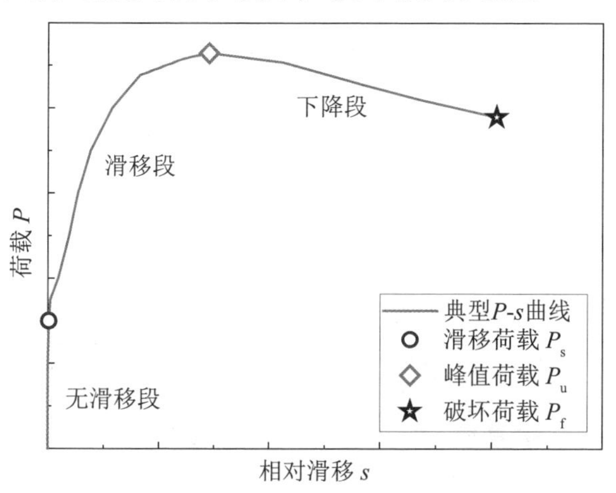

图 2.4　配置插筋的试件破坏过程

2. 破坏模式根据试件延性可将破坏模式分为两种。

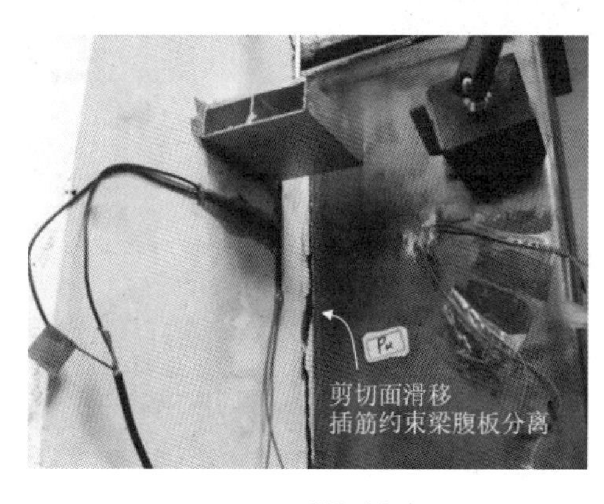

(a) 延性破坏

(b) 脆性破坏

图 2.5　两种破坏模式

（1）配置了插筋的试件发生延性破坏（图 2.5(a)）。在混凝土剪切面破坏后，插筋能够有效增强断裂混凝土接触面之间的骨料咬合力，并在滑移过程中实现应力重分布，延缓破坏过程，最终达到延性破坏。

（2）未配置插筋的试件发生脆性破坏（图 2.5(b)）。加载过程中混凝土剪切面在拉剪复合应力作用下发生破坏。由于没有插筋控制，骨料之间的咬合作用难以实现，梁腹板向两侧分离，混凝土板直接掉落，表现出脆性破坏特征。

2.4.2 界面纵向抗剪机理

1. 插筋纵向抗剪机理

设计插筋的目的是抵抗翼 – 腹界面滑移与混凝土板的掀起，其作用类似于 H 型钢 – 混凝土组合梁中栓钉的“抗拔”及“抗剪”作用，但插筋相对于栓钉刚度较小。

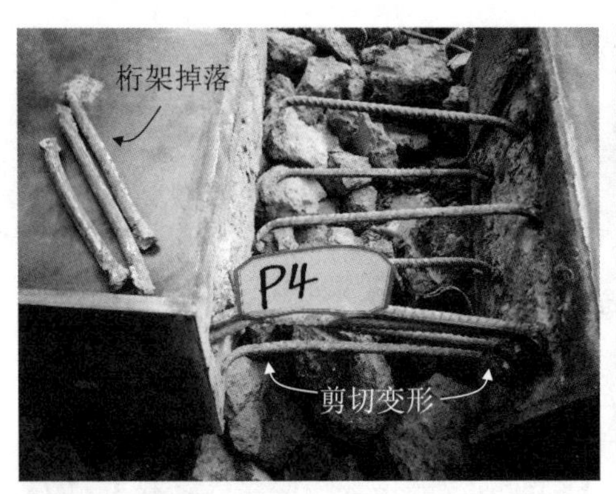

(a) 试件 P4 中插筋剪切变形

(b) 试件 P5 中插筋剪切变形

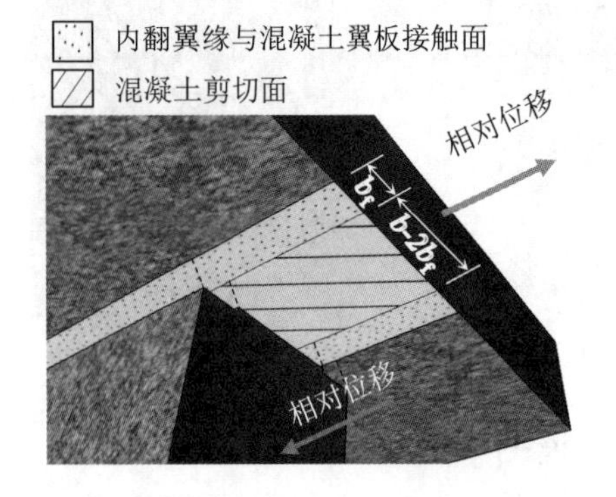

(c) 混凝土板与混凝土腹板相对位移

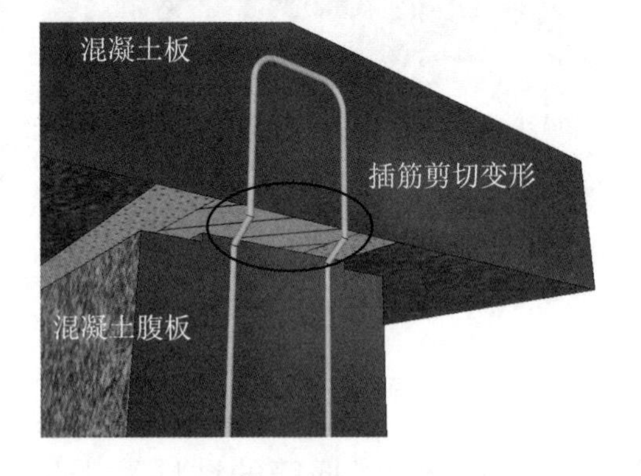

(d) 滑移导致的插筋剪切变形

图 2.6 倒 U 形插筋纵向抗剪机理

插筋的“抗剪”作用：当混凝土板与梁腹板发生滑移后（图 2.6(c)），插筋在翼 – 腹界面处发生局部剪切变形（图 2.6(b) 和图 2.6(d)），甚至被剪断（图 2.6(a)）。因此插筋在设计时，可利用其极限强度。

插筋的“抗拔”作用：在推出试验中，梁腹板的分离总是从翼 – 腹界面下部开始，即翼 – 腹界面下部的裂隙比上部更大。梁腹板的分离趋势受到插筋约束，使得钢筋桁架 – 混凝土之间的咬合作用、混凝土断裂面之间的骨料咬合作用在荷载下降段仍然存在。因此即使在峰值荷载之后，通过插筋的“抗拔”及“抗剪”作用，翼 – 腹界面依旧具有一定的纵向抗剪承载力。

综上所述，插筋的纵向抗剪贡献可分为两部分：其一为自身的截面抗剪作用，其二为抗拔作用，后者通过对翼 – 腹界面混凝土纵向抗剪承载力的提高来体现。两部分均要在设计中进行考虑。

2. 翼 – 腹界面混凝土纵向抗剪机理

在新型 U 形钢 – 混凝土组合梁中，由于混凝土板与混凝土腹板整体浇筑，故翼 – 腹界面混凝土能够通过自身的纵向抗剪作用抵抗一部分纵向剪力和滑移，界面混凝土整体剪坏后，试件达到峰值承载力。

从图 2.7(a) 和图 2.7(b) 给出的翼 – 腹界面断裂情况可以看出，界面混凝土抗剪主要由两部分组成：其一为 U 形钢内翻上翼缘上表面与混凝土板下表面的化学粘结作用（宽度为 $2b_f$）；其二为翼 – 腹界面混凝土自身纵向抗剪作用（宽度为 $b—2b_f$）。由于钢 – 混界面化学粘结作用较弱，可以忽略不计，因此可以认为翼 – 腹界面混凝土纵向抗剪承载力仅由内翻上翼缘之间的混凝土剪切面直剪作用提供，如图 2.7(c) 阴影部分所示。内翻上翼缘相比外翻上翼缘，一方面能够更好地约束混凝土腹板，使整个梁腹板形成整体；另一方面也会削弱翼 – 腹界面混凝土抗剪性能，且内翻上翼缘宽度越大，削弱作用越强。在设计时，应对这两方面综合考虑，选择最佳上翼缘宽度。

(a)P10–NU–80–30 破坏面

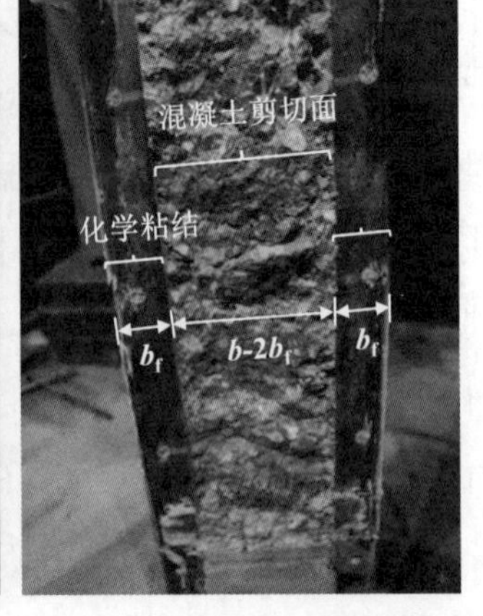

(b)P11–NU–NR–30 破坏面

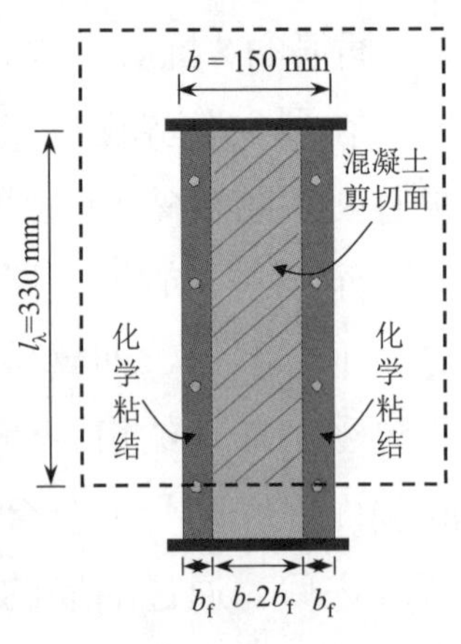

(c) 混凝土剪切面示意图

图 2.7　翼 – 腹界面混凝土纵向抗剪机理

3. 钢筋桁架咬合作用机理

图 2.8(a) 和图 2.8(b) 给出了破坏面钢筋桁架的弯曲变形以及邻近混凝土被压酥的情况。钢筋桁架点焊在 U 形钢上翼缘上，在加载过程中固定不动，混凝土板产生向下移动趋势时，与桁架咬合面产生挤压。随着荷载的增加，桁架钢筋单元发生弯曲变形，邻近的混凝土被压酥。与螺栓孔壁承压机理类似，通过纵向投影，桁架与混凝土的挤压面可以简化为一个高度为 Φ_r 且宽度为 $b—b_f$ 的矩形面(图 2.8(c))。从图 2.8(b) 中可以看出，加载过程中有钢筋桁架的焊脚脱落；因此在设计时，需要对焊脚进行计算，保证在临近混凝土压溃前，焊脚不会发生破坏。

(a) 试件 P6 中的现象

(b) 试件 P7 中的现象

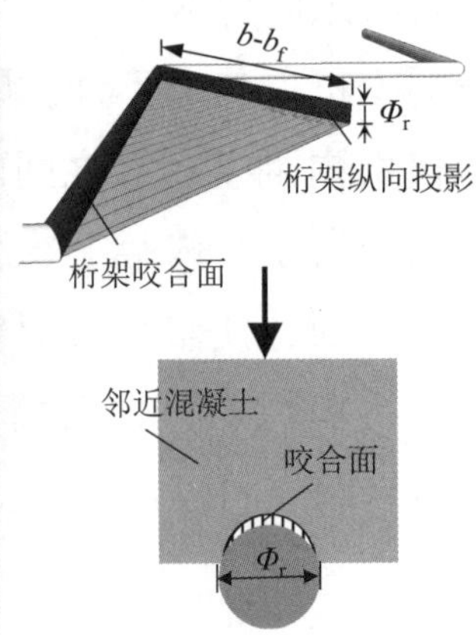

(c) 桁架咬合机理

图 2.8　钢筋桁架咬合作用机理

2.4.3　荷载 – 滑移曲线

在加载过程中，混凝土板应变发展较小（<100 με），即混凝土板自身的纵向压缩可以忽略。图 2.9 给出了各试件的荷载 – 钢板应变曲线，其中 ε_v 表示竖向应变，ε_h 表示横向应变。梁腹板的竖向压缩应变与横向膨胀应变均小于 300 με，即混凝土板相对于梁腹板表现为刚体之间的滑移，可忽略自身变形。

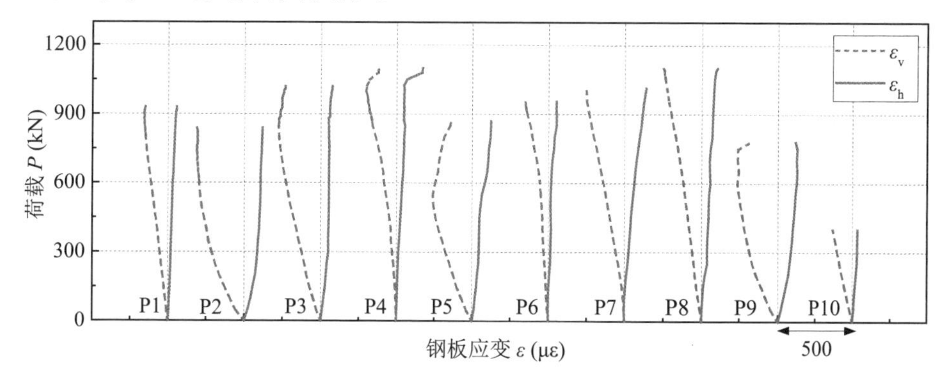

图 2.9　荷载 – 钢板应变曲线

图 2.10(a) 给出了某一点处的相对滑移（V1）与整个剪切段的总滑移（V2）的对比情况。由于是刚体之间的滑移，二者趋于一致，*P–s* 曲线的微小差别推测源于试件的加工误差或加载点略有偏心。

图 2.10(b) 和图 2.10(c) 分别比较了不同插筋直径（Φ_U）和插筋肢数（n_U）对翼 – 腹界面抗剪性能的影响，发现在插筋面积提高近似相同面积的情况下，提高插筋肢数对抗滑移性能、峰值承载力和延性的提高更为显著。综上所述，插筋直径在 6 ~ 12 mm 范围内不改变翼 – 腹界面的破坏状态及延性，而插筋肢数对荷载 – 滑移曲线的总体趋势影响较大，会改变试件的破坏状态与延性。

U 形钢内翻上翼缘的宽度决定了界面混凝土的面积与对内部混凝土的约束效果，即上翼缘越宽，纵向抗剪承载力越低，但对内部混凝土约束效果越好。为了防止 U 形钢内翻翼缘对翼 – 腹界面混凝土的过度削弱，建议内翻翼缘宽度不应大于 *b*/5；同时为了保证翼缘冷弯和钢筋桁架焊接的便利性、内翻翼缘对内部混凝土的约束性，内翻翼缘宽度不应小于 max{15 mm, b/7.5}。

钢筋桁架的角度决定了钢筋桁架杆件的数量和截面稳定性，即桁架角度越小，抗剪承载力越高，但截面稳定性越差。因此需要综合考虑翘曲稳定性与纵向抗剪承载力后选择桁架角度。

图 2.10(d) 比较了是否配置插筋与桁架对翼 – 腹界面抗剪性能的影响，选取试件为 P1–2U8–80–30、P9–2U8–NR–30 和 P11–NU–NR–30，滑移荷载 P_s 分别为 340 kN、280 kN 和 250 kN，峰值荷载 P_u 分别为 929 kN、781 kN 和 283 kN，即配置插筋与桁架，滑移荷载略有提高，峰值荷载提高较为明显。整体来看，未配置插筋的试件 P11 延性和承载力均较差。试件纵向抗剪成分明细见表 2.2，试件 P11 仅靠翼 – 腹界面混凝土自身抗剪作用提供纵向抗剪承载力，即混凝土剪切面贡献 P_{u11} = 283 kN。在 P11 基础上配置插筋得到 P9，提高的抗剪承载力（P_{u9}—P_{u11} = 498 kN）即为插筋的贡献，包括自身的截面抗剪作用和对翼 – 腹界面混凝土纵向抗剪承载力的提高两部分。进一步，在 P9 基础上配置钢筋桁架得到 P1，提高的抗剪承载力（P_{u1} —P_{u9} = 148 kN）即为钢筋桁架的贡献。为验证该猜想，在 P1 基础上移除插筋得到试件 P10–NU–80–30，同样可以得到插筋贡献（P_{u1}—P_{u10} = 496 kN），与上文计算得到的插筋贡献（P_{u9}—P_{u11} = 498 kN）吻合良好。由此可以近似得到基准试件中混凝土剪切面、插筋、钢筋桁架的贡献分别为 283 kN、498 kN 和 148 kN。

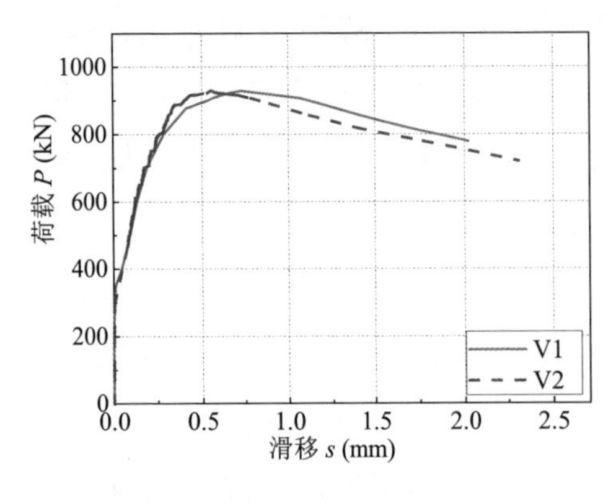

(a) 试件 P1 两种测量方法对比

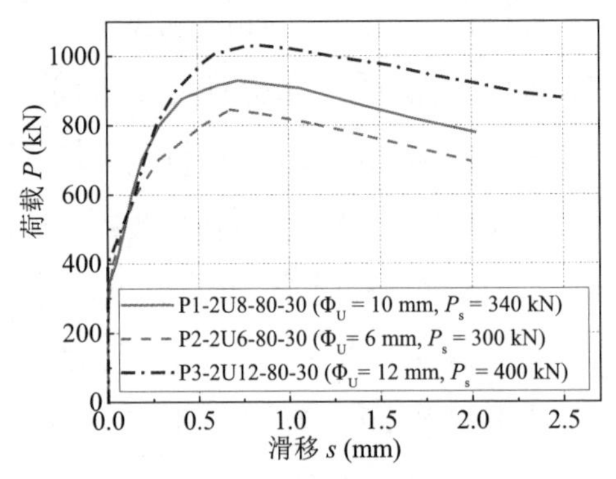

(b) 插筋直径的影响

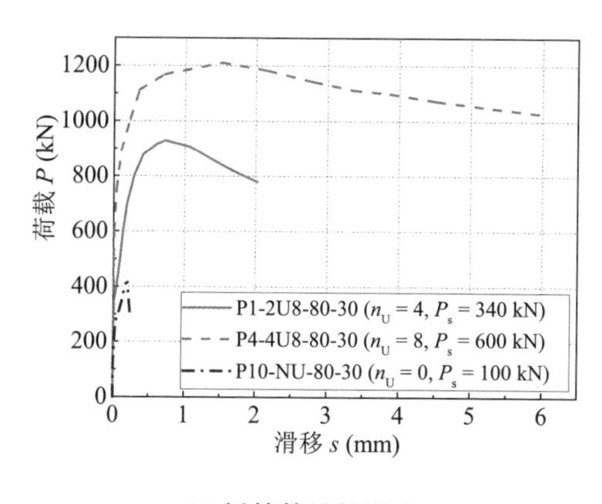

(c) 插筋数量的影响

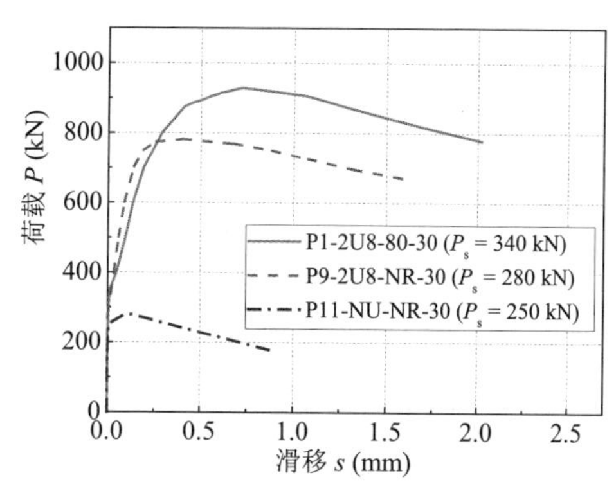

(d) 是否配置插筋与桁架的影响

图 2.10　$P-s$（荷载－滑移）曲线

表 2.2　试件纵向抗剪成分明细

	P1–2U8–80–30	P9–2U8–NR–30	P10–NU–80–30	P11–NU–NR–30
混凝土剪切面	有	有	有	有
倒 U 形插筋	有	有	—	—
钢筋桁架	有	—	有	—

综上所述，可提出以下构造建议：

（1）增加插筋数量比增加插筋直径对提高抗剪承载力和延性更加有效。

（2）基于构造考虑，插筋间距建议取横向钢筋间距的整数倍。

（3）内翻翼缘建议宽度为 $\max\{15\text{ mm}, b/7.5\} \sim b/5$。

2.5　纵向抗剪承载力计算

基于推出试验可提出以下基本假定：

（1）翼－腹界面的剪切滑移面取为钢筋桁架所在平面。

（2）忽略 U 形钢上翼缘与混凝土板接触面的化学粘结作用。

（3）钢筋桁架的焊脚在峰值荷载前不破坏。

（4）翼－腹界面在峰值荷载前不发生分离。

根据李铁强[36]对弯筋连接件纵向抗剪贡献分析，钢筋抗拉承载力约占 57%，钢 – 混界面摩擦力约占 32%，弯筋焊接端混凝土局部抗压承载力约占 11%。结合本章 2.4 节的试验结果，翼 – 腹界面纵向抗剪承载力 F_{vR} 主要由 3 个组成部分贡献：插筋的抗剪作用 F_{vr}、翼 – 腹界面混凝土剪切面的抗剪作用 F_{vc}（考虑插筋的抗掀起作用对 F_{vc} 的贡献）、钢筋桁架的咬合作用 F_{vo}，即

$$F_{vR} = F_{vr} + F_{vc} + F_{vo} \tag{2.6}$$

式（2.6）中，F_{vr}、F_{vc} 与 F_{vo} 的作用机理分别如图 2.6 ~ 图 2.8 所示，由此可提出新型 U 形钢 – 混凝土组合梁的翼 – 腹界面纵向抗剪承载力简化计算模型（图 2.11）。

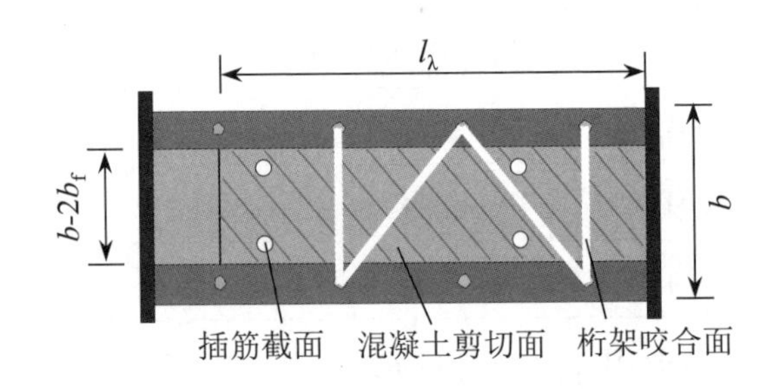

图 2.11　纵向抗剪承载力计算模型

根据《钢结构设计标准》（GB 50017—2017）[157]中建议的式（2.5）栓钉抗剪承载力计算方法，可以得到插筋的纵向抗剪承载力：

$$F_{vr} = n_U A_{ri} f_{ur} = n_U A_{ri} f_{yr} \gamma_r \tag{2.7}$$

式中：A_{ri} —— 单肢插筋的横截面面积；

n_U —— 插筋肢数；

f_{ur} —— 插筋极限抗拉强度；

f_{yr} —— 插筋屈服强度；

γ_r —— 插筋强屈比（f_{ur}/f_{yr}），此处取表 2.1 中给出的最小值 1.27。

混凝土剪切面的抗剪作用可按照式（2.8）计算：

$$F_{vc} = A_{vc} f_{vc} \tag{2.8}$$

式中：A_{vc} —— 混凝土剪切面的面积，取 $A_{vc}=l_{\lambda}(b—2b_{f})$；

f_{vc} —— 翼 – 腹界面混凝土抗剪强度。

f_{vc} 的取值较为复杂，各相关研究推荐的取值之间差异较大，与试验方法有关。但目前达成共识的是，混凝土抗剪强度与抗压强度有定量关系。

文献 [161] 给出了两种混凝土抗剪强度测定试验方法：矩形双剪面试件和 Z 形试件。两种测量方法均受到正应力影响，测量结果并非基于纯剪应力状态。矩形双剪面试件受压应力影响，测得的抗剪强度偏高，建议取 $0.17f_{c,k}\sim0.25f_{c,k}$；而 Z 形试件受拉应力影响较大，测得的抗剪强度偏低，建议取 $0.12f_{c,k}^{'}$。

在推出试验和梁试验中，混凝土剪切面同样并非纯剪应力状态，会受到垂直于剪切面的正应力影响。因此混凝土抗剪强度的取值方法与插筋配置有关：配置插筋时，插筋能够抵抗翼 – 腹界面处的分离作用，增强混凝土骨料间的咬合作用，翼 – 腹界面混凝土受压应力影响，f_{vc} 可考虑相应提高，建议取 $0.25f_{c,k}$；而未配置插筋时，梁腹板易发生分离，混凝土骨料间咬合力无法充分发挥，混凝土开裂即整个试件破坏，因此 f_{vc} 建议取较小值 $0.12f_{c,k}^{'}$（也可近似取 $0.1f_{c,k}$）。

根据本章第 2.4.2 小节所述机理，钢筋桁架的咬合作用按照以下方式计算：

$$F_{vo}=\lambda_{o}n_{tr}f_{c,k}A_{cc} \tag{2.9}$$

式中：λ_{o} —— 考虑钢筋桁架斜置时的折减系数，当钢筋桁架倾斜放置时取 0.6，当钢筋桁架平行放置时取 1.0（即不折减）；

A_{cc} —— 钢筋桁架单个杆件的纵向投影面积，且 $A_{cc}=\Phi_{r}(b—b_{f})$。

根据式（2.6）~ 式（2.9）可以计算出各组分的纵向抗剪贡献与整个翼 – 腹界面的纵向抗剪承载力，计算结果见表 2.3。

表 2.3 推出试件纵向抗剪承载力计算结果

试件编号	插筋抗剪		混凝土抗剪		桁架咬合		抗剪承载力		
	F_{vr}(kN)	F_{vr}/F_{vR}	F_{vc}(kN)	F_{vc}/F_{vR}	F_{vo}(kN)	F_{vo}/F_{vR}	F_{vR}(kN)	P_u(kN)	F_{vR}/P_u
P1–2U8–80–30	234.1	0.25	525.7	0.57	163.1	0.18	922.9	928.8	0.994
P2–2U6–80–30	136.9	0.17	525.7	0.64	163.1	0.20	825.7	845.0	0.977
P3–2U12–80–30	509.0	0.42	525.7	0.44	163.1	0.14	1197.9	1029.9	1.163
P4–4U8–80–30	468.1	0.40	525.7	0.45	163.1	0.14	1156.9	1210.4	0.956
P5–2U8–80–40	234.1	0.29	408.9	0.51	163.1	0.20	806.1	878.1	0.918
P6–2U8–80–20	234.1	0.23	642.5	0.62	163.1	0.16	1039.7	956.5	1.087
P7–2U8–45–30	234.1	0.22	525.7	0.50	285.5	0.27	1045.2	1017.8	1.027
P8–2U8–0–30	234.1	0.23	525.7	0.51	271.9	0.26	1031.6	1134.7	0.909
P9–2U8–NR–30	234.1	0.31	525.7	0.69	0.0	0.00	759.7	781.4	0.972
P10–NU–80–30	0.0	0.00	281.6	0.63	163.1	0.37	444.7	432.5	1.028
P11–NU–NR–30	0.0	0.00	281.6	1.00	0.0	0.00	281.6	282.6	0.996
平均值		0.23		0.60	—	0.17			1.003

从表 2.3 中可以看出，除了试件 P3 以外，其余试件的抗剪承载力计算值均与试验值吻合良好。P3 的实测承载力偏低，其原因推测为试件制作时产生了一定的初始缺陷。其余 10 个试件的 F_{vR}/P_u 平均值为 1.003，标准差为 0.073。因此，提出的新型 U 形钢－混凝土组合梁翼－腹界面纵向抗剪承载力计算模型在满足基本假定的条件下，计算简单且结果精确。从抗剪承载力贡献比例上看，混凝土剪切面贡献最大（60%），插筋其次（23%），钢筋桁架贡献最少（17%），这与李铁强[36]发现的弯筋连接件纵向抗剪贡献较为接近，与传统 H 型钢－混凝土组合梁栓钉连接件纵向抗剪贡献差别较大。

2.6　翼－腹界面抗剪连接程度计算

通过推出试验，验证了倒 U 形插筋在抗剪与抗掀起方面能够起到良好作用。但在应用于实际工程前，需要对倒 U 形插筋的合理配置进行量化。

在传统 H 型钢－混凝土组合梁中，通常用抗剪连接程度 β[152] 来衡量翼－腹界面纵向剪力传递的有效性。对于完全抗剪连接的钢－混凝土组合梁中的梁与板能够共同受力，协调变形，在翼－腹界面处几乎无滑移，整个截面变形满足平截面假定；对于部分抗剪连接的钢－混凝土组合梁，梁板之间存在一定滑移，不满足平截面假定；对于无抗剪连接钢－混凝土组合梁，梁与混凝土板单独受弯，无组合作用。

针对新型 U 形钢－混凝土组合梁，建议翼－腹界面纵向抗剪连接程度 β 按式（2.10）进行计算：

$$\beta = \frac{F_{vR}}{F_{tt}} \tag{2.10}$$

式中：F_{vR} —— 翼－腹界面纵向抗剪承载力，按式（2.6）~ 式（2.9）计算；

F_{tt} —— 梁腹板的抗拉承载力。

在梁试件中，梁板弯曲变形差异会导致混凝土板掀起。因此当翼－腹界面未配置插筋时，不仅 $F_{vr}=0$，钢筋桁架的咬合作用也无法发挥，式（2.9）中钢筋桁架咬合作用 F_{vo} 应直接取 0。

为了更加便捷地计算钢筋桁架肢数 n_{tr}，建议按照以下方式进行估算：

$$n_{tr}=\left\lfloor \frac{l_{\lambda}}{(b-b_{f})\tan(\alpha_{tr}/2)} \right\rfloor \tag{2.11}$$

式中：⌊ ⌋—— 向下取整。

梁腹板抗拉承载力为：

$$F_{tt}=f_{ys}A_{U}+f_{yr}A_{rb} \tag{2.12}$$

式中：A_U —— U 形钢截面面积；

A_{rb} —— 梁底纵筋截面面积。

2.7 本章小结

本章针对新型 U 形钢－混凝土组合梁的翼－腹界面提出了配置倒 U 形插筋的加强方式。通过对 11 个试件的推出试验，得到以下结论：

（1）证明了翼－腹界面的加强方式：通过发挥倒 U 形插筋的抗拔与抗剪作用，可有效提高试件的承载力和变形能力。

（2）提出了关于插筋、内翻翼缘、钢筋桁架的构造建议：增加插筋数量比增加插筋直径对提高初期抗滑移性能、抗剪承载力和延性更加有效，插筋间距建议取横向钢筋的整数倍；内翻翼缘建议宽度为 $\max\{15\ \text{mm}, b/7.5\} \sim b/5$；钢筋桁架角度的选择应综合考虑纵向抗剪承载力和翘曲稳定性。

（3）分析并明确了翼－腹界面纵向抗剪机理，并据此提出了新型 U 形钢－混凝土组合梁特有的纵向抗剪模型，同时考虑插筋的抗剪作用 F_{vr}、翼－腹界面混凝土剪切面的抗剪作用 F_{vc}（考虑插筋的抗掀起作用对 F_{vc} 的提高）、钢筋桁架的咬合作用 F_{vo}，三者对纵向抗剪承载力贡献比例分别为 60%、23% 以及 17%。

（4）提出了新型 U 形钢－混凝土组合梁翼－腹界面抗剪连接程度计算方法。

第 3 章　新型 U 形钢－混凝土组合梁正弯矩区受弯试验

3.1 引　言

从本章开始将全面展开对新型 U 形钢－混凝土组合梁正弯矩区受弯、负弯矩区受弯、受剪、受扭各项力学性能的研究。

本章进行了 10 根新型 U 形钢－混凝土组合梁试件的正弯矩区受弯试验，考虑了梁高、含钢率、梁底纵筋配筋率、梁底栓钉配置与否等参数的影响。试验通过对破坏模式、荷载－挠度曲线、应变分布与发展等分析，以及对试件初始刚度、峰值承载力和延性系数等性能指标的对比，系统地研究了新型 U 形钢－混凝土组合梁正弯矩区受弯的基本力学性能。

3.2 试验方案

新型 U 形钢－混凝土组合梁正弯矩区受弯试验共设计了 10 个简支梁试件。其有效跨度 L_0 = 3000 mm，截面尺寸如图 3.1 所示，梁腹板宽度 b = 150 mm，内翻上翼缘宽度 b_f = 30 mm，混凝土板厚度 h_b = 100 mm，钢筋保护层厚度 a = 20 mm。试验设计了两种梁高，即 H = 300 mm 或 400 mm；为了保持剪跨比一致（λ = 3.0），对应的梁总长 L = 3000 mm 或 3800 mm；有效跨度 L_0 = 2800 mm 或 3600 mm；混凝土板设计宽度 B 初步取 $L_0/3+b$[152]，即 B = 1000 mm 或 1400 mm。实验选用的钢筋牌号为HRB400、商品混凝土等级为C30，U形钢采用牌号为Q235B的钢板。

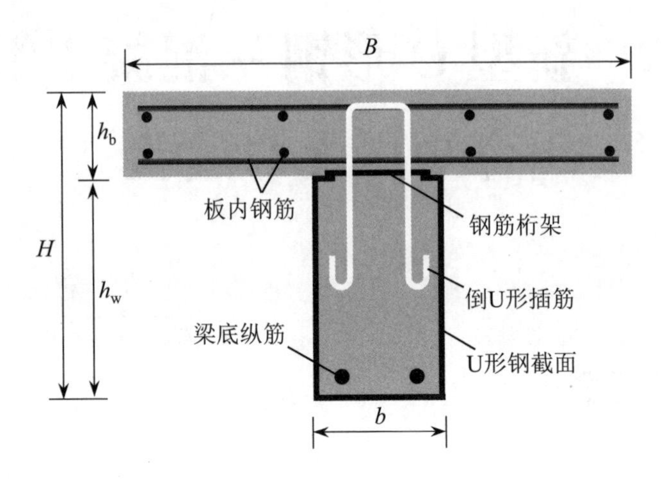

图3.1　正弯矩区试件截面

试件详细设计参数见表3.1，主要设计参数为：梁高（H）、梁底纵筋配筋率（ρ_{rb}）、含钢率（ρ_s）、梁底栓钉配置与否。试件的梁底纵筋配筋率、含钢率分别为0.40%～0.96%、4.03%～5.35%，翼－腹界面均为完全抗剪连接（抗剪连接程度$\beta > 1.0$）。

试件的命名规则以编号M5–300–B16D–T4为例进行说明，“M5”表示正弯矩区的5号试件，“300”表示梁高为300 mm，“B16”表示梁底纵筋直径为16 mm，“D”表示配置了梁底栓钉，“T4”表示钢板厚度为4 mm。根据规范《电弧螺柱焊用圆柱头焊钉》（GB/T 10433—2002）[153]，在U形钢底部配置的栓钉为工程最常用的直径16 mm、高度80 mm的标准圆柱头栓钉，间距为200 mm。

简支梁试验采用三分点加载的方式，如图3.2所示。试件纵轴线垂直于钢框架平面，钢框架由地锚螺杆固定在厚度为1.0 m的刚性地板上。竖向集中力通过分配梁传递至试件三分点处，加载所用的液压千斤顶固定在钢框架顶部横梁上。在液压千斤顶与试件之间装有量程为2000 kN的力传感器。

表 3.1　正弯矩区试件设计参数

试件编号	设计参数								钢筋材性		钢板材性		混凝土材性	
	L_0 (mm)	H (mm)	t_w (mm)	栓钉	Φ_{rb} (mm)	ρ_{rb} (%)	ρ_s (%)	β	E_r (10^5MPa)	f_{yr} (MPa)	E_s (10^5MPa)	f_{ys} (MPa)	E_c (10^4MPa)	$f_{cu,k}$ (MPa)
M1–300–B16–T4	2800	300	4.0	否	16	0.96	5.35	1.32	1.93	528	1.99	309	3.24	45
M2–300–B12–T4	2800	300	4.0	否	12	0.54	5.35	1.47	1.93	558	1.99	309	3.24	45
M3–300–B16–T3	2800	300	3.0	否	16	0.96	4.03	1.58	1.93	528	1.99	320	3.24	45
M4–300–B12–T3	2800	300	3.0	否	12	0.54	4.03	1.80	1.93	558	1.99	320	3.24	45
M5–300–B16D–T4	2800	300	4.0	是	16	0.96	5.35	1.32	1.93	528	1.99	309	3.24	45
M6–400–B16–T4	3600	400	4.0	否	16	0.71	5.35	1.34	1.93	528	1.99	309	3.24	45
M7–400–B12–T4	3600	400	4.0	否	12	0.40	5.35	1.47	1.93	558	1.99	309	3.24	45
M8–400–B16–T3	3600	400	3.0	否	16	0.71	4.02	1.64	1.93	528	1.99	320	3.24	45
M9–400–B12–T3	3600	400	3.0	否	12	0.40	4.02	1.82	1.93	558	1.99	320	3.24	45
M10–400–B16D–T4	3600	400	4.0	是	16	0.71	5.35	1.34	1.93	528	1.99	309	3.24	45

注：t_w 为 U 形钢板厚度；Φ_{rb} 为梁底纵筋直径；ρ_{rb}（$\rho_{rb}=A_{rb}/bh_0$；A_{rb} 为梁底纵筋面积；$h_0=H—a$，为有效梁高）为梁底纵筋配筋率；ρ_s（$\rho_s=A_U/bh_0$；A_U 为 U 形钢截面面积）为含钢率；β 为翼–腹界面抗剪连接程度。

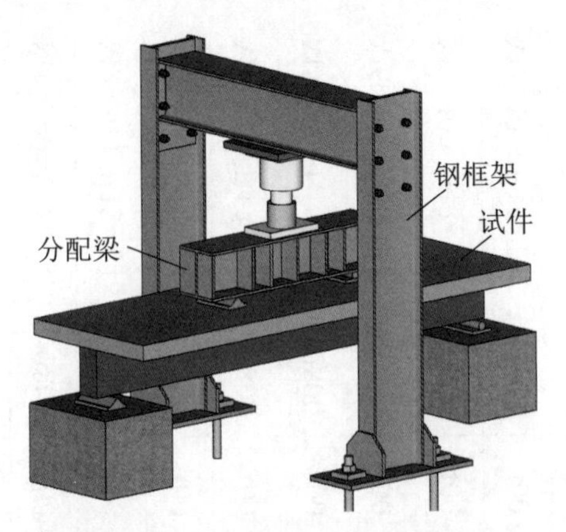

图 3.2　正弯矩区试验加载方案

3.3　试验结果及分析

3.3.1　破坏过程与破坏模式

图 3.3 是正弯矩区作用下新型 U 形钢－混凝土组合梁的典型荷载－跨中挠度曲线，其中 U 形钢底板开始屈服对应的荷载取屈服荷载 $P_y \approx 0.58P_u$，混凝土板底开裂时对应的荷载取开裂荷载 $P_{cr} \approx 0.60P_u$，U 形钢全截面屈服对应的荷载取全截面屈服荷载 $P_p \approx 0.91P_u$，荷载下降至峰值荷载的 85% 时对应的荷载取破坏荷载 P_f。

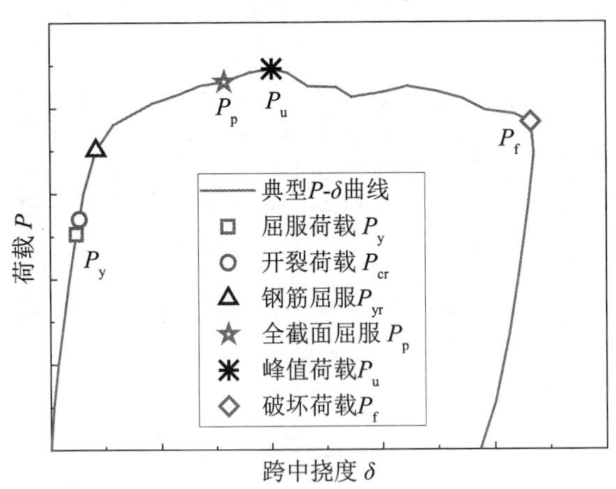

图 3.3　正弯矩区试件的典型荷载－跨中挠度曲线

1. 破坏过程根据试件的刚度变化，可将破坏过程分为弹性阶段、弹塑性阶段、塑性强化阶段、下降阶段四个阶段。

（1）弹性阶段（$0\sim P_y$）：所有材料均处于相应的弹性范围内，荷载与挠度呈线性变化，具有稳定的初始弹性刚度。

（2）弹塑性阶段（$P_y\sim P_p$）：当 U 形钢底板屈服后，试件进入弹塑性阶段。U 形钢塑性范围从梁底沿腹板高度发展，直至 U 形钢全截面屈服。在弹塑性阶段内，试件会表现出不同程度的非线性：从混凝土板底开裂到梁底纵筋屈服（$P_{yr}\approx 0.78P_u$）为弱非线性，试件刚度较初始刚度略微减小；在梁底纵筋屈服前后，试件刚度持续减小，表现出较强非线性，此时裂缝发展较快；待裂缝稳定可控后，试件刚度也趋于稳定，形成明显的二次刚度。

（3）塑性强化阶段（$P_p\sim P_u$）：当 U 形钢全截面屈服后，大部分材料均已达到相应的强度，荷载几乎不再增长，跨中挠度急剧增长，纯弯段内逐渐出现塑性变形集中现象。

（4）下降阶段（$P_u\sim P_f$）：当混凝土板顶压酥后，荷载不再增加，试件进入下降段。由于受到倒 U 形插筋控制，试件整体性保持较好，会出现应力重分布现象，因此下降段普遍较为缓慢，表现出延性破坏特征，直到混凝土板彻底压溃，试件破坏。

2. 破坏模式试验过程中，所有试件均表现出典型的弯曲破坏模式，即在 U 形钢全截面屈服后，由于混凝土板顶压溃（图 3.4(a)），试件达到抗弯承载力而导致的破坏。梁端截面混凝土板出现弧形裂缝（图 3.4(b)），推测与插筋的抗掀起作用有关。

试验结束后，试件堆放于露天环境中，虽无雨水浸泡，但由于空气较为潮湿，在纯弯段塑性区域出现了一定程度的锈蚀；同时可以观察到，试件卸载后的残余塑性变形较为明显，如图 3.4(c) 所示，说明新型 U 形钢 – 混凝土组合梁具有良好的塑性变形能力。

混凝土板顶、混凝土板底及混凝土梁腹板上的典型的裂缝分布分别如图 3.5(a)– 图 3.5(c) 所示。弯曲裂缝大部分集中在纯弯段范围内，剪跨段小范围内有部分弯剪斜裂缝。因此可以判断，在加载过程中，试件主要受弯曲正应力影响。

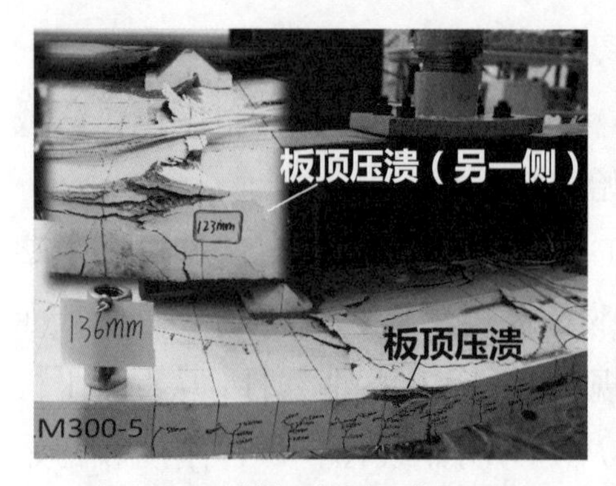

(a) 混凝土板顶压溃

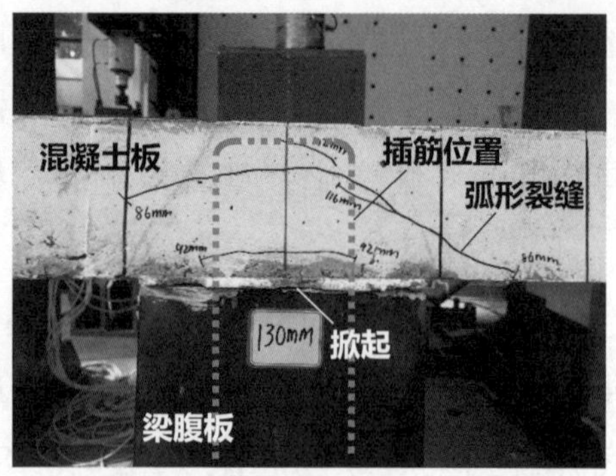

(b) 梁端略有掀起

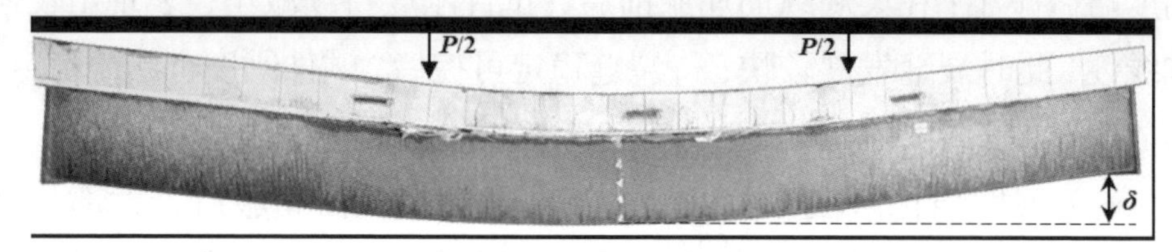

(c) 试件卸载后的残余塑性变形

图 3.4　弯曲破坏模式

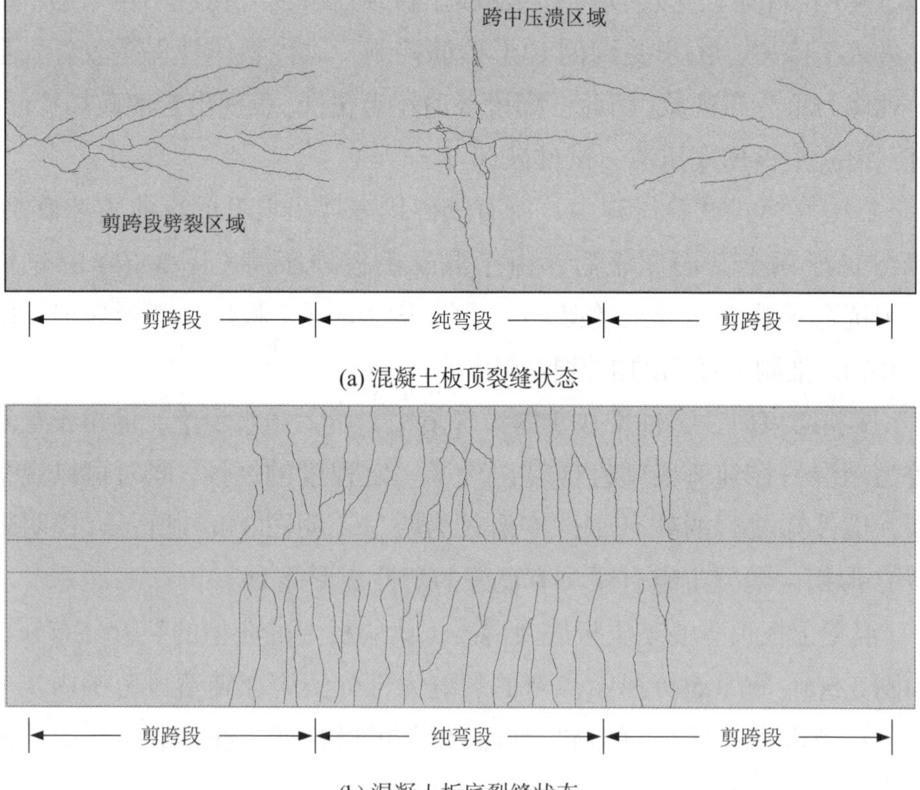

(a) 混凝土板顶裂缝状态

(b) 混凝土板底裂缝状态

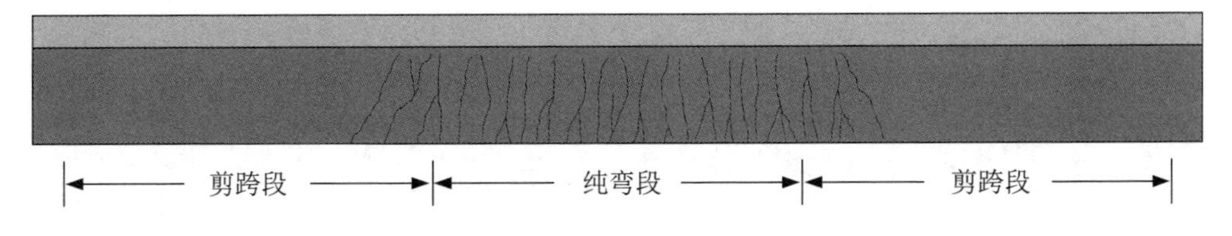

(c) 混凝土梁腹板裂缝状态

图 3.5　典型的裂缝分布

U 形钢腹板的高厚比 h_w/t_w 和底板的宽厚比 b/t_w 最高可达 133 和 50，根据《钢结构设计标准》（GB 50017—2017）[157] 受弯工字形截面的相关规定，二者的宽厚比等级分别属于不允许发生塑性发展的 S4 和 S5 级，易发生局部屈曲。但由于翼 – 腹界面得到有效加强，试件整体性得到保证，因此在接近峰值荷载时，U 形钢全截面受拉屈服，在整个试验过程中，未出现钢板受压局部屈曲的情况。由此可见，在正弯矩区范围内，加强后的新型 U 形钢 – 混凝土组合梁能够整体变形，有效发挥出混凝土板受压、U 形钢受拉的优点，真正实现“组合作用”。

3. 其他伴随现象试件破坏时除呈现典型的弯曲破坏特征外，试验过程中还发现了其他伴随现象。

（1）混凝土板顶劈裂。图 3.5(a) 中给出了混凝土板顶剪跨段劈裂区域的裂缝状态，这些劈裂裂缝均由倒 U 形插筋引起，其作用机理与传统 H 型钢 – 混凝土组合梁内栓钉引起的劈裂相近。随着荷载增加，翼 – 腹界面纵向剪切作用逐渐积累，嵌入混凝土板内的倒 U 形插筋对混凝土板形成纵向劈裂作用。第一条劈裂裂缝平均出现在 $0.89P_u$ 时刻，此时已接近全截面屈服荷载 P_p，且由于劈裂裂缝并未形成贯通大裂缝，试件依旧保有良好的承载力与变形能力，因此该现象对试件的承载力和变形几乎无影响，可通过优化横向配筋率等构造措施进行规避。

②混凝土板掀起与翼 – 腹界面滑移。在屈服荷载前，混凝土板掀起与滑移均较小（平均掀起 0.157 mm），完全可以忽略，但由于钢筋桁架和倒 U 形插筋均属于柔性连接件，在受力过程中分别发生弯曲变形（图 3.6(a)）和剪切变形（图 3.6(b)），混凝土板平均掀起为 1.22 mm（图 3.6(c)）。

(a) 钢筋桁架的弯曲变形

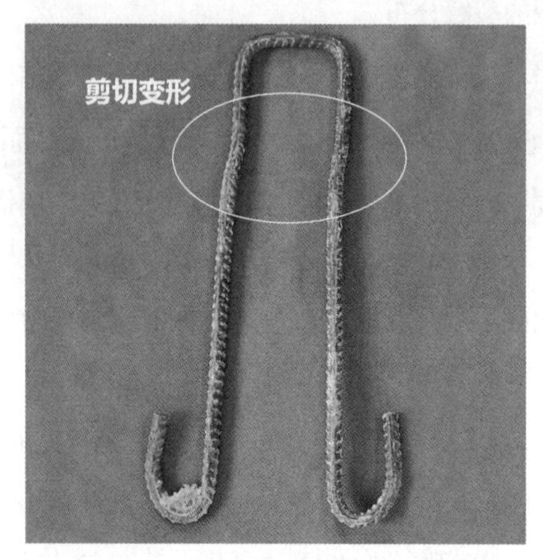

(b) 倒 U 形插筋的剪切变形

(c) 峰值荷载后混凝土板掀起

图 3.6　正弯矩区试验伴随现象

综上，混凝土板的掀起与滑移受到倒 U 形插筋与钢筋桁架的有效控制，而由倒 U 形插筋引起的板顶劈裂可以通过优化横向钢筋来解决。这些伴随现象出现时，试件已接近峰值荷载，因此试件的初始刚度和承载力等性能指标几乎不受影响。

3.3.2　荷载－跨中挠度曲线

集中荷载 P 与跨中挠度 δ 关系曲线如图 3.7 所示，其中图 3.7(a)~图 3.7(c) 为梁底纵筋直径 Φ_{rb} 的影响，图 3.7(d) ~ 图 3.7(f) 为钢板厚度 t_w 的影响，图 3.7(g) 和图 3.7(h) 为是否配置栓钉的影响。其中试件 M3 在安装时某侧实际加载点向跨中偏离 100 mm，导致该侧剪跨段距离增加，峰值荷载与其他试件相比表现出不规律性。但根据实际情况换算为截面弯矩，与预期一致，详情见第 7.2.2 小节抗弯承载力理论计算值与试验值的对比。

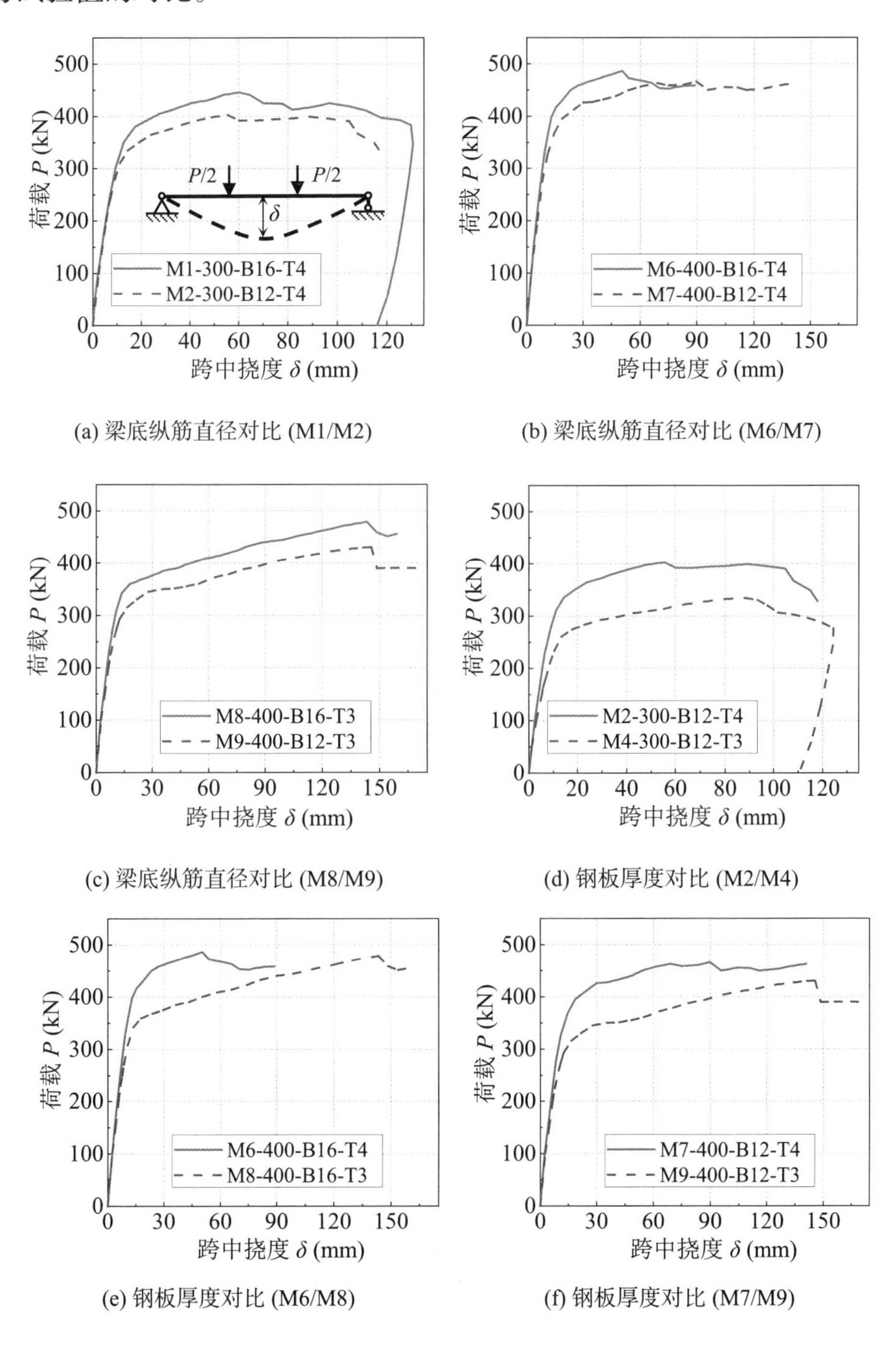

(a) 梁底纵筋直径对比 (M1/M2)　(b) 梁底纵筋直径对比 (M6/M7)

(c) 梁底纵筋直径对比 (M8/M9)　(d) 钢板厚度对比 (M2/M4)

(e) 钢板厚度对比 (M6/M8)　(f) 钢板厚度对比 (M7/M9)

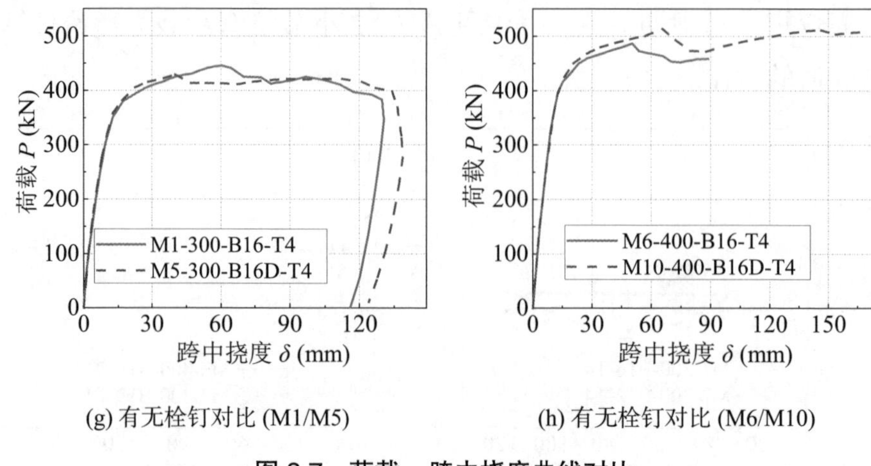

(g) 有无栓钉对比 (M1/M5)　　(h) 有无栓钉对比 (M6/M10)

图 3.7　荷载－跨中挠度曲线对比

1. 梁底纵筋配置目的梁底纵筋直径 Φ_{rb} 的变化，不改变 P–δ 曲线的趋势，仅带来承载力及刚度的变化。梁底纵筋的配置主要有以下 3 个目的：

（1）外包 U 形钢在火灾中失效后，组合梁可近似视为满足最小配筋率的钢筋混凝土梁，梁底两根通长纵筋可延缓梁构件破坏，起到防火构造筋的作用。

（2）梁底纵筋通过限制混凝土纵向变形与开裂，有效减少钢－混界面的滑移，增强整个梁腹板的整体性。

（3）在施工阶段，梁底纵筋通过点焊与 U 形钢形成整体，共同承担施工荷载，增强 U 形钢的刚度，减少临时支撑。

因此，梁底纵筋满足受弯构件最小配筋率后，其直径的改变不影响试件的破坏过程及最终破坏模式，可按统一公式进行设计。根据《混凝土结构设计规范》（GB 50010—2010）[155]，建议配置数量不少于 2 根的梁底通长纵筋，在满足受弯构件最小配筋率 $\max\{0.2\%, 45f_t/f_{yr}\}$ 的基础上，直径不宜小于 12 mm。

随着钢板厚度 t_w 减小，试件的刚度和抗弯承载力降低。由于梁底纵筋配置量较小，仅做构造要求，故受拉区主要由 U 形钢板抵抗拉力。从图 3.7(d) ~ 图 3.7(f) 可以看出，t_w = 3 mm 的试件的 P–δ 曲线上升段较 t_w = 4 mm 的试件更长。试件经过钢筋加强系统的改善，能够在受力过程中维持较好的整体性，因此在混凝土板压溃前，U 形钢的塑性强化过程能够得到充分发展，且钢板越薄，从 U 形钢底板屈服到混凝土板顶压溃期间的塑性发展越充分。但在峰值荷载时，塑性变形已过大，一旦混凝土板顶压溃，试件迅速丧失承载力。从破坏过程和全过程 P–δ 曲线来看，表现为延性破坏。

配置栓钉对试件的刚度和抗弯承载力影响较小。U 形钢内翻上翼缘之间通过钢筋桁架连接在一起，形成等效闭口箱形截面，能够对内包混凝土形成有效约束，即使梁腹板开裂后也能在一定程度上保持完整性，继续受力。经过梁底纵筋的加强，腹板钢 – 混界面滑移问题得到进一步改善，因此梁底栓钉可不配置。

根据图 3.7 可进一步绘制出不同荷载等级下挠度沿梁长分布图（以试件 M1 和 M8 为例），如图 3.8 所示。同时将荷载 – 跨中挠度曲线中的性能指标提取出来，见表 3.2。

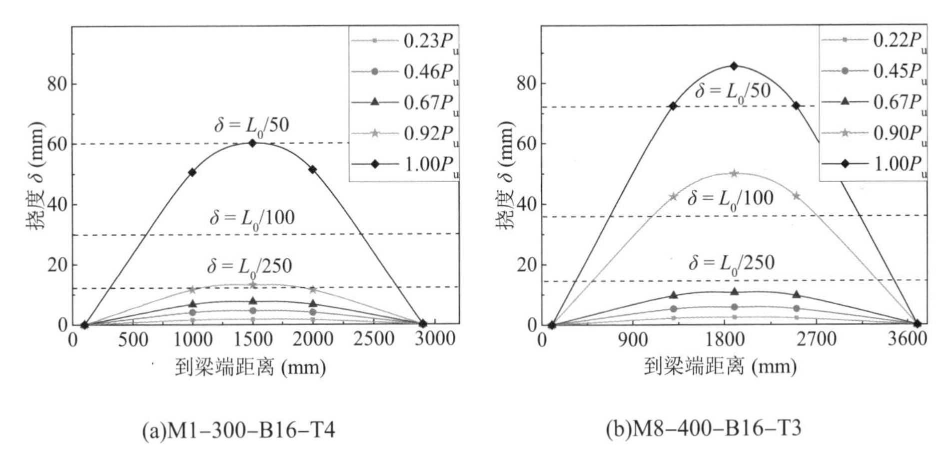

(a)M1–300–B16–T4　　(b)M8–400–B16–T3

图 3.8　挠度沿梁长分布情况

从图 3.8 中可以看出，在试件达到屈服荷载（$P_y \approx 0.58P_u$）前，挠度随荷载均匀线性增加。在试件达到屈服荷载时，跨中挠度尚未达到正常使用极限状态下的挠度限值 $L_0/250$[152]。在屈服荷载之后，尤其是在全截面屈服荷载（$P_p \approx 0.91P_u$）后，挠度增长速率明显加快。达到峰值荷载时，纯弯段挠度平均为 $L_0/50$。破坏时的跨中挠度平均为 $L_0/23$，远大于正常使用极限状态下的挠度限值。

表 3.2　正弯矩区试件性能指标

试件编号	P_y (kN)	P_{cr} (kN)	P_{yr} (kN)	P_p (kN)	P_u (kN)	δ_y (mm)	δ_u (mm)	δ_f (mm)	δ_f/L_0	μ	γ_p
M1–300–B16–T4	253	270	350	430	446	7.2	60.2	130.0	1/22	18.1	1.76
M2–300–B12–T4	242	230	300	367	403	7.1	55.4	117.7	1/24	16.6	1.67
M3–300–B16–T3	200	175	270	304	334	6.6	70.3	97.8	1/29	14.8	1.67
M4–300–B12–T3	180	165	240	283	334	6.8	88.2	123.0	1/23	18.1	1.86
M5–300–B16D–T4	222	175	370	422	429	5.7	40.2	137.0	1/20	24.0	1.93
M6–400–B16–T4	326	385	450	483	486	9.1	50.6	143.0	1/25	15.7	1.49
M7–400–B12–T4	275	320	350	438	463	8.3	69.6	160.0	1/23	19.3	1.68
M8–400–B16–T3	230	250	330	400	479	6.8	143.0	160.0	1/23	23.5	2.08
M9–400–B12–T3	225	275	290	335	430	7.8	145.7	172.0	1/21	22.1	1.91
M10–400–B16D–T4	357	350	450	500	513	10.6	65.7	168.0	1/21	15.8	1.44

除各试件的关键荷载与挠度外，表 3.2 中还给出了试件的位移延性系数 μ 和塑性发展系数 γ_p 的计算值。其中位移延性系数 μ 主要用于衡量试件的变形能力，计算公式为：

$$\mu = \frac{\delta_f}{\delta_y} \tag{3.1}$$

试件的 μ 在 14.8 ~ 24.0，较普通钢筋混凝土框架梁的 μ = 3.0 ~ 4.0[166]、初探性试验中未加强试件 μ = 2.1 ~ 7.4[151]，有明显提高。

塑性发展系数 γ_p 主要用于表征试件从屈服到峰值荷载之间的塑性发展能力，根据美国钢结构规范（AISC 360—16）[156]，其计算公式为：

$$\gamma_p = \frac{P_u}{P_y} \tag{3.2}$$

在一般受弯钢构件中，考虑到受压翼缘局部屈曲、腹板高厚比限制、腹板剪应力等因素，钢构件绕主轴转动的塑性发展高度一般不超过 0.15 倍截面高度；《钢结构设计标准》（GB 50017—2017）[157] 对 γ_p 给出的建议值为 1.05 ~ 1.20；文献 [167] 对圆管截面和空心箱形钢截面 γ_p 的建议值为 1.15 和 1.225，对格构式构件不考虑截面塑性发展，即 γ_p = 1.00。在文献 [172] 中提到传统 H 型钢 – 混凝土组合梁的 γ_p 为 1.28 ~ 1.43，并在完全抗剪连接时取得最大值。而在新型 U 形钢 – 混凝土组合梁中，由于试件整体性较好，U 形钢截面完全处于受拉状态且能够达到全截面塑性，不必考虑局部屈曲等因素，试件的 γ_p 从初探性试验 [151] 的 1.26 ~ 1.35 提高到 1.44 ~ 2.08。

综合来看，经过钢筋加强系统改良后的新型 U 形钢 – 混凝土组合梁具有良好的塑性变形能力，能够充分发挥材料的塑性强度，有效提高材料利用率，为高强钢的应用提供了机会。

2. 荷载与梁高横向对比图 3.9 给出了 10 个试件从 U 形钢底部屈服到峰值荷载期间，钢腹板塑性发展高度随荷载的变化关系。当荷载为屈服荷载 P_y 时，塑性发展高度为 0；当荷载为 U 形钢全截面屈服荷载 P_p 时，塑性高度为 h_w。通过试件间的横向对比，可以观察到以下几点：

（1）所有试件均达到了全截面屈服状态。

（2）当梁高 H 从 300 mm 增加到 400 mm（提高 33%）时，相同配置下对应的试件 P_y 提高了 14% ~ 29%，P_p 提高了 12% ~ 32%。

（3）在图 3.9 中能明显看到，随着梁底纵筋直径与 U 形钢厚度的增加，P_y 与 P_p 均有不同程度的提高；而额外配置的梁底栓钉几乎不起作用，P_y 与 P_p 无明显变化。

此规律同样适用于开裂荷载 P_{cr} 与梁底纵筋屈服荷载 P_{yr} 横向对比，如图 3.10 所示。

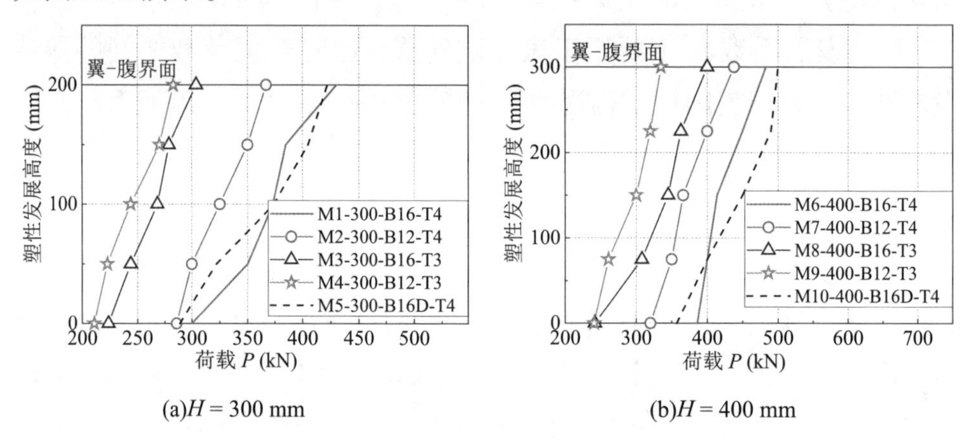

(a)H = 300 mm (b)H = 400 mm

图 3.9 塑性发展高度随荷载变化曲线

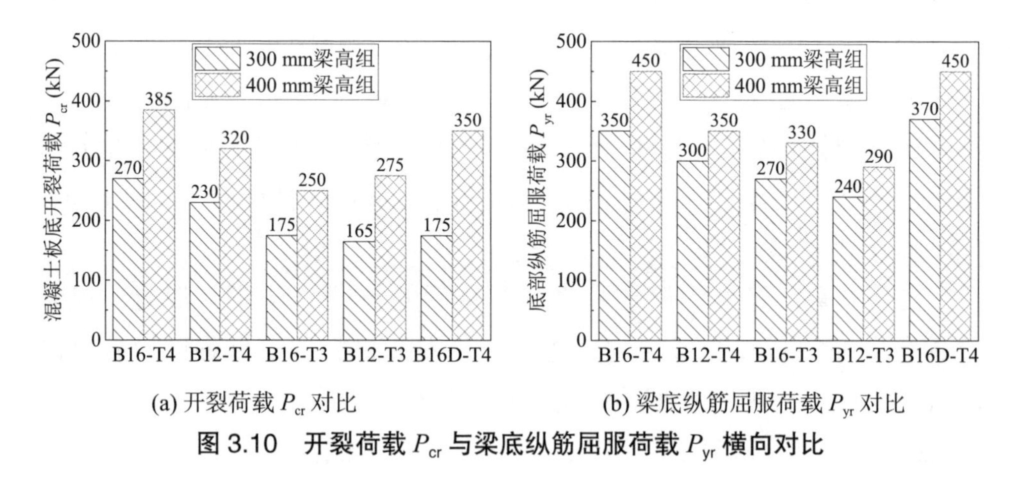

(a) 开裂荷载 P_{cr} 对比 (b) 梁底纵筋屈服荷载 P_{yr} 对比

图 3.10 开裂荷载 P_{cr} 与梁底纵筋屈服荷载 P_{yr} 横向对比

3.3.3 应变分析

首先进行截面边缘应变分析。图 3.11(a) 给出了混凝土板顶沿宽度分布的 3 个测点的纵向应变发展过程。在峰值荷载时，大部分试件的混凝土板顶应变达到或接近峰值应变（2000 με）；而在破坏荷载时，混凝土板顶均出现压溃现象。试件沿楼板宽度分布的 3 条曲线几乎重合，发展速度较为接近。

为了更加直观地观察剪力滞后效应，图 3.11(b) 给出了试件在不同荷载等级下，混凝土板顶纵向应变沿整个楼板宽度分布曲线。在达到全截面塑性（$P_p \approx 0.91P_u$）前，由于试件整体性良好，翼－腹界面纵向抗剪承载力较强，因此 5 个测点的纵向应变发展一致。而达到全截面塑性后，尤其是峰值荷载后，试件整体性被削弱，靠近混凝土板纵向轴线的应变较板边缘应变大 21% ~ 26%。

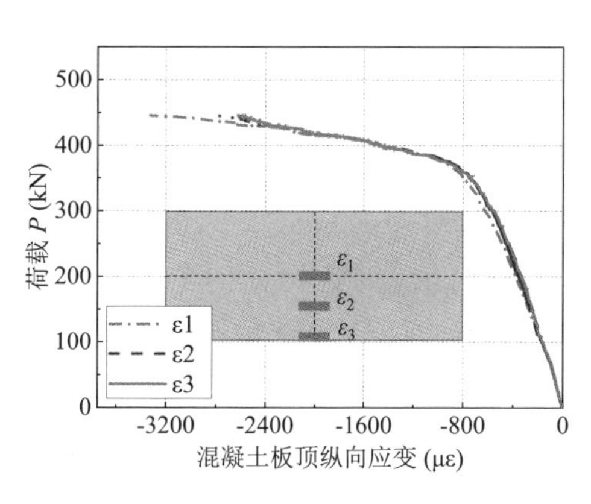

(a) 荷载－板顶纵向应变曲线

(b) 板顶纵向应变沿板宽分布情况

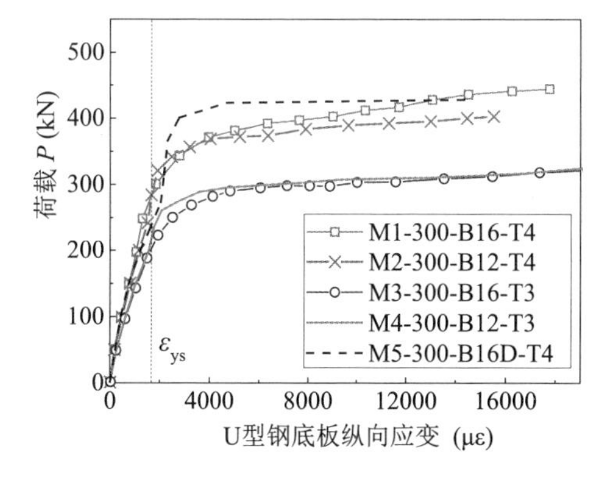

(c) 荷载－U 形钢底板纵向应变曲线

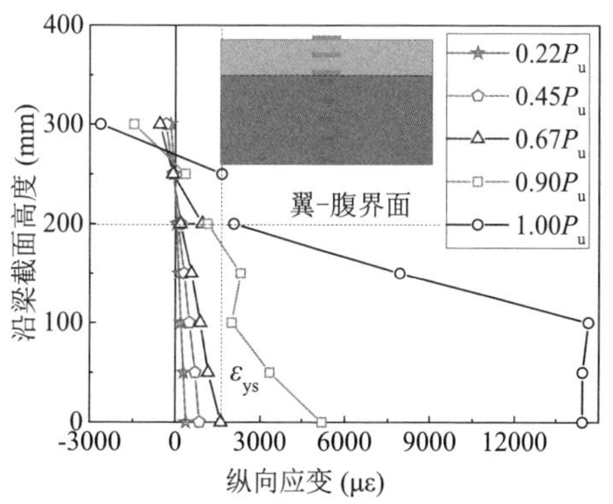

(d) 纵向应变沿截面高度分布情况

图 3.11　应变分析

由此可以得出结论，加强后的新型 U 形钢 – 混凝土组合梁的整个混凝土板均参与受力，且有效板宽 $B_e > b + L_0/3$，即试件的有效板宽可保守地取 $B_e = b + L_0/3$。

图 3.11(c) 为荷载 –U 形钢底板纵向应变曲线。在加载初期，U 形钢应变随荷载线性增加；达到屈服应变 1600 $\mu\varepsilon$ 后，荷载增长速度减缓，U 形钢应变急剧增加且最终超过 10 倍屈服应变。因此，在新型 U 形钢 – 混凝土组合梁中，钢与混凝土边缘纤维均能达到各自的设计强度。

试件在不同荷载等级下纵向应变沿梁高分布曲线如图 3.11(d) 所示。在弹性阶段，翼 – 腹界面保持完好，沿截面高度应变呈线性变化，即整个组合截面满足平截面假定。混凝土板与梁腹板的共同中和轴位于混凝土板内,开裂前在翼 – 腹界面附近保持稳定。当混凝土板底开裂后，有裂缝穿过的应变片损坏，无法继续测量，因此在图 3.11(d) 中可以看到曲线在靠近峰值荷载时翼 – 腹界面处有中断。

试件达到全截面塑性时，翼 – 腹界面出现轻微滑移与掀起，但由于配置了倒 U 形插筋，混凝土板与梁腹板依旧保持着良好的组合作用，纵向应变沿梁高分布依旧大致保持为线性。甚至当试件达到峰值荷载时，翼 – 腹界面处的应变差仍然较小，且 U 形钢上翼缘保持受拉屈服，这是满足完全抗剪连接的典型现象。

综上，本小节通过应变分析证明了以下几点。

（1）虽然存在轻微剪力滞后现象，但整个楼板宽度均在有效板宽范围内，有效板宽建议保守地取为 $B_e = b + L_0/3$。

（2）混凝土与钢的边缘纤维均能达到各自极限强度，设计时可直接采用相应的设计强度。

（3）当试件满足完全抗剪连接时，即使接近峰值荷载，组合作用也能在一定程度上保持，翼 – 腹界面滑移可忽略。

（4）在峰值荷载时试件整个截面高度均为塑性状态，因此可采用全截面塑性设计方法进行正弯矩区抗弯承载力极限状态设计。

3.4　本章小结

本章进行了 10 根新型 U 形钢 – 混凝土组合梁试件的正弯矩区试验，考虑了梁底纵筋配筋率、含钢率、是否配置梁底栓钉的影响。基于试件的破坏模式、荷载 – 挠度曲线等结果，展开了对试件承载力与变形的分析，最终得出以下结论。

（1）试件整个加载过程大致经历 4 个阶段：弹性阶段（$0 \sim P_y$）、弹塑性阶段（$P_y \sim P_p$）、塑性阶段（$P_p \sim P_u$）及下降阶段（$P_u \sim P_f$），其中 $P_y \approx 0.58P_u$、$P_p \approx 0.91P_u$。

（2）通过钢筋加强系统（梁底纵筋、钢筋桁架、倒 U 形插筋）的改善，新型 U 形钢 – 混凝土组合梁具有良好的整体性。当试件达到完全抗剪连接时，即使在峰值荷载时依旧能大致满足平截面假定。试件在剪跨比为 3 的情况下仅发生典型的受弯破坏模式，即 U 形钢全截面屈服后，混凝土板最终压溃导致试件丧失承载力。

（3）新型 U 形钢 – 混凝土组合梁具有良好的变形能力及承载力。最终破坏时跨中挠度最高达到 $L_0/20$，延性系数和塑性发展系数分别为 14.8 ~ 24.0 和 1.44 ~ 2.08。材料塑性发展充分，为高强钢的应用提供了机会。

第 4 章　新型 U 形钢 – 混凝土组合梁负弯矩区受弯试验

4.1 引　言

经过钢筋加强系统改善的新型 U 形钢 – 混凝土组合梁在正弯矩区表现出优良的力学性能，具有较高的承载力与较好的变形能力，能充分发挥材料的塑性性能。一般情况下，钢 – 混凝土组合梁在正弯矩区能够充分发挥钢材受拉、混凝土受压的优点，但在负弯矩区却存在着一些问题，例如钢材处于受压区而混凝土处于受拉区的不利受力状态，导致钢腹板和钢底板易产生受压局部屈曲、混凝土板受拉易开裂等问题。同样，U 形钢 – 混凝土组合梁在负弯矩区也会面临以上问题，而目前这方面的研究较少。

为此，本章进行了 10 根新型 U 形钢 – 混凝土组合梁试件的负弯矩区受弯试验，分析了试件的破坏模式、荷载 – 挠度曲线、应变分布与发展等结果，并横向对比了抗弯刚度、抗弯承载力和延性系数等性能指标，对负弯矩区的基本力学性能进行了系统研究。

4.2　试验方案

4.2.1　试件设计

负弯矩区试件截面构造如图 4.1 所示，板内横向钢筋直径 Φ_{rt} 统一为 10 mm，间距为 100 mm；而板内纵向钢筋直径 Φ_{rh} 作为变量，间距为 100 mm；倒 U 形插筋直径 Φ_U 为 8 mm，间距取为横向钢筋间距的 2 倍（即 200 mm）；梁底纵筋直径 Φ_{rb} 统一为 16 mm，其余构造与正弯矩区试件一致。

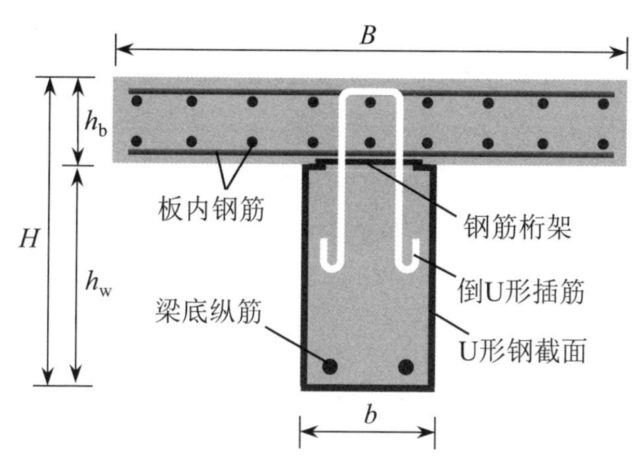

图 4.1　负弯矩区试件截面

试件总长度 $L = 3200$ mm，有效跨度 $L_0 = 3000$ mm，梁高 $H = 400$ mm，混凝土板厚 $h_b = 100$ mm，梁腹板高度 $h_w = 300$ mm，梁腹板宽度 $b = 150$ mm，混凝土板宽度 B 为变量。详细设计参数见表 4.1，为计算方便，钢材弹性模量统一取 $E_s = 1.94 \times 10^5$ MPa，混凝土弹性模量取 $E_c = 3.00 \times 10^4$ MPa。

试件命名规则以 NM1–T4–L10–10 为例进行说明："NM1" 表示负弯矩区的 1 号试件，"T4" 表示钢板厚度为 4 mm，"L10" 表示板内纵筋直径为 10 mm，"10" 表示板内横向钢筋直径为 10 mm。末尾字母表示相对于基准组具有以下特点：R0（无桁架）、UH（插筋数量减少一半，间距加倍，即半插筋）、U0（无插筋）、B（宽度较大的混凝土板，即宽板）、N（宽度较小的混凝土板，窄版）。

表 4.1 负弯矩区试件设计参数

试件编号	B (mm)	t_w (mm)	ρ_s (%)	Φ_{rh} (mm)	ρ_{rh} (%)	U_{sp} (mm)	Φ_{rt} (mm)	$f_{c,k}$ (MPa)	f_{ys} (MPa)	f_{yr} (MPa)	备注
NM1–T4–L10–10	1000	4.0	5.57	10	1.73	200	10	35.7	317	458	基准组
NM2–T5–L10–10	1000	5.0	6.93	10	1.73	200	10	35.7	328	458	厚钢板
NM3–T3–L10–10	1000	3.0	4.20	10	1.73	200	10	35.7	323	458	薄钢板
NM4–T4–L12–10	1000	4.0	5.57	12	2.49	200	10	35.7	317	443	粗纵筋
NM5–T4–L8–10	1000	4.0	5.57	8	1.11	200	10	35.7	317	476	细纵筋
NM7–T4–L10–10R0	1000	4.0	5.57	10	1.73	200	10	35.7	317	458	无桁架
NM8–T4–L10–10UH	1000	4.0	5.57	10	1.73	400	10	35.7	317	458	半插筋
NM9–T4–L10–10U0	1000	4.0	5.57	10	1.73	无	10	35.7	317	458	无插筋
NM10–T4–L10–10B	1400	4.0	5.57	10	1.68	200	10	35.7	317	458	宽板
NM11–T4–L10–10N	600	4.0	5.57	10	1.83	200	10	35.7	317	458	窄板

注：B为混凝土板宽度；t_w为钢板厚度；ρ_s为含钢率；ρ_{rh}为板内纵筋配筋率；U_{sp}为插筋间距；$f_{c,k}$为混凝土棱柱体强度；f_{ys}为钢板屈服强度；f_{yr}为钢筋屈服强度。

4.2.2　加载与测量方案

负弯矩区试验的加载装置如图 4.2(a) 所示，钢框架通过地锚螺杆固定在厚度为 1 m 的刚性地板上。为了模拟负弯矩区受力状态和简支边界条件，试件下方跨中位置处承受向上的集中力，试件上方梁端位置处通过固定铰支座、滚动铰支座与钢横梁连接。加载制度与正弯矩区加载制度相同，预加载之后将荷载清零，以消除自重影响，通过荷载 – 位移双控制方法，加载至试件破坏。

为观测试件挠度，共使用了 3 个位移计（V1~V3），分别测量试件距离支座 $L_0/4$、$L_0/2$、$3L_0/4$ 处的挠度，位移计量程按照 $L_0/15$ 选取。所有位移计均与钢横梁(图 4.2(a))保持相对静止，以消除支座位移的影响。

图 4.2(b) 和图 4.2(c) 为应变片布置方案：为研究应变沿截面高度分布情况，沿梁腹板高度方向布置 5 个应变片；为观察钢板与钢筋的屈服状态，在 U 形钢底板与预埋梁底纵筋上布置沿梁长分布的若干应变片；为观察受拉区混凝土板变形，在混凝土板顶层纵向钢筋上布置如图 4.2(c) 所示的应变片。

负弯矩区组合梁试验中较为特殊的现象为受拉区混凝土板开裂与受压区 U 形钢鼓曲，为此分别采用了裂缝宽度观测仪与预设应变片两种方式对上述现象进行监测。在跨中截面出现第一条裂缝后，将裂缝宽度观测仪放置在裂缝上（图 4.3(a)），可显示裂缝显微照片并实时输出裂缝宽度值 w_{cr}（图 4.3(b)）。在接近峰值荷载时观察受压区钢板的应变发展，并结合敲击、观察反光等方式综合判断，可以得到钢板鼓曲发生时刻的大致范围。

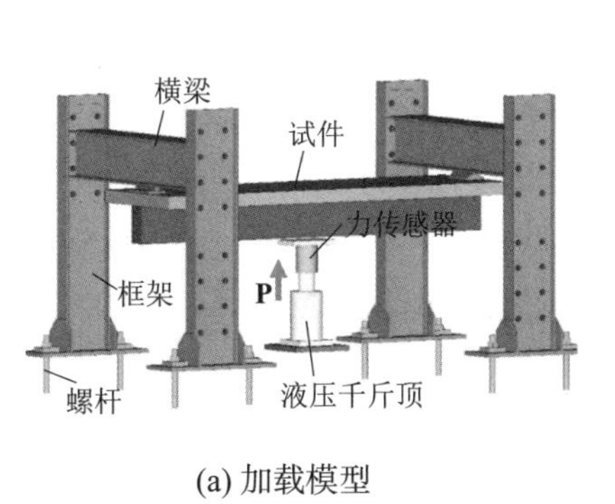

(a) 加载模型

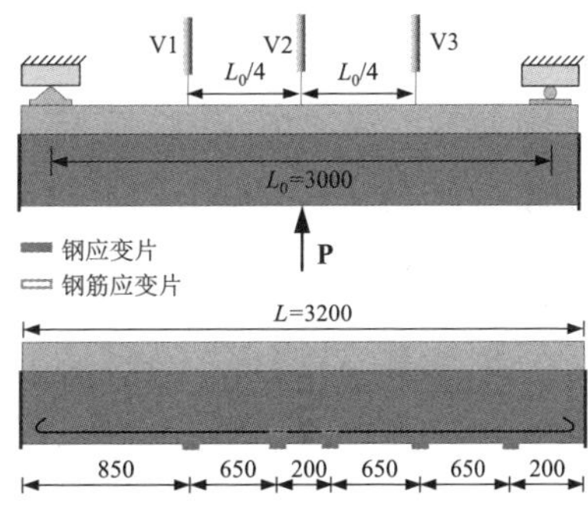

(b) 测量方案

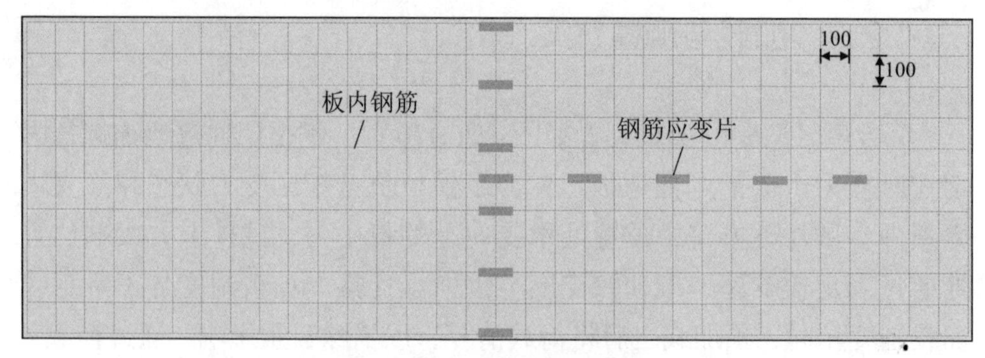

(c) 板内顶层钢筋应变片分布

图 4.2　负弯矩区试验的加载装置与测量方案

(a) 裂缝宽度观测仪

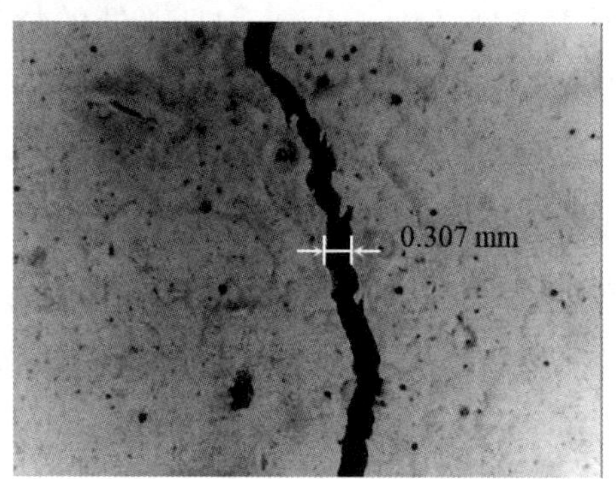

(b) 裂缝宽度观测截图

图 4.3　裂缝观测方法

4.3　试验结果及分析

4.3.1　破坏过程与破坏模式

破坏过程中负弯矩区试件的关键荷载与对应挠度见表 4.2，除特殊试件 NM7–T4–L10–10R0（无桁架试件）、NM8–T4–L10–10UH（半插筋试件）和 NM9–T4–L10–10U0（无插筋试件）外，其余配置了倒 U 形插筋与钢筋桁架的试件破坏过程与基准试件 NM1–T4–L10–10 基本一致。

表 4.2　负弯矩区试件的关键荷载与对应挠度

试件	P_{cr} (kN)	P_{cr}/P_u	P_y (kN)	P_y/P_u	$P_{0.3}$ (kN)	$P_u/P_{0.3}$	P_b (kN)	P_b/P_u	P_u (kN)	δ_y (mm)	L_0/δ_y	δ_f (mm)	L_0/δ_f
NM1–T4–L10–10	74	0.16	291	0.63	345	1.33	423	0.92	460	8.6	349	66.5	45
NM2–T5–L10–10	70	0.14	385	0.79	362	1.34	451	0.93	485	12.3	244	63.9	47
NM3–T3–L10–10	75	0.17	240	0.55	337	1.29	375	0.86	436	8.4	357	68.8	44
NM4–T4–L12–10	84	0.16	343	0.65	513	1.04	517	0.97	531	9.6	313	42.3	71
NM5–T4–L8–10	81	0.20	224	0.56	262	1.53	394	0.98	401	6.8	441	91.3	33
NM7–T4–L10–10R0	69	0.15	264	0.57	393	1.18	375	0.81	463	7.9	380	39.6	76
NM8–T4–L10–10UH	68	0.16	262	0.61	353	1.22	350	0.81	432	8.3	361	26.5	113
NM9–T4–L10–10U0	70	0.25	275	1.00	243	1.14	--	--	276	8.6	349	14.2	211
NM10–T4–L10–10B	100	0.19	312	0.60	508	1.02	475	0.92	519	8.4	357	38.9	77
NM11–T4–L10–10N	58	0.16	196	0.52	300	1.25	325	0.87	374	7.2	417	127.4	24
平均值		0.17		0.65		1.23		0.90					

图 4.4 给出了新型 U 形钢 – 混凝土组合梁在负弯矩区的典型荷载 – 跨中挠度（P–δ）曲线，其中混凝土板顶出现第一条裂缝对应的荷载取开裂荷载 $P_{cr} \approx 0.17P_u$，混凝土板顶纵筋开始屈服对应的荷载取屈服荷载 $P_y \approx 0.65P_u$，U 形钢开始鼓曲对应的荷载取鼓曲荷载 $P_b \approx 0.90P_u$，荷载下降至峰值荷载的 85% 对应的荷载取破坏荷载 P_f。

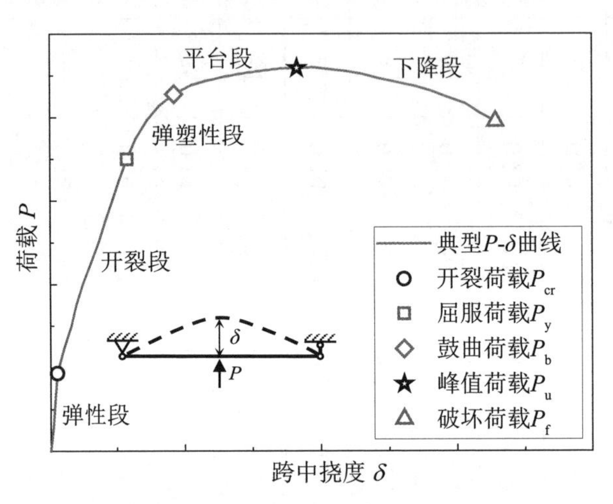

图 4.4　负弯矩区试件的典型荷载 – 跨中挠度曲线

1. 加载过程也根据试件刚度变化，可将整个加载过程划分为以下 5 个阶段：弹性阶段、开裂阶段、弹塑性阶段、平台阶段、下降阶段。

（1）弹性阶段（$0 \sim P_{cr}$）：所有材料均处于弹性状态，且无论配置如何，各组成部分之间接触良好，能共同工作、协调变形。

（2）开裂阶段（$P_{cr} \sim P_y$）：混凝土板顶跨中位置处突然出现一条横向弯曲裂缝，试件刚度突然降低，裂缝发展过程中刚度持续减小。开裂区发展到距离支座 $L_0/3$ 附近时，裂缝发展速度放缓。此时开裂区拉力主要由板内纵筋承担，由于纵筋尚处于弹性状态，因此试件产生稳定二次刚度。

（3）弹塑性阶段（$P_y \sim P_b$）：混凝土板顶纵筋屈服后试件进入弹塑性段。在塑性发展过程中，试件刚度持续降低。跨中主裂缝宽度约在 $0.82P_u$ 时达到正常使用极限状态限值 0.3 mm[157]，将其对应的荷载定义为 $P_{0.3}$。

（4）平台阶段（$P_b \sim P_u$）：U 形钢底板屈服后，受压区混凝土压应力增长速度较快，U 形钢腹板和底板处开始出现鼓曲，试件刚度较为稳定，但荷载增长较为缓慢，挠度增长迅速。

（5）下降阶段（P_u~P_f）：U 形钢受压区鼓曲明显，梁底混凝土压应力达到抗压强度，试件达到峰值荷载 P_u。下降过程中，在钢板约束下，混凝土能在一定程度上保持完整性，因此试件呈延性破坏。当荷载为破坏荷载 P_f 时，跨中挠度最大能发展到 L_0/23，具有较好的变形能力。

2. 破坏模式试件出现的破坏模式分为 3 类：基准试件发生弯曲破坏，未配置钢筋桁架的试件发生腹板张开破坏，未配置倒 U 形插筋的试件发生翼－腹界面断裂破坏。

（1）弯曲破坏模式主要表现为混凝土板跨中附近出现一条或若干条宽度较大的横向平行主裂缝（图 4.5(a)），混凝土板内纵筋以及 U 形钢大部分高度范围均达到屈服。控制试件破坏的关键因素是 U 形钢鼓曲（图 4.5(b)）后，受压区混凝土压溃（图 4.5(c)）。发生弯曲破坏模式的试件均有不同程度的塑性发展，整体表现为延性破坏。

（2）腹板张开破坏模式在鼓曲发生前与弯曲破坏模式现象大致相同。但当 U 形钢腹板出现鼓曲后，上翼缘之间由于缺少钢筋桁架连接，逐渐跟随腹板的鼓曲向两侧张开，内部混凝土腹板也跟随 U 形钢内翻上翼缘向外张开（图 4.6(a)）。当试件失去整体性后，承载力突然下降，表现为脆性破坏。基准试件的钢筋桁架增强了 U 形钢腹板稳定性，因此未出现张开的情况（图 4.6(b)）。

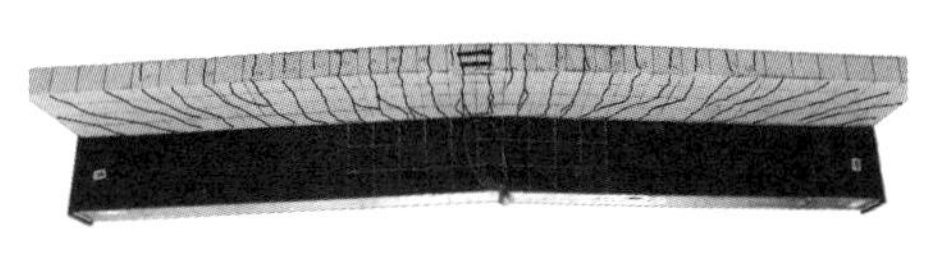

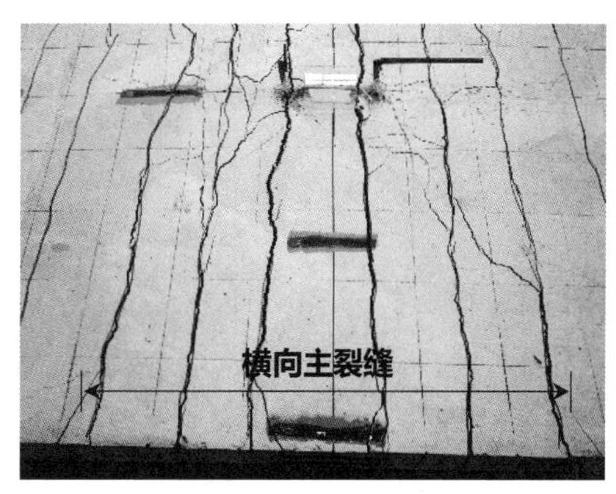

(a) 试件卸载后残余塑性变形

(b)U 形钢受压鼓曲（跨中）

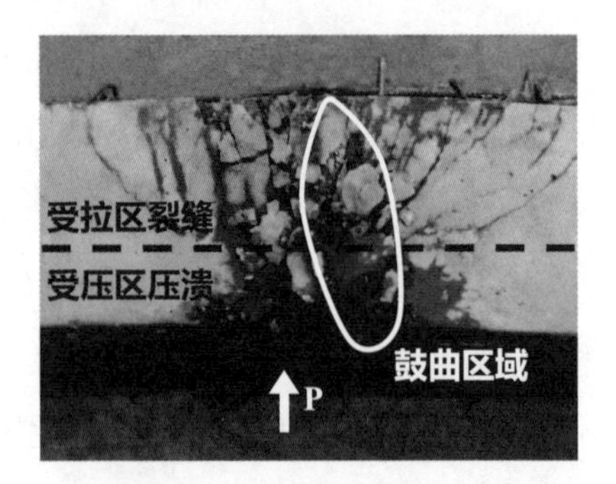

(c) 混凝土腹板开裂与压溃（跨中）

图 4.5　弯曲破坏模式

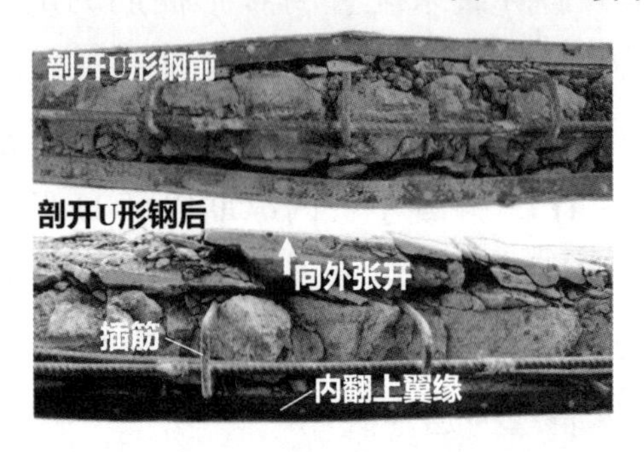

(a) 内部混凝土跟随 U 形钢张开

(b) 基准试件 U 形钢开口处未张开

图 4.6　腹板张开破坏模式

（3）翼 – 腹界面断裂破坏模式的特征为翼 – 腹界面因缺少倒 U 形插筋，混凝土在某一时刻突然断裂（图 4.7），导致混凝土板与梁腹板无法共同工作，试件抗弯承载力突然下降而发生破坏。但由于大部分材料均处于弹性状态，试件承载力并未完全丧失，混凝土板与梁腹板仍能单独承受负弯矩。整体来看，翼 – 腹界面断裂破坏模式属于脆性破坏，在工程中应避免。

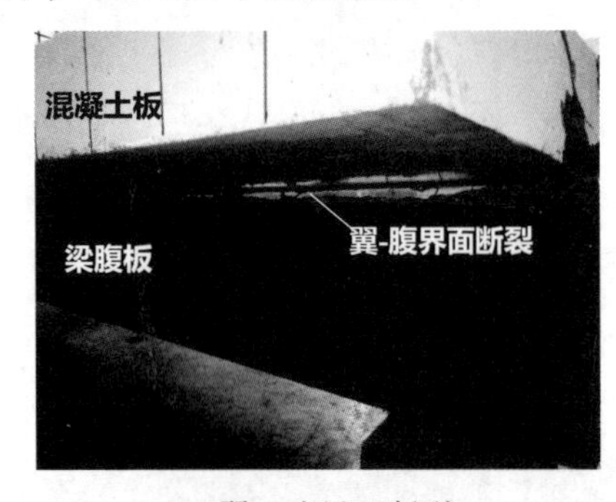

(a) 翼 – 腹界面断裂

(b) 混凝土断裂面状态

图 4.7　翼 – 腹界面断裂破坏模式

4.3.2　荷载 – 跨中挠度曲线

图 4.8(a)~ 图 4.8(e) 为 10 个试件的荷载 – 跨中挠度曲线的对比情况，5 组曲线分别用于分析含钢率 ρ_s、板内纵筋配筋率 ρ_{rh}、钢筋桁架配置、倒 U 形插筋配置、混凝土板宽度 B 对新型 U 形钢 – 混凝土组合梁负弯矩区抗弯性能的影响。图 4.8(f) 为混凝土板开裂前试件的 P–δ 曲线，用于分析对比各参数对试件初始刚度的影响。表 4.3 中给出了试件的初始刚度 $B_{1,ex}$、二次刚度 $B_{2,ex}$ 和峰值承载力 P_u 等性能指标，其余参数将在后文介绍。

1. 含钢率 ρ_s 的影响

当含钢率 ρ_s 从 4.20% 增加到 6.93%（图 4.8(a)），试件现象以及对应的 P-δ 曲线趋势基本一致，即试件的破坏模式与受力状态并未发生变化。结合表 4.2 中鼓曲荷载 P_b 的变化来看，增加 U 形钢厚度能够延缓钢板屈曲。从表 4.3 可以看出，试件 NM2 与试件 NM3 相比，ρ_s 提高了 65.0%，对应的 $B_{2,ex}$ 和 P_u 分别仅提高了 32.7% 和 11.2%，但 $B_{1,ex}$ 却提高了 23.8%（图 4.8(f)），即 ρ_s 对弹性阶段抗弯刚度的影响明显大于对开裂后二次刚度和峰值承载力的影响。混凝土板开裂前能够承担一定的拉力，截面中和轴在距离梁底（中和轴高度 d_n）247 ~ 288 mm（数值为约数）处，靠近 U 形钢上翼缘位置；混凝土板开裂后中和轴不断下移，在峰值荷载时 d_n 为 118 ~ 150 mm（数值为约数表 4.3），靠近 U 形钢腹板中部位置。二者相比，显然开裂前 U 形钢截面相对中和轴的惯性矩更大。提高 ρ_s 的效果包括以下两点：

（1）不改变试件破坏模式，但能够延缓 U 形钢屈曲。

（2）可提高初始刚度、二次刚度和峰值承载力等，其中对初始刚度的提高尤为明显。

2. 板内纵筋配筋率 ρ_{rh} 的影响

当板内纵筋配筋率 ρ_{rh} 从 1.11% 增加到 2.49% 时（图 4.8(b)），对应的 P-δ 曲线形状发生了明显变化，其规律与传统钢筋混凝土梁一致。ρ_{rh} 在最小配筋率 $\rho_{rh,min}$ 与最大配筋率 $\rho_{rh,max}$ 之间变化时，峰值承载力、初始刚度（图 4.8(f)）和二次刚度与之正相关，而延性与之负相关。混凝土板内纵筋是新型 U 形钢 – 混凝土组合梁在负弯矩区的主要受拉组成部分，能有效控制混凝土板的纵向变形与开裂。在合理的配筋率设计下，试件能够在板内纵筋屈服后继续承担荷载，充分发挥钢筋优良的塑性变形能力，直到梁底受压区混凝土压溃，试件达到破坏。合理的纵筋配筋率应遵循以下规律：

（1）在基准试件 NM1 的构造下，$\rho_{rh}=1.73\%$ 较为合理，因为板顶纵筋与 U 形钢底板几乎同时达到屈服（$0.63P_u$），之后塑性区域分别从板顶与梁底向截面中部发展，兼顾了延性与承载力的要求。

（2）试件的理论最大配筋率 $\rho_{rh,max}>2.49\%$，且当板顶纵筋屈服，梁底受压区混凝土立即压溃时，试件取得最大配筋率 $\rho_{rh,max}$，基于本试验结果，建议最大配筋率 $\rho_{rh,max}$ 取 2.5%[157]。

（3）试件的理论最小配筋率 $\rho_{rh,min}<1.11\%$，且当混凝土板顶刚开裂，板顶纵筋立即屈服时，试件取得最小配筋率 $\rho_{rh,min}$。

3. 钢筋桁架配置的影响

若试件配置了钢筋桁架，鼓曲荷载前，两者 P-δ 曲线几乎完全一致（图 4.8(c)）；而在鼓曲荷载之后，二者逐渐表现出完全不同的力学行为。尤其在峰值荷载后，试件 NM7 由于未配置钢筋桁架，U 形钢腹板及混凝土腹板突然向外张开，试件丧失整体性，承载力迅速下降。而试件 NM1 由于配置了钢筋桁架的 U 形钢可视为封闭的箱形截面，具有更好的稳定性和延性。综上所述，钢筋桁架的配置对试件负弯矩区抗弯承载力几乎无影响，但可明显改善试件的变形能力。

4. 倒 U 形插筋配置的影响

若试件配置了倒 U 形插筋（图 4.8(d)），在加载初期呈现出相似的初始刚度（图 4.8(f)，差距小于 6%）与二次刚度（差距小于 9%），说明无论是否配置倒 U 形插筋，混凝土板与梁腹板在开裂荷载前均能共同工作。对于无插筋试件 NM9，在接近屈服荷载时翼 – 腹界面即开始出现断裂；当翼 – 腹界面彻底断裂后，试件丧失组合作用，承载力骤降。而基准试件 NM1 在整个加载过程中表现出良好的整体性，具有长而平缓的平台阶段与下降阶段。半插筋试件 NM8 介于二者之间，峰值荷载时混凝土板虽然掀起较明显，但依旧能够保持一定的整体性。因此，基于试件延性考虑，建议倒 U 形插筋间距不大于 2 倍横向钢筋距离。

5. 混凝土宽度 B 的影响

图 4.8(e) 中的 3 条曲线分别对应基准试件 NM1–T4–L10–10（B = 1000 mm）、宽板试件 NM10–T4–L10–10B（B = 1400 mm）与窄板试件 NM11–T4–L10–10N（B = 600 mm）。显然，B 越大，试件的初始刚度（图 4.8(f)）、二次刚度与承载力越高，但延性越差。这是因为受拉区拉力主要由混凝土板内纵筋承担，在有效板宽范围内，楼板宽度越大则纵筋面积越大，但是板内纵筋配筋量越高，梁腹板中受压区高度越小，混凝土更易压溃，试件延性越低。

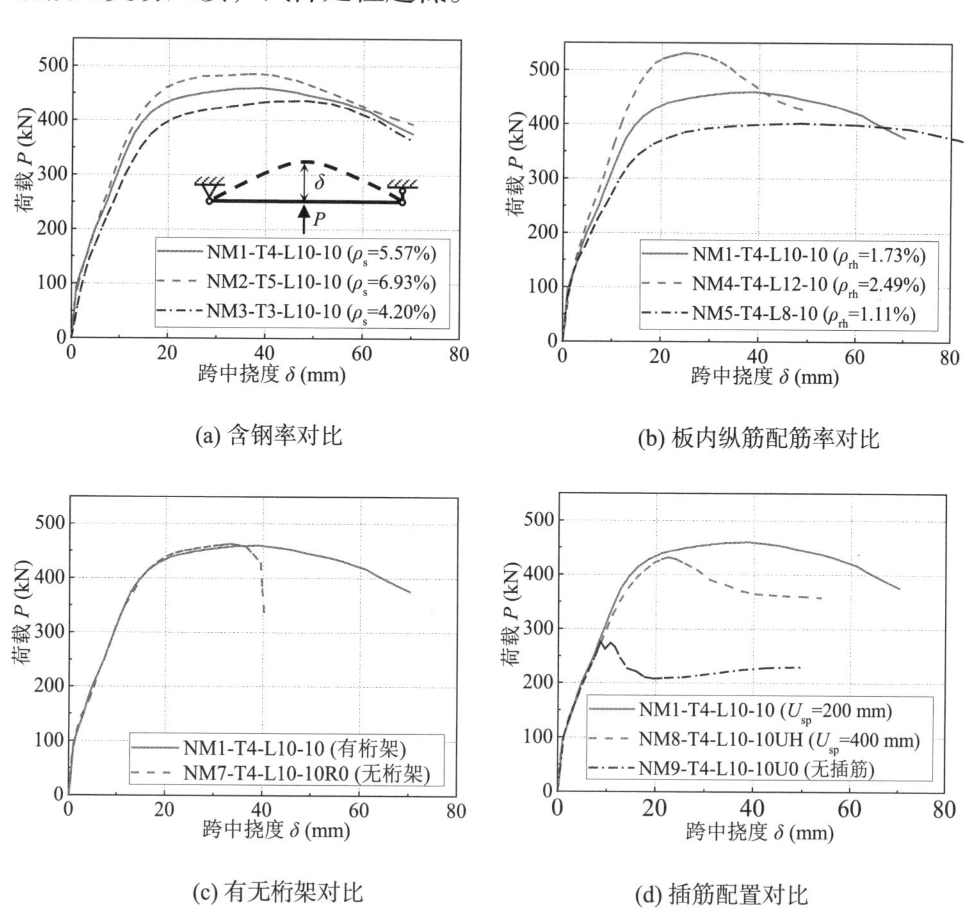

(a) 含钢率对比

(b) 板内纵筋配筋率对比

(c) 有无桁架对比

(d) 插筋配置对比

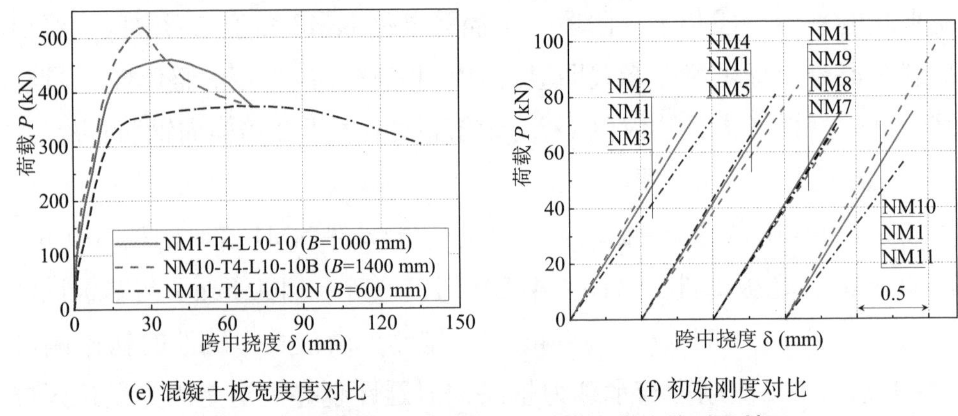

(e) 混凝土板宽度度对比　　　　(f) 初始刚度对比

图 4.8　负弯矩区试件荷载 – 跨中挠度曲线的对比情况

表 4.3　负弯矩区试件性能指标

试件	P_u (kN)	$B_{1,ex}$ (10^{13} N · mm^2)	$B_{2,ex}$ (10^{13} N ·mm^2)	d_n (mm)	μ	γ_p	R
NM1–T4–L10–10	460	4.65	1.76	146.7	7.7	1.58	0.305
NM2–T5–L10–10	485	5.00	2.03	149.7	5.2	1.26	0.288
NM3–T3–L10–10	436	4.04	1.53	141.2	8.2	1.82	0.325
NM4–T4–L12–10	531	4.29	2.02	143.4	4.4	1.55	0.439
NM5–T4–L8–10	401	4.83	1.37	118.2	13.4	1.79	0.195
NM7–T4–L10–10R0	463	4.38	1.77	139.9	5.0	1.75	0.305
NM8–T4–L10–10UH	432	4.49	1.60	126.2	3.2	1.65	0.305
NM9–T4–L10–10U0	276	4.55	1.61	137.6	1.7	1.00	0.305
NM10–T4–L10–10B	519	5.22	1.89	149.1	4.6	1.66	0.416
NM11–T4–L10–10N	374	3.81	1.33	118.1	17.7	1.91	0.194

注：$B_{1,ex}$ 为试件实测初始刚度；$B_{2,ex}$ 为试件实测二次刚度；d_n 为实测中和轴高度；μ 为位移延性系数；γ_p 为塑性发展系数。

新型 U 形钢 – 混凝土组合梁具有良好的变形能力与塑性转动能力。内包混凝土对外部 U 形钢形成有效支撑，减小 U 形钢屈曲半波长；外部 U 形钢能对受压区混凝土提供有效约束，维持混凝土完整性，延缓压溃过程。因此配置了钢筋桁架与倒 U 形插筋的试件可充分发挥材料的塑性强度。图 4.9 给出了试件在不同荷载等级下挠度沿梁长的分布状态，基准试件（图 4.9(a)）在开裂前挠度较小，在 $0.80P_u$ 前达到正常使用极限状态 $L_0/250$，在峰值荷载时达到 $L_0/77$，最终破坏时挠度发展到了 $L_0/33$。而未配置倒 U 形插筋的试件峰值挠度仅为 $L_0/346$（图 4.9(b)），变形量相对较小。

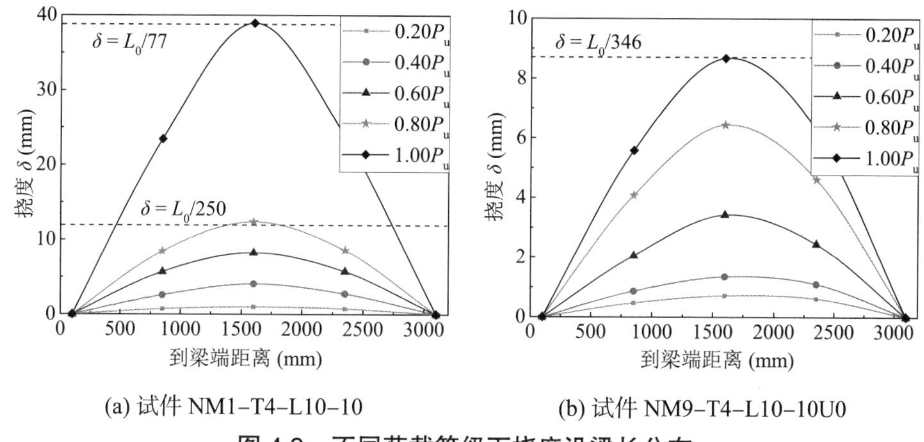

(a) 试件 NM1–T4–L10–10　　(b) 试件 NM9–T4–L10–10U0

图 4.9　不同荷载等级下挠度沿梁长分布

为了定量研究试件的变形能力，用位移延性系数 μ 来衡量试件的延性，用塑性发展系数 γ_p 来衡量试件的塑性转动能力，μ 和 γ_p 的计算值见表 4.3。

当钢板厚度 t_w 从 5 mm 降低到 3 mm 时，μ 从 5.2 增加到 8.2。虽然增大钢板厚度可起到延缓屈曲的作用，但由于钢板厚度越大，试件的承载力越高，相应的受压区高度越小，受压区混凝土内应力水平越高，混凝土更易压溃，因此延性系数 μ 与钢板厚度 t_w 呈负相关。当板内纵筋直径 Φ_{rh} 从 8 mm 增大到 12 mm 时，μ 从 13.4 降低到 4.4；混凝土板宽 B 从 600 mm 增大到 1400 mm，μ 从 17.7 降低到 4.6；即混凝土板内纵筋的抗拉承载力越高，受压区高度越小，μ 越小。此外，配置钢筋加强系统能够有效提高试件延性，如试件 NM9/NM8/NM7/NM1 中钢筋加强系统逐渐完善，则 μ 从 1.7 增大到 7.7。

钢筋加强系统能够改善新型 U 形钢－混凝土组合梁的整体性，使其拥有良好的塑性转动能力。试验中塑性发展系数 γ_p 为 1.3 ~ 1.9（数值为约数平均值为 1.7），材料塑性得到了充分发挥。图 4.10 为试件

NM1 中 U 形钢腹板塑性发展情况，在混凝土板顶纵筋屈服（P_y）的同时，U 形钢上翼缘与下翼缘也达到屈服状态，因此 U 形钢腹板内塑性区域分别从受压区下边缘与受拉区上边缘向中和轴处发展。在达到峰值荷载 P_u 时，试件 NM1 中 U 形钢腹板高度内约 90.3% 的范围进入塑性状态，其余配置了倒 U 形插筋的试件 U 形钢腹板屈服为 84.7% ~ 94.0%，均达到相对较高的塑性发展水平。而未配置倒 U 形插筋试件在达到 P_u 时混凝土板顶纵筋才接近屈服（即 $P_u \approx P_y$），因此塑性发展系数 γ_p 约为 1.0，几乎无安全裕度，在工程设计中应避免出现此类情况。

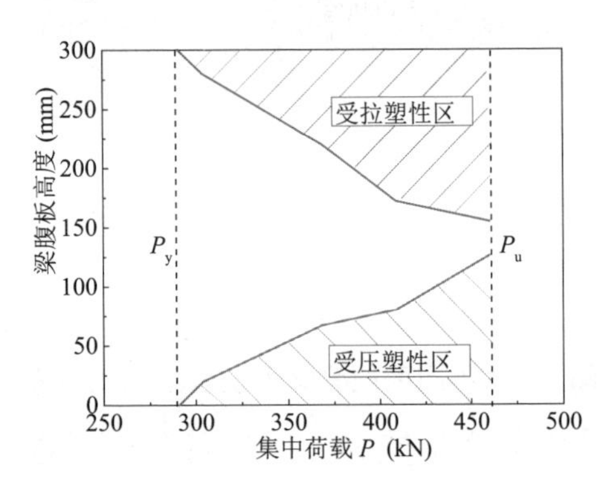

图 4.10　试件 NM1 中 U 形钢腹板内塑性发展情况

4.3.3　混凝土板顶开裂分析

文献 [173] 和 [174] 定义了传统 H 型钢－混凝土组合梁的综合力比 R，即混凝土板内纵筋最大抗拉承载力与 H 型钢最大抗压承载力之比，以此反映组合梁在负弯矩区的力学性能。新型 U 形钢－混凝土组合梁的综合力比 R 按式（4.1）定义：

$$R = \frac{f_{yr} A_{rh}}{A_U f_{ys} + A_{cw} f_{c,k}} \tag{4.1}$$

式中：A_{rh} —— 板内纵筋面积；

A_U —— U 形钢截面面积；

A_{cw} —— 混凝土梁腹板截面面积。

表 4.3 中，综合力比 R 与中和轴高度 d_n 大致呈正相关。当 A_{rh} 增大

（即 B 或 Φ_{rh} 增大）或 A_U 减小（t_w 减小）时，R 增大，相应的 d_n 增大，则 U 形钢上部参与受拉的区域减小。因此为了发挥钢材受拉优势，R 应有最大值 R_{max} 限制。试件在不同综合力比 R 情况下，荷载 P 与裂缝宽度 w_{cr} 关系曲线如图 4.11(a) 所示，R 越小中和轴越靠近梁底，混凝土板顶 w_{cr} 则越大。因此为了控制混凝土板顶裂缝发展，工程设计中 R 应有最小值 R_{min} 限制。在传统 H 型钢－混凝土组合梁中，R 的建议取值为 0.35 ~ 0.50。而新型 U 形钢－混凝土组合梁的综合力比 R 额外考虑了混凝土梁腹板的抗压承载力，见式（4.1），因此对应的 R 限值应比传统 H 型钢－混凝土组合梁更小。

将 w_{cr} = 0.3 mm 时对应的荷载定义为正常使用极限状态荷载 $P_{0.3}$[157]，则可用开裂系数 $\gamma_{cr} = P_u/P_{0.3}$（表 4.2）来衡量试件从正常使用极限状态到承载力极限状态之间的安全裕度。从图 4.11(b) 给出的 γ_{cr} 与 R 之间的关系曲线中可以看出，当 $0.2 \leqslant R \leqslant 0.4$ 时，γ_{cr} 与 R 大致负相关。其中当 R = 0.305 时，存在 3 个异常数值，分别对应加强措施不足的试件：NM7（无桁架）、NM8（半插筋）和 NM9（无插筋）。当 $R < 0.2$ 时，$\gamma_{cr} > 1.5$，在此情况下，裂缝出现较早，且裂缝宽度发展相对较快，安全裕度过高，造成一定程度的材料强度浪费。当 $R > 0.4$ 时，$\gamma_{cr} \approx 1.0$，即 $P_u \approx P_{0.3}$，几乎无安全裕度，应注意避免。

综上所述，新型 U 形钢－混凝土组合梁在负弯矩区的综合力比 R 建议取值为 0.2 ~ 0.4。

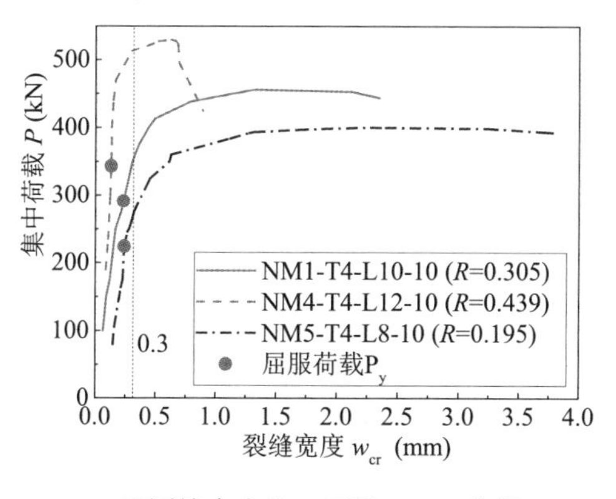

(a) 不同综合力比 R 下的 P–w_{cr} 曲线

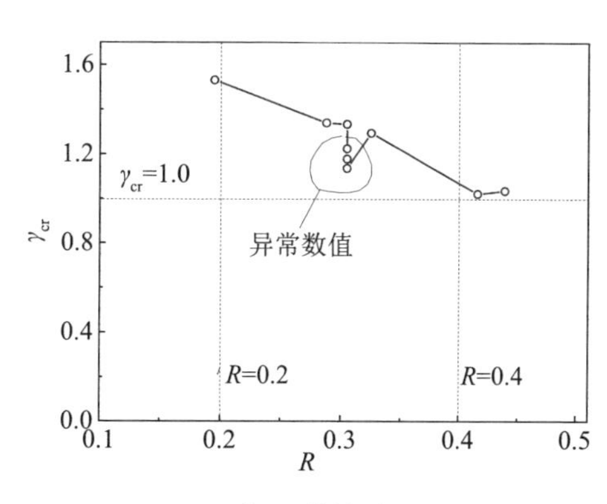

(b) γ_{cr} 与 R 的关系

图 4.11　负弯矩区综合力比 R 对试件开裂的影响

4.3.4 应变分析

1. U形钢底部和梁底纵筋应变

图4.12给出了U形钢底板与梁底纵筋靠近跨中截面处的应变发展情况。由于U形钢底板与梁底纵筋位置较为接近，二者应变发展也较为接近。

配置了倒U形插筋与钢筋桁架的试件具有良好的变形能力，在U形钢底板与梁底纵筋屈服之后，经历了平稳而漫长的塑性段，充分发挥了钢材的塑性变形能力。未配置钢筋桁架的试件NM7–T4–L10–10R0与基准试件应变发展一致，说明钢筋桁架在荷载达到峰值前几乎不影响试件的变形。未配置倒U形插筋的试件NM9–T4–L10–10U0变形量较小，因为翼－腹界面突然断裂，试件在U形钢底板与梁底纵筋尚未屈服时即已达到峰值荷载。而配置了一半插筋的试件NM8–T4–L10–10UH应变发展介于基准试件与无插筋试件之间，虽然变形量仍然较小，但U形钢底板与梁底纵筋能够在峰值荷载前达到屈服。

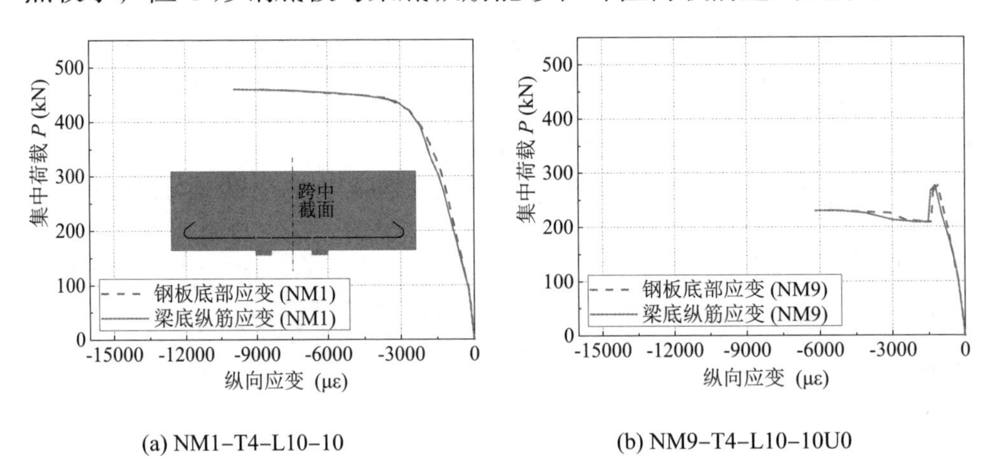

图4.12 荷载－梁底应变曲线

图4.13给出了负弯矩作用下U形钢底板纵向应变沿梁长分布状态。在基准试件的跨中截面出现了范围约为$L_0/3$的塑性变形集中现象，即组合框架中梁端截面出现塑性铰区。而在无插筋试件NM9–T4–L10–10U0中，应变从跨中截面沿梁长到支座截面呈线性变化，即无明显塑

性变形集中甚至无塑性变形出现。

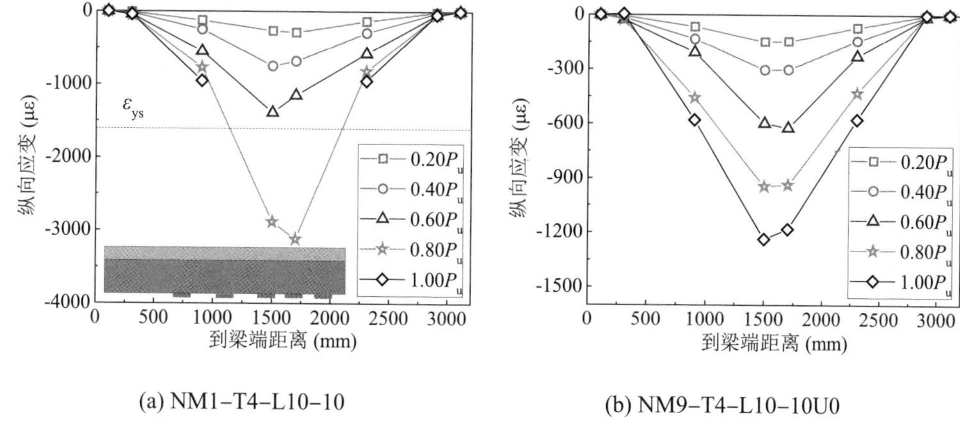

(a) NM1–T4–L10–10　　(b) NM9–T4–L10–10U0

图 4.13　U 形钢底板纵向应变沿梁长分布

2. 板顶纵筋应变

图 4.14 给出了试件的荷载 – 板顶形心处纵筋应变曲线。从图 4.14 中可以观察到混凝土板开裂时应力重分布的情况（平台阶段）。由于试件第一条横向裂缝不一定在跨中截面，因此平台阶段对应的荷载与开裂荷载不完全一致。此外，除无插筋试件 NM9–T4–L10–10U0 外，其余所有试件的板顶纵筋均在峰值荷载前达到屈服，并经历了较长的塑性强化阶段；无插筋试件的板顶纵筋在达到峰值荷载时恰好屈服。

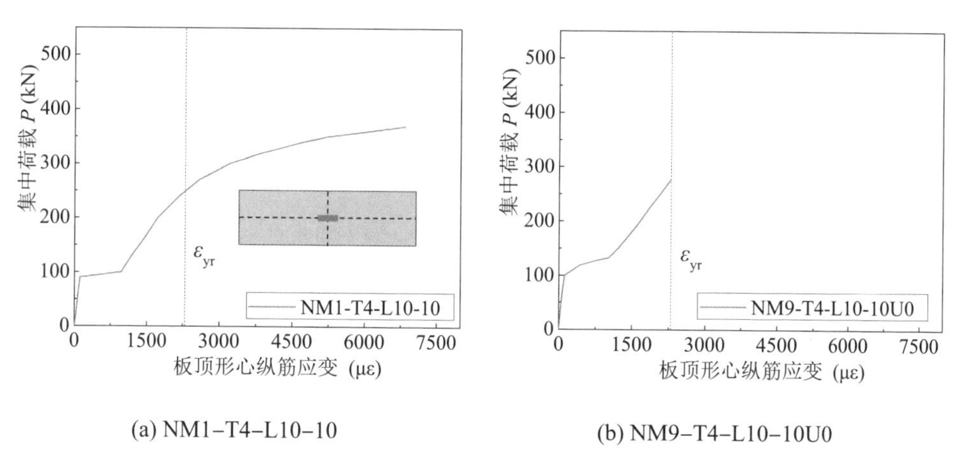

(a) NM1–T4–L10–10　　(b) NM9–T4–L10–10U0

图 4.14　荷载 – 板顶形心处纵筋应变曲线

为了研究受拉区板顶纵筋变形沿梁长分布情况，按照图 4.2(c) 所示布置了一系列应变片，由此得到了如图4.15所示的板顶纵筋应变沿梁长分布情况。与梁底应变类似，基准试件NM1在跨中$L_0/3$范围形成了塑性变形集中区，而无插筋试件NM9却在达到峰值荷载时，板顶纵筋局部屈服，且应变沿梁长大致呈线性分布，无变形集中区域。

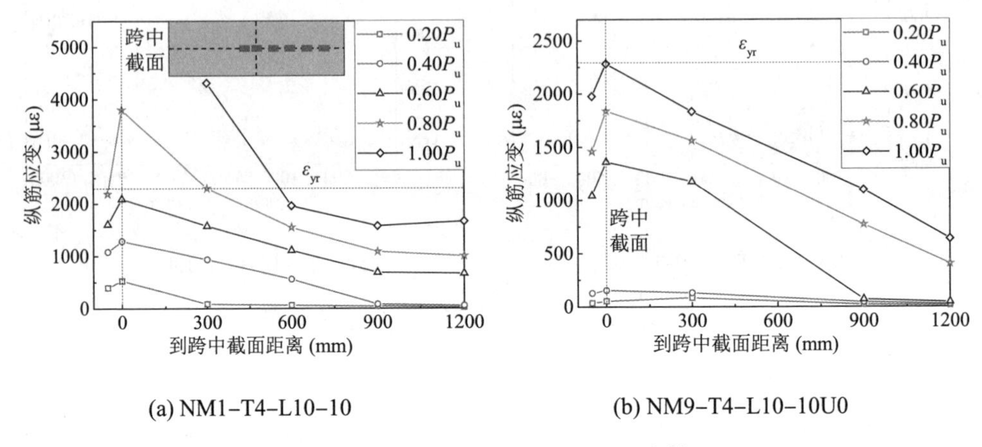

(a) NM1–T4–L10–10　　(b) NM9–T4–L10–10U0

图4.15　板顶纵筋应变沿梁长分布情况

图4.16(a)给出了跨中截面板顶纵筋应变沿楼板宽度（$B = 1000\ \text{mm} = L_0/3$）分布的情况。在峰值荷载时，基准试件整个楼板宽度范围内纵筋均处于屈服状态。为了方便设计，可偏安全地认为，新型U形钢－混凝土组合梁在负弯矩区的有效板宽与正弯矩区的有效板宽计算方式一致，即$B_e = L_0/3 + b$。

图4.16(b)给出了混凝土板横向钢筋应变沿板宽分布情况。横向钢筋在屈服荷载P_y（$0.61P_u$）前变形较小，在屈服荷载之后，为了控制板顶劈裂现象，横向钢筋产生受拉变形，靠近混凝土板纵向对称轴处的拉应力大于板侧边缘处拉应力。在接近峰值荷载时，横向钢筋最大应变不超过800 με，远小于屈服应变。因此设计的横向钢筋配筋率偏大,在实际工程中按构造配置即可。根据《混凝土结构设计规范》（GB 50010—2010）[155]，混凝土板横向钢筋配筋率应大于0.5%，且横向钢筋间距小于200 mm，直径大于8 mm。

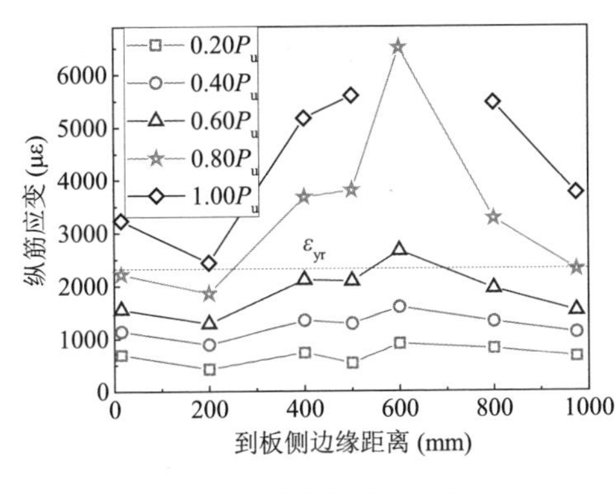

(a) 板顶纵筋应变沿板宽分布

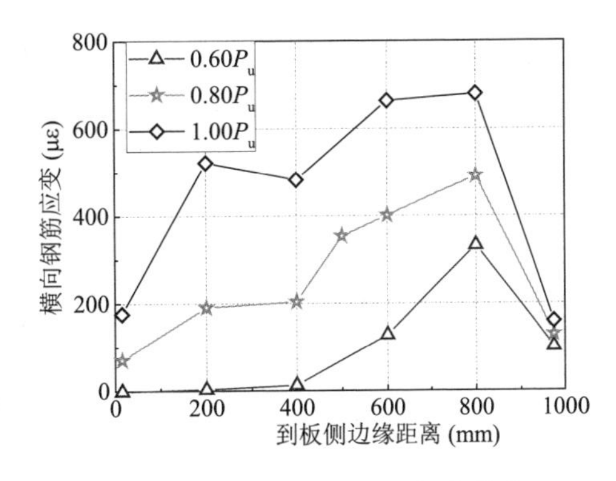

(b) 板顶横向钢筋应变沿板宽分布

图 4.16　板顶钢筋应变沿板宽分布

3. 沿梁高的应变分布

图 4.17 给出了试件的纵向应变沿梁截面高度分布状态。由于翼 – 腹界面混凝土能够参与纵向抗剪，无论是否配置倒 U 形插筋或钢筋桁架，在 P_y 前混凝土板与梁腹板之间均能共同变形，组合作用良好，即所有试件均能符合平截面假定，翼 – 腹界面处几乎无滑移出现。

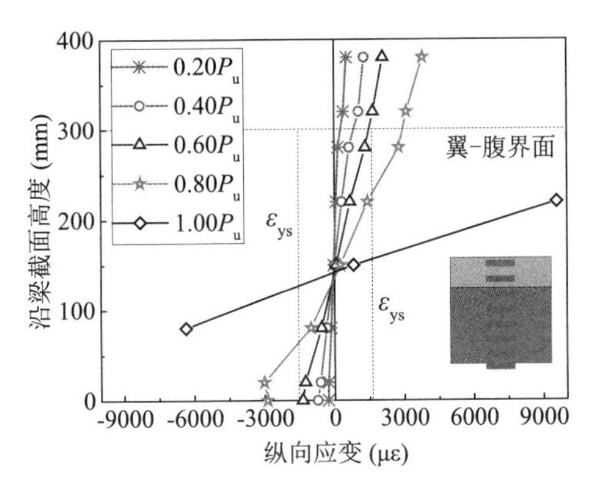

(a) NM1–T4–L10–10

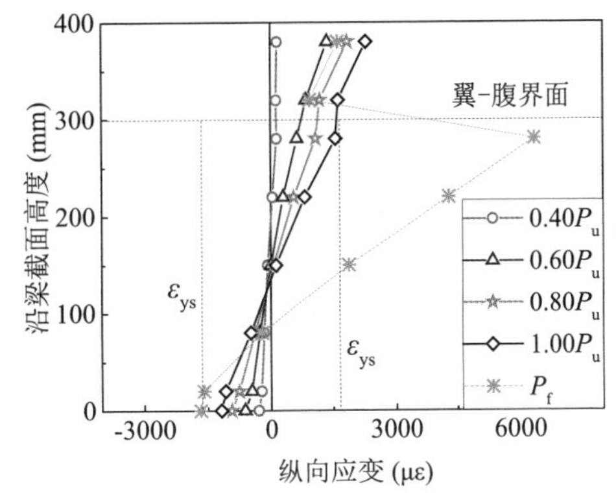

(b) NM9–T4–L10–10U0

图 4.17　纵向应变沿梁截面高度分布

但在屈服荷载后，尤其是达到正常使用极限状态（$P_{0.3} \approx 0.82P_u$）后，部分试件在翼 – 腹界面开始产生不同程度的滑移。除无插筋试件 NM9–T4–L10–10U0 外，其余试件的滑移均处于稳定可控范围，混凝土板与梁腹板在极限状态下也能共同工作。而无插筋试件由于缺少倒 U 形插筋来抵抗掀起力，在翼 – 腹界面断裂后，混凝土板与梁腹板之间失去相互作用，因此该试件的混凝土板与梁腹板在峰值荷载时单独变形，在材料均处于弹性状态的情况下，翼－腹界面出现明显的滑移现象（图4.17(b)）。

4. 结论

综上所述，可得到以下结论。

（1）配置了倒U形插筋和钢筋桁架的试件具有良好的变形能力，材料均能达到屈服，可按照塑性方法进行负弯矩下承载力极限状态设计。

（2）新型U形钢－混凝土组合梁在负弯矩区的有效板宽计算方式与正弯矩区的有效板宽计算方式一致，即 $B_e = L_0/3 + b$。

（3）在正常使用极限状态下，倒U形插筋与钢筋桁架配置与否对试件负弯矩区性能影响较小。

4.4 本章小结

本章进行了10根新型U形钢－混凝土组合梁试件的负弯矩区受弯试验，考虑了板内纵筋配筋率、含钢率、钢筋桁架及倒U形插筋、混凝土板宽度的影响。最终得到以下结论。

（1）试件破坏过程大致经历以下5个阶段：弹性阶段（$0 \sim P_{cr}$）、开裂阶段（$P_{cr} \sim P_y$）、弹塑性阶段（$P_y \sim P_b$）、平台阶段（$P_b \sim P_u$）、下降阶段（$P_u \sim P_f$），其中 $P_{cr} \approx 0.17P_u$，$P_y \approx 0.65P_u$，$P_b \approx 0.91P_u$。

（2）倒U形插筋和钢筋桁架对正常使用极限状态影响较小，但可提高试件负弯矩区变形能力。U形钢腹板 P_u 时，84.7% ~ 94% 高度可进入塑性，塑性发展系数为1.3 ~ 1.9；试件破坏时最大挠度可达 $L_0/33$，位移延性系数最大可达17.7。

（3）根据倒U形插筋与钢筋桁架的配置，试件出现3种破坏模式：配置倒U形插筋及钢筋桁架的试件发生典型的受弯破坏模式（延性），未配置倒U形插筋的试件发生翼－腹界面断裂破坏模式（脆性），未配置钢筋桁架的试件发生U形钢腹板张开破坏模式（脆性）。

（4）负弯矩区有效板宽建议偏安全地取 $B_e = L_0/3+b$，与正弯矩区一致；综合力比 R 建议取0.2 ~ 0.4，较传统H型钢－混凝土组合梁偏小。

第 5 章　新型 U 形钢 – 混凝土组合梁斜截面受剪试验

5.1　引　言

本章将重点研究新型 U 形钢 – 混凝土组合梁斜截面受剪性能。在传统 U 形钢 – 混凝土组合梁中，由于试件整体性较差，其抗剪承载力仅由钢腹板与混凝土梁抗剪承载力的简单叠加得到。但是经过钢筋加强系统改善后，试件整体性得到显著提升。钢筋桁架将内翻翼缘连接起来，使开口截面 U 形钢转化为等效闭口箱形截面，能更好地约束内部混凝土，维持混凝土在高应力状态下的完整性；倒 U 形插筋增强了梁腹板与混凝土板之间的组合作用，使二者共同工作。

为此，本章进行了 8 根新型 U 形钢 – 混凝土组合梁试件的斜截面受剪试验，分析了试件的荷载 – 挠度曲线和应变发展等结果，对比了试件峰值承载力、延性系数与塑性发展系数等性能指标；通过对破坏模式的分析，发现了斜截面受剪机理，为后续的简化力学模型和设计方法的提出提供了试验研究基础。

5.2　试验方案

5.2.1　试件设计

受剪试验共设计了 8 个试件，截面尺寸及加载装置如图 5.1 所示。

混凝土板宽度 $B = 600$ mm，梁腹板宽度 $b = 150$ mm，U 形钢内翻上翼缘宽度 $b_f = 30$ mm，保护层厚度 $a = 20$ mm，混凝土板厚度 $h_b = 100$ mm。

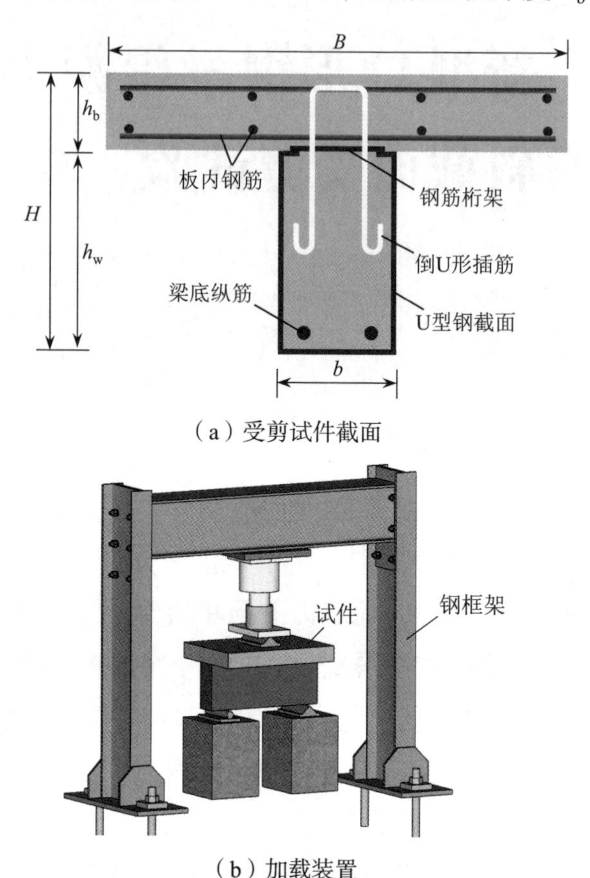

（a）受剪试件截面

（b）加载装置

图 5.1　受剪试件截面与加载装置

其余变化的设计参数见表 5.1，包括梁总长度 L、梁总高度 H、梁腹板高度 h_w、剪跨比 λ 和 U 形钢板厚度 t_w 等。栓钉采用工程常用的直径 19 mm、高度 80 mm 的圆柱头栓钉。试件所用材料与正弯矩区试件一致，相应的材料性质见表 3.1。

试验考虑了剪跨比（λ）、含钢率（ρ_s）以及梁底栓钉数量（n_d）3 个影响因素。在表 5.1 中，每个试件均按照构造不同进行了命名，以试件 Q3–300–λ1D–T4 为例说明：“Q3”表示受剪试件中编号为 3 的试件；“300”表示梁总高度为 300 mm；“λ1”表示试件剪跨比为 1.0；“D”表示配置了梁底栓钉；“T4”表示 U 形钢厚度为 4 mm。

表 5.1　试件设计参数

试件编号	L (mm)	H (mm)	λ	t_w (mm)	h_w/t_w	Φ_{rb} (mm)	n_d	ρ_{rb} (%)	ρ_s (%)	β
Q1–300– λ 1–T4	800	300	1.0	4.0	50	16	—	0.96	5.66	0.66
Q2–300– λ 1–T3	800	300	1.0	3.0	67	16	—	0.96	4.27	0.78
Q3–300– λ 1D–T4	800	300	1.0	4.0	50	16	6	0.96	5.66	0.66
Q4–300– λ 1.5–T4	1100	300	1.5	4.0	50	16	—	0.96	5.66	0.92
Q5–400– λ 1–T4	1000	400	1.0	4.0	75	16	—	0.71	5.57	0.71
Q6–400– λ 1–T3	1000	400	1.0	3.0	100	16	—	0.71	4.20	0.86
Q7–400– λ 1D–T4	1000	400	1.0	4.0	75	16	7	0.71	5.57	0.70
Q8–400– λ 1.5–T4	1400	400	1.5	4.0	75	16	—	0.71	5.57	0.96

注：Φ_{rb} 为梁底纵筋直径；n_d 为梁底栓钉数量；ρ_{rb} 为梁底纵筋配筋率；ρ_s 为含钢率；β 为抗剪连接程度（计算方法见 2.6 节）。

5.3 试验结果分析

5.3.1 破坏过程与破坏模式

试验中剪跨比为1.0的试件破坏过程几乎一致，由此得到如图5.2所示的典型荷载P–跨中挠度δ曲线，其中U形钢底板开始屈服对应的荷载取为屈服荷载$P_y \approx 0.69P_u$。根据刚度变化，将加载全过程分为弹性阶段、弹塑性阶段和下降阶段3个阶段。

（1）弹性阶段（$0 \sim P_y$）：在U形钢底板屈服前，试件具有稳定的初始刚度，即使混凝土板底出现横向裂缝（P_{cr}）或板顶出现劈裂裂缝，均对刚度无明显影响。

（2）弹塑性阶段（$P_y \sim P_u$）：U形钢底板屈服后，塑性沿截面高度发展，试件刚度持续降低。

（3）下降阶段（$P_u \sim P_f$）：当混凝土板与混凝土腹板出现贯通的剪切斜裂缝后，试件达到峰值承载力，最终U形钢腹板在加载点与支座连线上发生鼓曲，混凝土腹板斜向受压条带压溃，试件达到破坏。

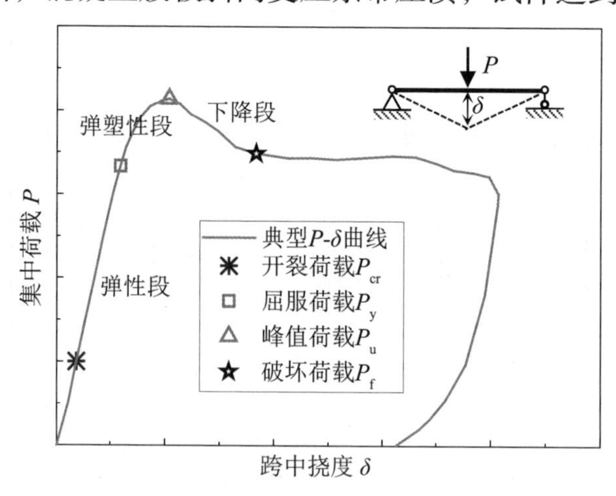

图5.2 受剪试验典型荷载－挠度曲线

根据剪跨比与对应的剪力传递机制，可以将最终的破坏模式分为两种：当剪跨比为1.0时，发生斜压破坏（图5.3(a)）；当剪跨比为1.5时，发生剪压破坏（图5.3(b)）。

发生斜压破坏的试件，其破坏特征为混凝土梁腹板上具有连接加载点与支座的斜向平行裂缝。斜裂缝之间为混凝土斜压条带，当混凝土斜压条带压溃时，试件失去承载力，即试件剪跨比较小（$\lambda \leqslant 1.0$）时，平行的混凝土斜压条带将集中荷载直接传递到支座处。这种传力机制可定义为拉压杆模型（图 5.3(c)），将混凝土斜压条带视为斜压杆，将梁底纵筋与 U 形钢底部区域视为拉杆，整个模型的承载力由斜压杆抗压强度决定。斜压杆与拉杆围成的三角区域外为低应力区，可忽略不计，因此在初始阶段混凝土板底与板顶开裂未在荷载 – 挠度曲线上产生明显影响。

发生剪压破坏的试件，其破坏特征为混凝土腹板上有一条宽度较大且从加载点到支座连线上的关键斜裂缝，跨中区域有较多竖向弯曲裂缝，混凝土板在剪压复合作用下发生压溃及剪切破坏，即试件剪跨比 $\lambda = 1.5$ 时，剪力传递路径不再是一条斜直线。这种传力机制可定义为压拱模型（图 5.3(d)），拱顶为剪压区，同时存在剪应力与压应力，拱脚为受剪区，主要为剪应力，梁底纵筋与 U 形钢底部区域作为拉杆，在拱脚提供纵向水平反力。整个模型的承载力由拱顶混凝土板剪压复合强度及拱底拉杆受拉强度最小值决定。试件 Q4 与 Q8 满足最小配筋率，且含钢率约为 5.28%，因此试件的抗剪承载力由混凝土板的剪压破坏控制。

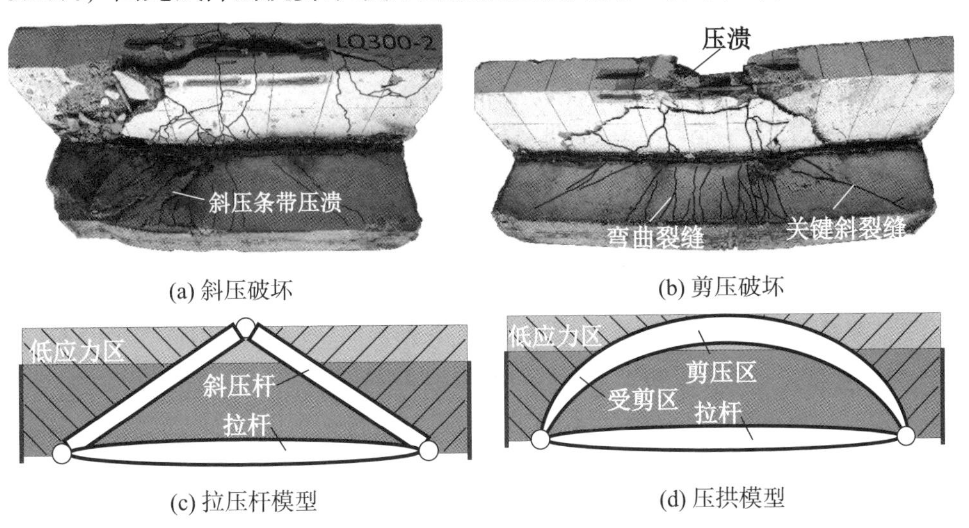

(a) 斜压破坏　　(b) 剪压破坏

(c) 拉压杆模型　　(d) 压拱模型

图 5.3　两种剪切破坏模式及传力机理

5.3.2 荷载 – 跨中挠度曲线

图 5.4 中给出了试件的荷载 P– 跨中挠度 δ 曲线对比，用于分析含钢率 ρ_s、梁底栓钉数量 n_d 及剪跨比 λ 对新型 U 形钢 – 混凝土组合梁斜截面受剪性能的影响，从 P–δ 曲线中进一步提取出的性能指标见表 5.2。

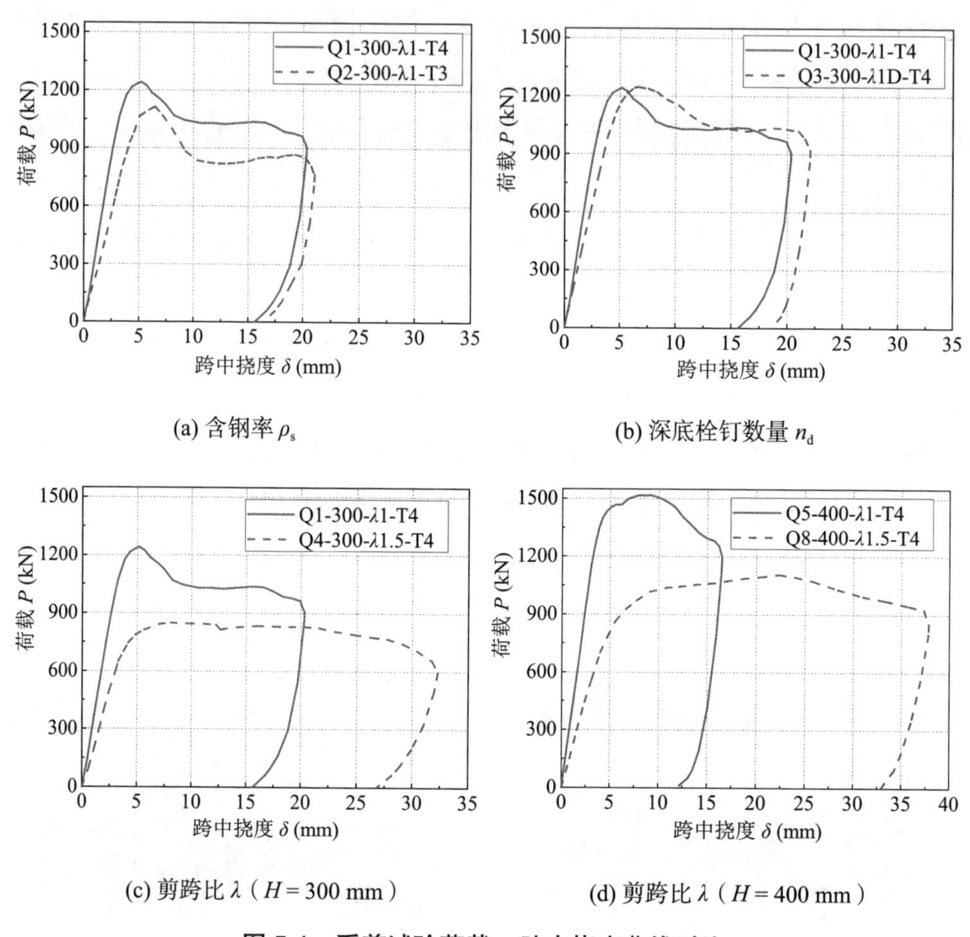

(a) 含钢率 ρ_s

(b) 深底栓钉数量 n_d

(c) 剪跨比 λ（$H = 300$ mm）

(d) 剪跨比 λ（$H = 400$ mm）

图 5.4　受剪试验荷载 – 跨中挠度曲线对比

含钢率 ρ_s 的影响如图 5.4(a) 试件的 P–δ 曲线对比情况所示。曲线发展趋势基本一致，均有长而稳定的弹性阶段与陡峭的下降阶段，即 ρ_s 在 4.20% ~ 5.57% 变化不影响试件的破坏模式。在 $\lambda = 1.0$ 的情况下，试件含钢率提高约 32.5%，初始刚度 $B_{s1,ex}$ 提高 43.8% ~ 47.7%，抗剪承载力提高 11.4% ~ 19.0%，显然初始刚度提高幅度远大于抗剪承载力。

表 5.2　受剪试验性能指标

试件编号	P_y (kN)	δ_y (mm)	P_u (kN)	δ_u (mm)	$B_{s1,ex}$ (10^9 kN · mm^2)	μ	γ_p
Q1–300– λ 1–T4	1001	3.0	1241	8.5	1.50	2.8	1.24
Q2–300– λ 1–T3	700	3.1	1114	8.4	1.02	2.7	1.59
Q3–300– λ 1D–T4	800	3.1	1246	12.4	1.16	4.0	1.56
Q4–300– λ 1.5–T4	600	3.1	850	30.0	2.94	9.7	1.42
Q5–400– λ 1–T4	1050	3.2	1519	15.6	3.50	4.9	1.45
Q6–400– λ 1–T3	1050	4.6	1276	11.4	2.43	2.5	1.22
Q7–400– λ 1D–T4	850	2.9	1512	11.5	3.13	4.0	1.78
Q8–400– λ 1.5–T4	700	4.0	1106	36.1	6.30	9.0	1.58

由此可以推测，正常使用极限状态下主要由混凝土板、混凝土梁腹板与 U 形钢腹板直接参与抗剪，而承载力极限状态下在此基础上有额外的抗剪成分参与，如 U 形钢底板和梁底纵筋等。

梁底栓钉数量 n_d 的影响如图 5.4(b) 所示。整体来看，各组曲线趋势一致，即在整体作用加强的情况下，配置梁底栓钉不改变试件破坏模式，且抗剪承载力改变幅度小于 0.5%，而初始刚度却降低 11.9% ~ 29.2%；与郭兰慧 [147–148] 的研究结果一致，即 U 形钢底部的焊接残余应力会使构件刚度降低而不影响极限承载力。因此，梁底栓钉对试件抗剪性能起负作用，不建议配置。

剪跨比 λ 的影响如图 5.4(c) 和图 5.4(d) 所示。当 $\lambda = 1.0$ 时，试件发生斜压破坏，由斜压条带的抗压性能控制试件的宏观静力表现，因此试件的 P–δ 曲线与混凝土抗压性能测试曲线较为接近，具有陡峭的下降段。不同点在于混凝土斜压条带还受到了 U 形钢约束，在峰值荷载 P_u 前能较好地保持完整性，所以在 P_u 前具有长而稳定的线弹性段。当 $\lambda = 1.5$ 时，试件发生剪压破坏，由板顶混凝土的压剪复合受力性能控制试件的宏观静力表现。试件的 P–δ 曲线与正弯矩区受弯试件较为接近。由此可知：

（1）剪跨比 λ 对新型 U 形钢 – 混凝土组合梁的受剪性能具有重要影响。

（2）在 1.0 ~ 1.5 存在一个临界剪跨比 λ_0，且 λ_0 决定了试件发生斜压破坏（$\lambda < \lambda_0$）还是剪压破坏（$\lambda > \lambda_0$）。

引入位移延性系数 μ 与塑性发展系数 γ_p 分别量化受剪试件的变形能力与塑性发展能力，见表 5.2。总体来看，延性系数 μ 的计算结果与试验现象吻合较好：发生斜压破坏的试件延性较差，$\mu = 2.5 \sim 4.9$；发生剪压破坏的试件延性相对较好，$\mu = 9.0 \sim 9.7$。试件的变形过程可通过挠度沿梁长分布状态（图 5.5）观察：在屈服荷载 $P_y \approx 0.68P_u$ 前，试件的挠度大致呈线性发展；达到 P_y 时，跨中挠度在正常使用极限状态挠度限值（$L_0/250$）附近；而接近峰值荷载时，剪跨比更大的试件具有更好的变形能力，跨中挠度可达 $L_0/54$；试件破坏时，剪跨比 $\lambda = 1.5$ 的试件跨中挠度可达 $L_0/30$。虽然斜压破坏的试件延性较差，但从表 5.2 可以看出，所有试件的塑性发展系数 γ_p 均在 1.22 ~ 1.78。因此，新型 U 形钢 – 混凝土组合梁对材料的利用率较高，能够充分发挥钢材的屈服后强度。

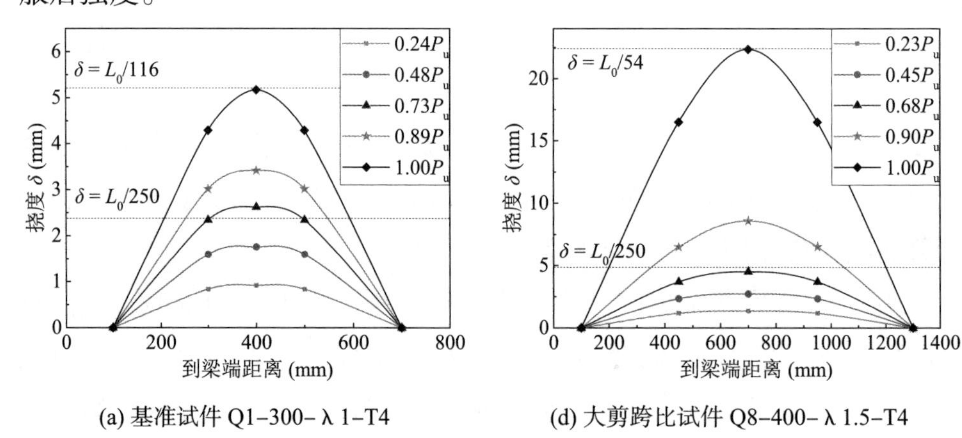

(a) 基准试件 Q1–300– λ 1–T4　　(d) 大剪跨比试件 Q8–400– λ 1.5–T4

图 5.5　挠度沿梁长分布

5.3.3　正应变分析

跨中截面处的荷载 – 正应变曲线如图 5.6 所示，图中给出了试件上下边缘纤维正应变发展情况,即 U 形钢底部(图 5.6(a))与混凝土板顶(图 5.6(b))。从 U 形钢底部的荷载 – 正应变曲线可以看出，在钢材达到屈服应变（约 1600 μ ε ）前，荷载线性增长。达到屈服应变后，荷载增长缓慢，U 形钢底部塑性应变急剧增长。梁底纵筋在峰值荷载时才接近屈服,即梁底纵筋的抗拉贡献低于 U 形钢。因此在图 5.3(c) 和图 5.3(d) 的剪力传递模型中，底部拉杆的拉力主要由 U 形钢底部区域提供。

根据板顶混凝土荷载 – 应变曲线可知，跨中截面混凝土已达峰值应变。综合来看，钢与混凝土边缘纤维均达到了相应的材料强度。即虽然试件发生了脆性破坏，但材料利用率依旧较高，能够在一定程度上发挥塑性性能。

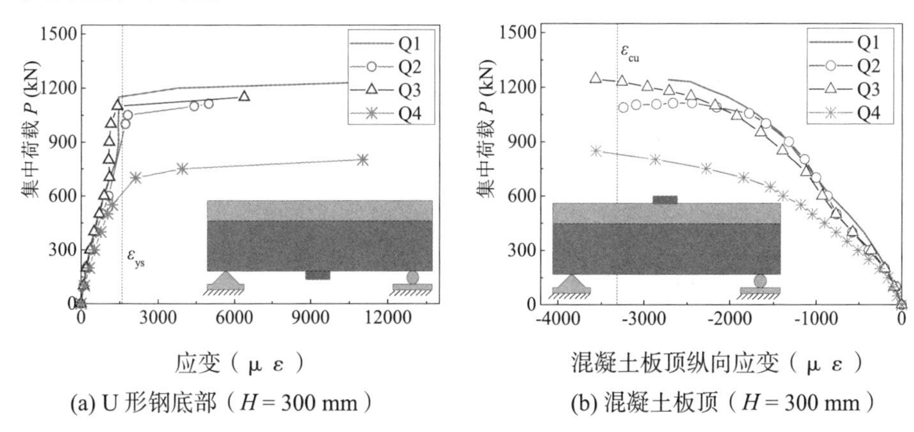

(a) U 形钢底部（$H = 300$ mm）　(b) 混凝土板顶（$H = 300$ mm）

图 5.6　荷载 – 正应变曲线

试件正应变沿梁腹板高度分布情况如图 5.7 所示，5 个应变分别取自沿腹板高度均匀分布的 5 个应变片（图 5.7(a) ）。在弹性阶段，混凝土板与梁腹板整体性较好，具有共同的中和轴。达到屈服荷载 P_y 后，梁板组合作用降低，中和轴分离，U 形钢上翼缘开始受压。在峰值荷载 P_u 时，中和轴距离梁底高度约为 $0.92h_w$，钢腹板约 79% 高度进入塑性状态。由于 U 形钢截面受压区域较小，且压应力水平较低，因此在跨中截面处未出现局部屈曲现象。综合来看，在倒 U 形插筋与钢筋桁架的作用下，试件整体性得到提升，混凝土板与梁腹板组合作用较好，可视为整体进行后续计算。

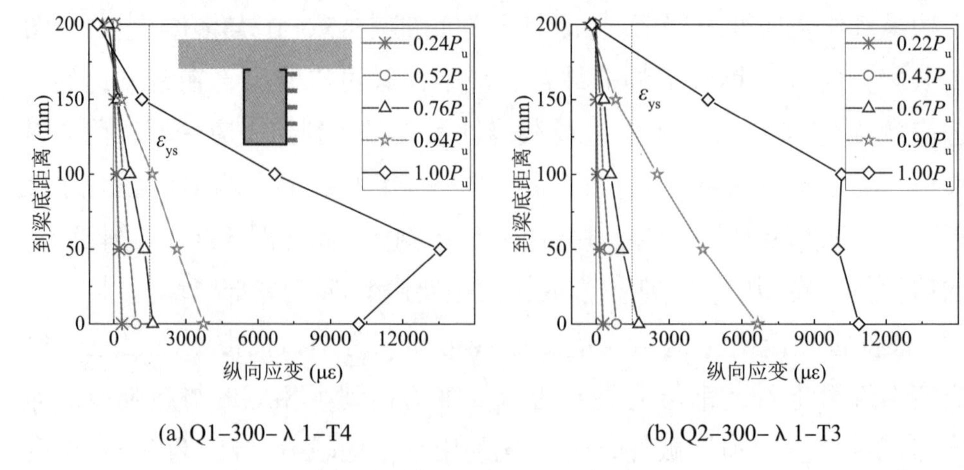

(a) Q1–300– λ 1–T4　　(b) Q2–300– λ 1–T3

图 5.7　腹板应变沿截面高度分布

5.3.4　剪应变分析

按照图 5.8(a) 的方式在试件 Q1、Q2 和 Q3 钢腹板上布置了 4 个应变花，观察 U 形钢腹板的剪应力分布。假定在薄壁 U 形钢厚度方向应力为 0，则钢板侧面为二维应力状态。根据材料力学计算方法可以得到测点 A 和 B 的主应变（ε_1 和 ε_2）、主应力（σ_1 和 σ_2）及主方向 α_0：

$$\varepsilon_{1,2}=\frac{\varepsilon_0+\varepsilon_{90}}{2}\pm\frac{\sqrt{2}}{2}\sqrt{(\varepsilon_0-\varepsilon_{45})^2+(\varepsilon_{45}-\varepsilon_{90})^2}\tag{5.1}$$

$$\sigma_{1,2}=\frac{E_s(\varepsilon_0+\varepsilon_{90})}{2(1-\upsilon_s)}\pm\frac{\sqrt{2}E_s}{2(1+\upsilon_s)}\sqrt{(\varepsilon_0-\varepsilon_{45})^2+(\varepsilon_{45}-\varepsilon_{90})^2}\tag{5.2}$$

$$\alpha_0=\frac{1}{2}\arctan\left(\frac{2\varepsilon_{45}-\varepsilon_0-\varepsilon_{90}}{\varepsilon_0-\varepsilon_{90}}\right)\tag{5.3}$$

式中：

ε_0、ε_{45}、ε_{90}——应变花测得的分别与水平方向尖角呈 0°、45°、90° 的应变；

v_s——钢板泊松比，取 0.3。

根据钢材特性，选用 von Mises 屈服准则来衡量 U 形钢腹板的屈服状态，即屈服时的折算应力满足以下条件：

$$\sigma_0=\sqrt{\frac{1}{2}[(\sigma_1-\sigma_2)^2+\sigma_1{}^2+\sigma_2{}^2]}=f_{ys} \tag{5.4}$$

根据上述公式计算得到的折算应力与主应力方向如图 5.8(b) 和图 5.8(g) 所示。将 U 形钢底部钢板屈服时对应的荷载定义为屈服荷载 P_y，而根据折算应力 $\sigma_0=f_{ys}$ 得到的屈服荷载为明显大于 P_y（图 5.8(b)），即 U 形钢底板在正应力作用下率先达到屈服，紧接着钢腹板在正应力与剪应力复合作用下达到屈服，且测点 A 的折算应力大于测点 B。在加载过程中，测点 A 和测点 B 的主应力方向逐渐接近 45°，在 $\sigma_0=f_{ys}$ 时主应力方向为 42.2° ~ 44.2°。

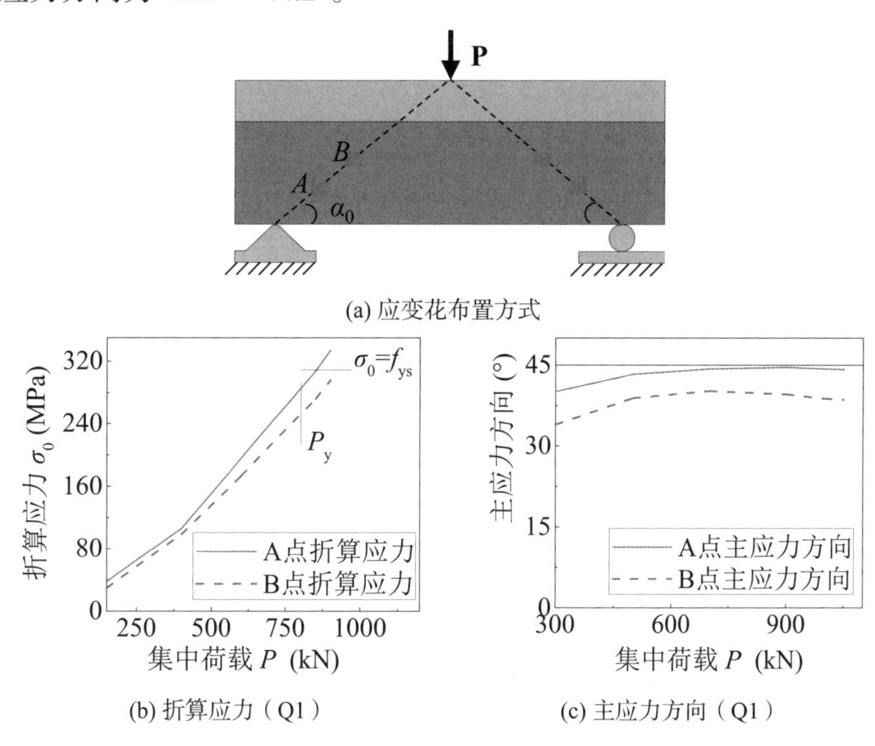

(a) 应变花布置方式

(b) 折算应力（Q1）

(c) 主应力方向（Q1）

图 5.8　折算应力与主应力方向随荷载变化曲线

5.4　本章小结

本章进行了 8 根新型 U 形钢 – 混凝土组合梁试件的斜截面受剪试

验，考虑了含钢率、梁底栓钉数量及剪跨比的影响。基于试件的破坏模式、荷载-挠度曲线等结果，展开了对试件受剪静力性能的分析，最终得出以下结论。

（1）试件破坏过程大致经历以下3个阶段：弹性阶段（$0 \sim P_y$）、弹塑性阶段（$P_y \sim P_u$）、下降阶段（$P_u \sim P_f$），其中 $P_y \approx 0.69P_u$。

（2）试件破坏模式由剪跨比 λ 决定：当 $\lambda = 1.0$ 时，发生脆性的斜压破坏；当 $\lambda = 1.5$ 时，发生延性的剪压破坏。两种破坏模式的延性系数分别为2.5～4.9和9.0～9.7。

（3）倒U形插筋与钢筋桁架能够明显改善试件的整体性，使得混凝土板、混凝土梁腹板、U形钢能够协调变形，共同抗剪。

第6章　新型U形钢－混凝土组合梁受扭试验

6.1 引　言

本章将重点研究新型U形钢－混凝土组合梁的受扭性能。在传统H型钢－混凝土组合梁中，开口截面H型钢抗扭性能较差，因此主要考虑混凝土板抗扭承载力贡献。而在新型U形钢－混凝土组合梁中，钢筋桁架将U形钢内翻上翼缘连接起来，利用桁架自身的稳定性将开口U形钢截面转化为等效闭口箱形截面。一方面U形钢－钢筋桁架等效闭口箱形截面可直接参与受扭，另一方面等效闭口箱形截面能够更好地约束内部混凝土，维持混凝土在高应力状态下的完整性。同时在倒U形插筋的作用下，混凝土板与梁腹板之间能够共同抗扭，提高抗扭承载力。

为了研究新型U形钢－混凝土组合梁的抗扭性能，本章设计了7个新型U形钢－混凝土组合梁受扭试验试件。分析了试件的荷载－扭率关系和应变发展等结果，对比了试件的抗扭刚度、抗扭承载力与扭转变形能力等性能指标。试验通过对破坏模式的分析，发现了这种组合梁的受扭机理，为后续设计方法研究提供了试验基础。

6.2 试验方案

6.2.1 试件设计与制作

新型 U 形钢－混凝土组合梁受扭试验包含 7 个试件，分为双边楼板 T 形截面试件、单边楼板倒 L 形截面试件、无楼板 I 形截面试件，其截面构造与截面尺寸如图 6.1 所示。

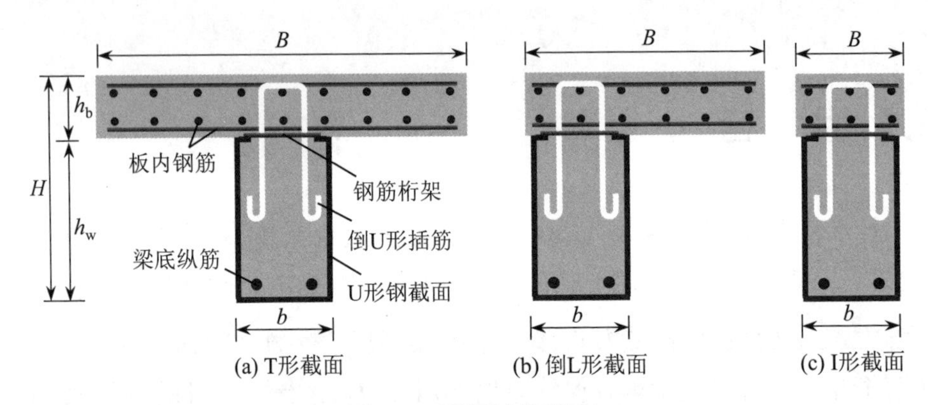

图 6.1 受扭试件截面

试件总长度 L = 2200 mm，有效跨度 L_0 = 1500 mm，梁腹板宽度 b = 150 mm，U 形钢厚度 t_w = 4 mm，保护层厚度 a = 15 mm。混凝土板内钢筋直径为 10 mm，间距 100 mm。梁底纵筋直径 Φ_{rb} = 16 mm，倒 U 形插筋直径 Φ_U = 8 mm，间距为 200 mm。混凝土板宽度 B、混凝土板厚度 h_b 和梁腹板高度 h_w 作为变量进行研究。

试件的详细设计参数见表 6.1，如楼板宽度 B（200 ~ 600 mm）、梁高 H（300 ~ 450 mm）、混凝土板厚 h_b（100 ~ 150 mm）、板内纵筋配筋率 ρ_{rh}（1.22% ~ 2.36%）、板内横筋配筋率 ρ_{rt}（1.09% ~ 1.64%）等。

试件命名规则以 T1–400–STA 为例进行说明："T1" 表示受扭试验中编号为 #1 的试件；"400" 表示梁高 H 为 400 mm ；"STA" 表示该试件为基准试件。除基准试件外，其余 6 个试件分别为：单边楼板倒 L 截面试件（Γ）、无楼板 I 截面试件（I）、厚楼板试件（B150，即 h_b = 150 mm）、矮腹板试件（S200，即 h_w = 200 mm）、无钢筋桁架试件（TR0）和无插筋试件（U0）。

表 6.1　受扭试件设计参数

试件编号	试件特征	B (mm)	H (mm)	h_b (mm)	ρ_{rh}	ρ_{rt}	$f_{c,k}$ (MPa)	f_{ys} (MPa)	f_{yr} (MPa)	E_s (105MPa)	E_c (10^4MPa)
T1–400–STA	基准试件	600	400	100	1.83%	1.64%	35.7	317	458	1.94	3.00
T2–400–Γ	倒 L 截面试件	400	400	100	1.96%	1.64%	35.7	317	458	1.94	3.00
T3–400–I	I 截面试件	200	400	100	2.36%	1.64%	35.7	317	458	1.94	3.00
T4–450–B150	厚板试件	600	450	150	1.22%	1.09%	35.7	317	458	1.94	3.00
T5–300–S200	矮腹板试件	600	300	100	1.83%	1.64%	35.7	317	458	1.94	3.00
T6–400–T–TR0	无桁架试件	600	400	100	1.83%	1.64%	35.7	317	458	1.94	3.00
T7–400–T–U0	无插筋试件	600	400	100	1.83%	1.64%	35.7	317	458	1.94	3.00

注：厚楼板试件仅增加楼板厚度，不增加试件配筋。

本次试验与传统组合梁受扭试验[175–176]不同的是，混凝土板内并未配置封闭箍筋。因为在实际工程中，混凝土板较薄，主要作为受弯构件，且在新型 U 形钢 – 混凝土组合梁中，梁腹板能够分担一部分扭矩，因此混凝土板采用与受弯构件相同配置的横向钢筋与纵向钢筋。

6.2.2 加载方案

受扭试验加载装置如图 6.2(a) 所示，将试件两端分别夹持在两根水平横梁内形成固定刚性面与扭转刚性面（图 6.2(b)）。加载过程中集中力 P1 和 P2 的位置固定，以保持扭力臂 l_T = 1800 mm 不变，扭转刚性面在力偶的作用下绕 Z 轴旋转；为了监测试件绕 X 轴的旋转，在扭转刚性面内的梁腹板两侧分别安装一个倾角仪，记录试件绕 X 轴的转角。

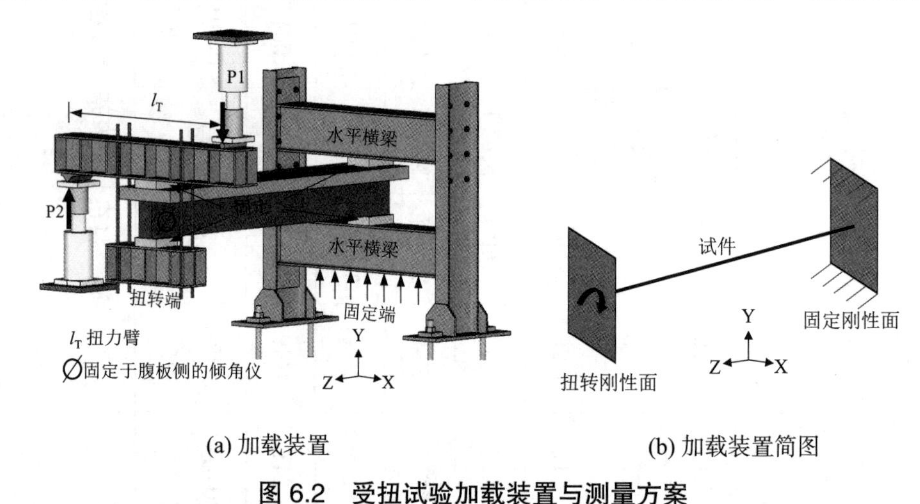

(a) 加载装置　　(b) 加载装置简图

图 6.2　受扭试验加载装置与测量方案

6.3　试验结果分析

6.3.1 破坏过程与破坏模式

图 6.3 给出了新型 U 形钢 – 混凝土组合梁典型扭矩 T– 扭率 ψ 曲线。以混凝土板扭率作为整个试件的扭率，混凝土板出现第一条螺旋裂缝

的扭矩取开裂扭矩 $T_{cr} \approx 0.31 \sim 0.44T_u$，扭矩下降至峰值扭矩 85% 时取破坏扭矩 T_f。根据 T–ψ 曲线的刚度变化，可以将破坏过程分为弹性阶段、弹塑性阶段和下降阶段 3 个阶段。

（1）弹性阶段（$0 \sim T_{cr}$）：在开裂前，所有参与受扭的材料均为弹性状态，且混凝土板与梁腹板之间、U 形钢与混凝土腹板之间组合作用良好，各部分共同承担扭矩，因此试件具有稳定的初始刚度。

（2）弹塑性阶段（$T_{cr} \sim T_u$）：当混凝土板角部出现第一条斜裂缝时，混凝土板内出现应力重分布，在 T–ψ 曲线上表现为短暂的水平段，此后试件进入弹塑性阶段。随着裂缝的发展，试件刚度持续下降，试件表现出明显非线性。

（3）下降阶段（$T_u \sim T_f$）：当混凝土板斜向主裂缝贯通，主裂缝附近的混凝土压溃，板内钢筋部分屈服时，试件达到峰值承载力。

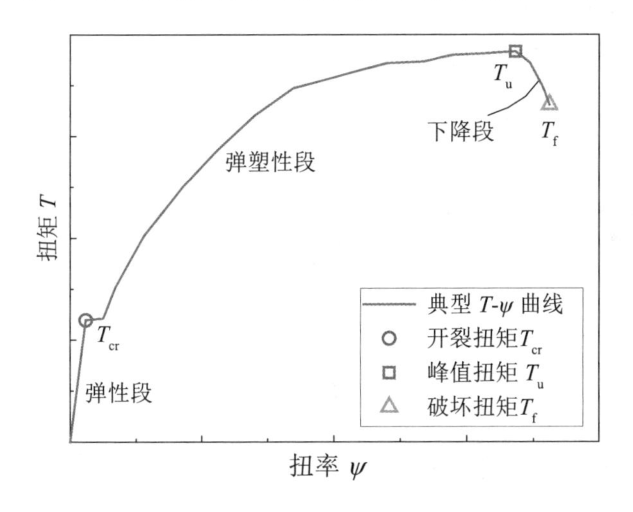

图 6.3　典型扭矩 T– 扭率 ψ 曲线

配置插筋的试件发生了典型的受扭破坏模式（图 6.4(a)）。达到峰值承载力时，混凝土板主裂缝贯通，板顶内钢筋屈服，裂缝间混凝土压溃。这种破坏模式与钢筋混凝土梁典型的扭转破坏模式类似，因此在计算混凝土板受扭承载力时，可参考钢筋混凝土梁受扭理论。

未配置插筋的试件发生了翼 – 腹界面断裂破坏模式（图 6.4(b)）。达到峰值承载力时，混凝土翼板与梁腹板完全断开，试件发生脆性破坏。

(a) 受扭破坏模式

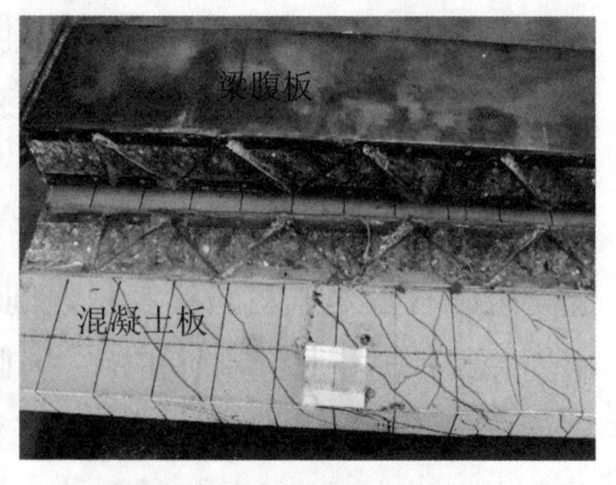

(b) 翼－腹界面断裂破坏模式

图 6.4　受扭试验的两种破坏模式

6.3.2　开裂分析

配置插筋的试件翼－腹组合作用较好，裂缝在板顶、板侧、板底、混凝土腹板连通，呈螺旋状分布。图 6.5 给出了混凝土斜裂缝分布的典型状态，将水平斜裂缝与横向夹角（θ_{ct}）、竖向斜裂缝与铅垂线夹角（θ_{cv}）定义为开裂角度。

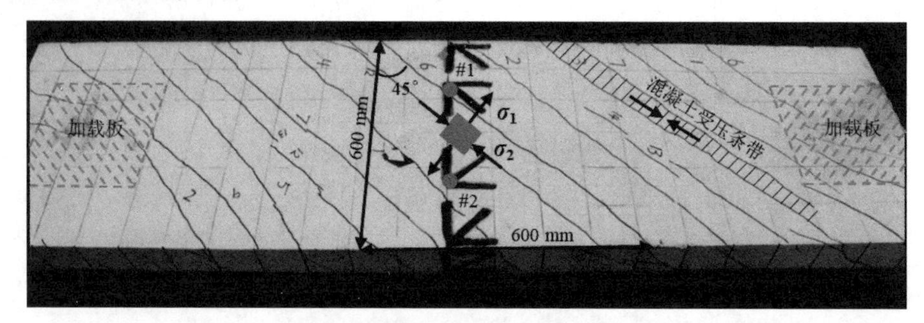

(a) 板顶斜裂缝与受压条带

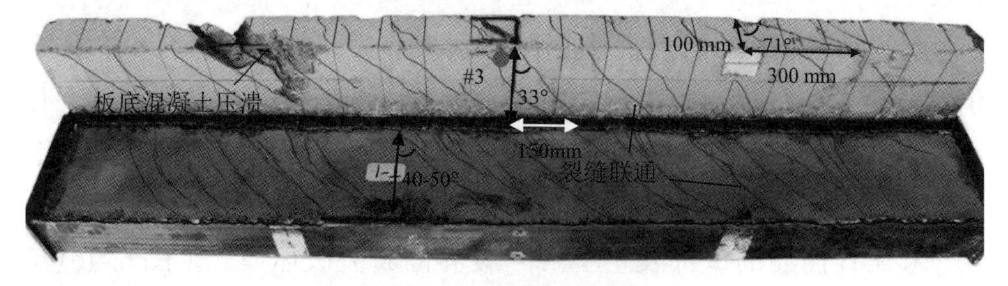

(b) 板底斜裂缝与腹板斜裂缝

图 6.5　混凝土斜裂缝分布的典型状态

混凝土板两端阴影区域（图 6.5(a)）为加载板与混凝土板顶接触范围，加载板之间净跨为 1500 mm。试件翼 – 腹界面经过加强后，整体性较好，斜裂缝沿试件周围呈螺旋状分布。但由于混凝土板与梁腹板抗扭刚度不同，二者存在潜在的扭率差异，为了维持翼 – 腹界面处的变形协调，混凝土板底受到了梁腹板的约束作用。因此板顶斜裂缝角度 θ_{ct} 与腹板斜裂缝角度 θ_{cv} 均接近 45°，而板底斜裂缝角度明显小于 45°。为了验证这一现象，挑选板顶应变花 #1、#2（图 6.5(a)）和板底应变花 #3（图 6.5(b)）进行分析，计算出主拉应力 σ_1、主压应力 σ_2 及相应的主应力方向，并与开裂角度进行比较。如图 6.6(a) 所示，混凝土板顶主应力方向（#1 和 #2）始终保持在 45° 左右，而混凝土板底主应力方向在加载初期为 45°，但随扭矩增加而减小到 20° 以下。测得的数据与实际现象吻合较好，因此可以得出结论：整个试件虽然处于纯扭状态，但混凝土板与梁腹板在翼 – 腹界面处存在纵向的相互作用，该纵向作用能够协调翼 – 腹扭转变形。

此外，在混凝土开裂过程中，即使斜裂缝已经贯通整个混凝土截面，并将混凝土板分割为无数斜向受压条带，试件仍始终保持一定抗扭承载力。混凝土板内纵筋、横筋及混凝土斜向受压条带能够形成空间桁架，即使在峰值荷载时，混凝土斜向受压条带在骨料咬合作用及钢筋产生的销栓作用影响下，依旧能够保持一定完整性，没有变成可动机构 [177]。整个空间桁架共同抵抗外扭矩，直到混凝土斜向受压条带压溃。因此，根据文献 [177] 的研究，虽然本试验中未曾在混凝土板内配置箍筋，但可将上下两层横向钢筋等效为封闭箍筋，以考虑常被忽略的骨料咬合作用及钢筋产生的销栓作用。

图 6.6(b) 给出了各试件的裂缝宽度发展状况。将试件分为 3 组，分别与基准试件进行对比，以分析混凝土板宽度 B（试件 T1、T2 和 T3）、梁腹板高度与混凝土板厚度比 h_w/h_b（试件 T1、T4 和 T5）、翼 – 腹界面加强配置（试件 T1、T6 和 T7）对试件开裂行为的影响。竖向的 3 条实线代表正常使用极限状态下裂缝宽度 w_{cr} = 0.3 mm[157] 与扭矩比 T/T_u – 裂缝宽度 w_{cr} 曲线交点对应的扭矩比，定义为 $T_{0.3}/T_u$。可以通

过 $T_{0.3}/T_u$ 来衡量试件在受扭时的抗裂性能；$T_{0.3}/T_u$ 越大，裂缝发展相对缓慢，即抗裂性能越好。从试件 T1（B = 600mm）、T2（B = 400mm）和 T3（B = 200mm）可以看出，B 越大，$T_{0.3}/T_u$ 越大，混凝土板自身抗裂性能越好；从试件 T1（$h_w/h_b = 3$）、T4（$h_w/h_b = 2$）和 T5（$h_w/h_b = 2$）可以看出，梁腹板高度与混凝土厚度比 h_w/h_b 增大，$T_{0.3}/T_u$ 也随之增大，即梁腹板越强，对混凝土板提供的约束越强；从试件 T1、T6（无桁架）和 T7（无插筋）可以看出，钢筋加强系统能有效改善混凝土板抗裂性能，即梁腹板抗扭性能越好（配置钢筋桁架）、翼－腹界面越强（配置倒 U 形插筋），则梁腹板对混凝土板提供的约束越强。综上所述，提高新型 U 形钢－混凝土组合梁受扭抗裂性能主要有两种方法：其一为增强混凝土板自身抗裂性能（增大楼板宽度），其二为加强梁腹板对混凝土板的约束作用（增大腹板高度，配置钢筋桁架和倒 U 形插筋）。

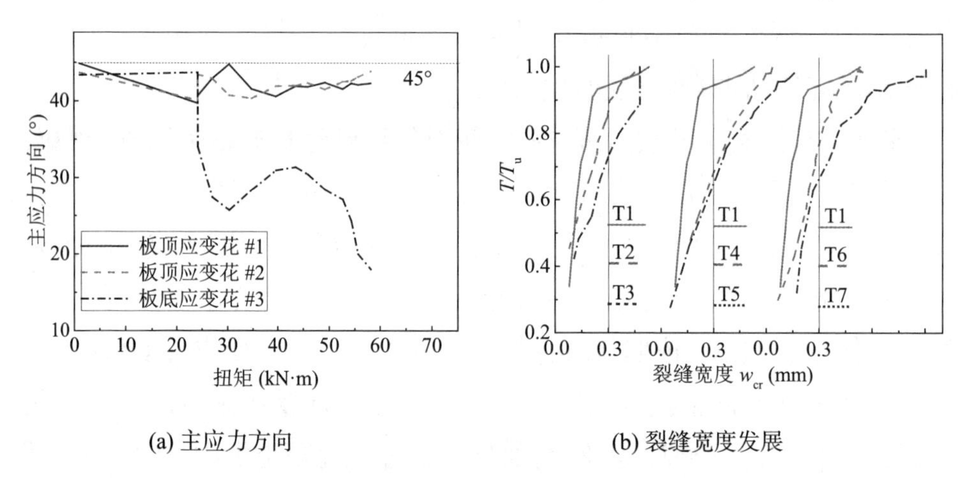

(a) 主应力方向　　　　(b) 裂缝宽度发展

图 6.6　主应力方向与裂缝宽度随扭矩发展

6.3.3　扭矩－扭率曲线

图 6.7 给出了试件的扭矩 T– 扭率 ψ 关系曲线，并基于 T–ψ 曲线提取出性能指标，见表 6.2。其中，$\psi_{cr,b}$ 和 $\psi_{cr,w}$ 分别为混凝土板与梁腹板在开裂扭矩 T_{cr} 时对应的开裂扭率，$\psi_{u,b}$ 和 $\psi_{u,w}$ 分别为混凝土板与梁腹板在 T_u 时对应的峰值扭率。对于双边带楼板的 T 形截面试件，$\psi_{cr,b}$ =

（0.04 ~ 0.09）$\psi_{u,b}$。扭率延性系数 μ 按照式（6.1）定义：

$$\mu = \frac{\psi_{u,b}}{\psi_{cr,b}} \tag{6.1}$$

试件 T1（基准试件）、T4（厚板试件）和 T7（无插筋试件）的 T–ψ 曲线如图 6.7(a) 所示，其中实线表示混凝土板扭率 ψ_b 而虚线表示梁腹板扭率 ψ_w。在 T4 与 T7 中，由于翼 – 腹界面处连接相对不足，无法维持梁板协调变形，尤其是在混凝土板开裂之后，混凝土板峰值扭率 $\psi_{u,b}$ 比梁腹板峰值扭率 $\psi_{u,w}$ 高 53% ~ 62%（见表 6.2）。而基准试件 T1 的翼 – 腹界面相对更强，因此能够在受扭过程中始终维持整个截面协调变形，使得混凝土板扭率 ψ_b 与梁腹板扭率 ψ_w 始终保持一致。因此后文以混凝土板扭率 ψ_b 代替整个试件的扭率进行分析。

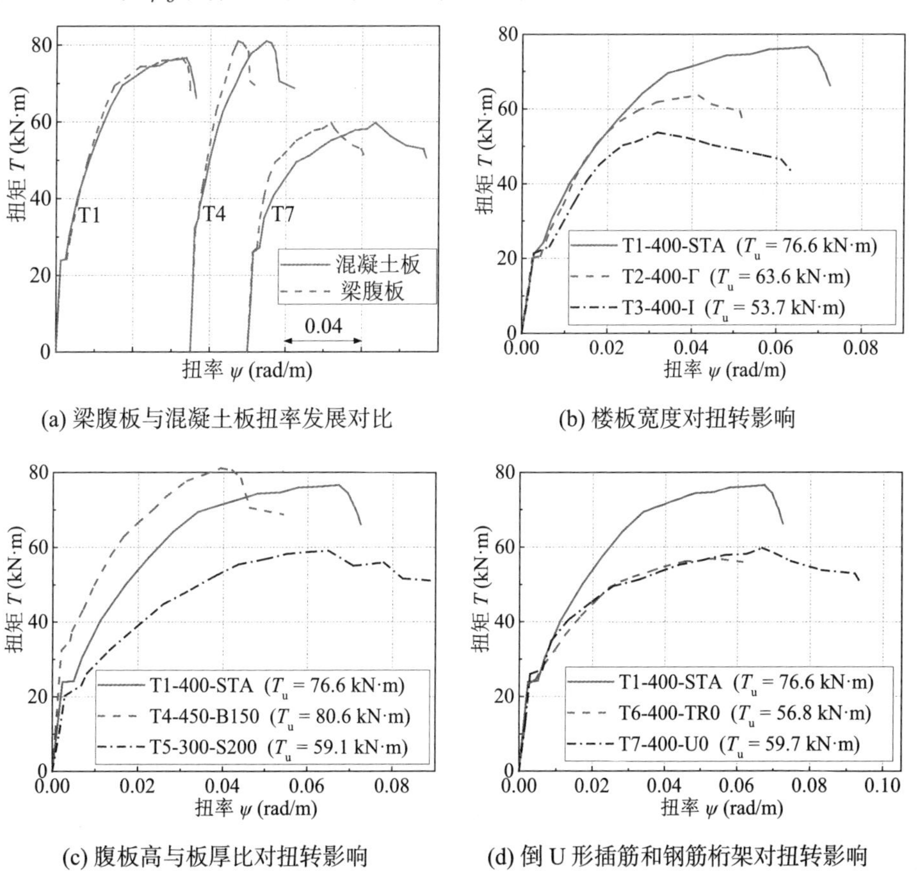

(a) 梁腹板与混凝土板扭率发展对比　(b) 楼板宽度对扭转影响

(c) 腹板高与板厚比对扭转影响　(d) 倒 U 形插筋和钢筋桁架对扭转影响

图 6.7　扭矩 T– 扭率 ψ 关系曲线

表 6.2　受扭试验性能指标

试件编号	$\psi_{cr,b}$ (10–3rad/m)	$\psi_{cr,w}$ (10–3rad/m)	$\psi_{cr,b}/\psi_{cr,w}$	$\psi_{u,b}$ (10–3rad/m)	$\psi_{u,w}$ (10–3rad/m)	$\psi_{u,b}/\psi_{u,w}$	T_{cr} (kN·m)	T_{cr}/T_u	$\psi_{cr,b}/\psi_{u,b}$	T_u (kN·m)	μ
T1–400–STA	2.64	2.65	1.00	67.3	65.0	1.04	23.9	0.31	0.04	76.6	25
T2–400–Γ	2.38	2.22	1.07	41.4	39.8	1.04	20.0	0.31	0.06	63.6	17
T3–400–I	2.74	2.72	1.01	31.7	29.0	1.09	21.3	0.40	0.09	53.7	12
T4–450–B150	2.06	2.46	0.84	39.3	24.3	1.62	32.4	0.40	0.05	80.6	19
T5–300–S200	2.89	3.02	0.96	64.9	66.6	0.97	20.3	0.34	0.04	59.1	22
T6–400–T–TR0	2.71	2.78	0.97	52.2	51.4	1.02	23.5	0.41	0.05	56.8	19
T7–400–T–U0	2.90	2.53	1.15	66.7	43.7	1.53	26.0	0.44	0.04	59.7	23

混凝土板宽度 B 对试件受扭性能的影响如图 6.7(b) 所示，板宽 B 越大，试件的抗扭刚度、抗扭承载力越高，即 T1 的初始抗扭刚度比 T2 和 T3 分别高 8% 和 16%，抗扭承载力比 T2 和 T3 分别高 20% 和 43%。此外，试件 T1 的弹塑性阶段明显比 T2 和 T3 更长，说明在试件 T1 混凝土板内有更充分的塑性变形。因此混凝土板宽度对试件的抗裂性能、抗扭刚度、抗扭承载力、塑性变形能力均有不同程度的提升。

腹板高 h_w 与混凝土板厚度 h_b 对试件受扭性能的影响如图 6.7(c) 所示。T4 的 h_b 相对于 T1 提高了 50%，初始抗扭刚度提高了 74%，而抗扭承载力仅提高 5%。其原因为开裂前整个混凝土板均参与受扭，混凝土贡献较大，而开裂后混凝土贡献逐渐降低，由板内钢筋与混凝土受压条带组成的空间桁架继续抗扭。因此单独提高混凝土板厚而不增加配筋，仅能提高试件开裂前的抗扭性能，而对承载力极限状态下的抗扭性能影响较小。T1 的 h_w 相对于 T5 提高了 50%，初始抗扭刚度提高了 29%，而抗扭承载力提高 30%。显然，由于梁腹板自身整体性较好，内部混凝土受到 U 形钢 – 钢筋桁架闭合截面的约束，梁腹板的抗扭贡献在开裂前与承载力极限状态下一致。综上所述，混凝土板厚对开裂前抗扭性能影响较大，而对抗扭承载力影响较小；梁腹板高度在开裂前与承载力极限状态下对抗扭性能均有明显影响。

倒 U 形插筋和钢筋桁架对试件受扭性能的影响如图 6.7(d) 所示。试件 T1（基准试件）、T6（无桁架）和 T7（无插筋）的抗扭承载力分别为 76.6 kN · m、56.8 kN · m 和 59.7 kN · m，即试件 T1 的抗扭承载力比试件 T6 和 T7 大 28% ~ 35%，而三者的初始刚度差距较小（< 4%）。这是因为所有材料在初始阶段均处于弹性状态，翼 – 腹界面通过混凝土连接，钢 – 混界面通过化学粘结作用连接，两个交界面之间均能维持良好的协调变形。但在极限承载力状态时，翼 – 腹界面混凝土与钢 – 混界面化学粘结作用均已破坏，在没有钢筋桁架与倒 U 形插筋的情况下，试件整体性较差。所以钢筋桁架和倒 U 形插筋对开裂前的抗扭性能影响较小，对极限承载力状态下的抗扭性能影响较大。

在扭矩施加截面处的 U 形钢腹板两侧布置了如图 6.8(a) 所示的倾

角仪，监测U形钢腹板绕图6.8(a)中X轴的转角θ。试件T6和T7的T–θ曲线如图6.8(b)所示，其中$\theta < 0°$ 表示绕X轴负方向旋转，$\theta > 0°$表示绕X轴正方向旋转。对于配置了钢筋桁架的试件（以T1为例），U形钢腹板两侧的弯曲角度均处于0° ~ 0.2°，即在梁腹板正截面上存在少量负弯矩作用，但弯曲角度较小，负弯矩可以忽略，认为试件整体处于纯扭状态。对于未配置钢筋桁架的试件T6，在开裂荷载后，尤其是接近峰值荷载时，由于内部混凝土出现了扭转斜裂缝，且钢－混界面化学粘结作用破坏，失去内部混凝土支撑的U形钢在扭转作用下发生翘曲。腹板两侧的转角方向相反，即在向下荷载P1一侧的钢腹板截面绕X轴正方向旋转（$0° < \theta < 0.3°$），而向上荷载P2一侧的钢腹板截面绕X轴负方向旋转（$-0.3° < \theta < 0°$）。由此可以得出结论，钢筋桁架有利于增强U形钢开口截面的抗扭性能，从而加强整个梁腹板（包括U形钢及其内包混凝土）的整体性，进一步提高抗扭承载力。

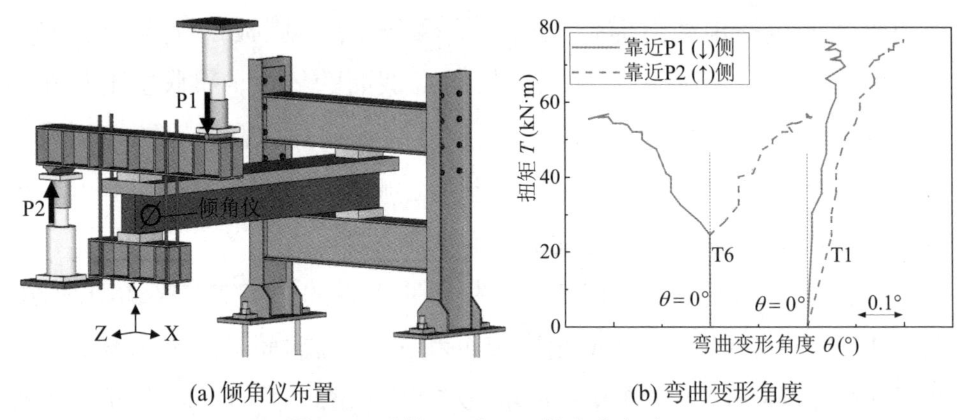

(a) 倾角仪布置　　(b) 弯曲变形角度

图6.8 试件T1和T6的弯曲角度

试件T1、T2和T3延性系数分别为25、17和12，即增大B有利于提高受扭延性；试件T1、T4和T5的延性系数分别为25、19和22，即提高h_w/h_b同样对延性有利；而试件T1、T6和T7的延性系数分别为25、19和23，即钢筋桁架可提高受扭延性。由于试件的扭转破坏大部分源于混凝土板上的主裂缝失控及受压条带的压溃，即混凝土板的破坏过程决定了试件的延性。因此控制裂缝的方法同样适用于提高试件的延性，即提高混凝土板自身抗扭性能（增大楼板宽度）、增强梁腹板对混凝土板的约束（提高 h_w/h_b 比值，配置倒 U 形插筋和钢筋桁架）。

6.3.4　混凝土板应变分析

为了量化混凝土板在扭转过程中的变形，按照如式（6.2）~ 式（6.4）所示传统方法计算出应变花测点（应变花分布如图 6.5(a) 所示）的主拉应变 ε_1、主压应变 ε_2、主应变方向 α_0 和最大剪应变 γ_{max}。

$$\varepsilon_{1,2}=\frac{\varepsilon_0+\varepsilon_{90}}{2}\pm\frac{\sqrt{2}}{2}\sqrt{(\varepsilon_0-\varepsilon_{45})^2+(\varepsilon_{45}-\varepsilon_{90})^2} \tag{6.2}$$

$$\alpha_0=\frac{1}{2}\arctan(\frac{2\varepsilon_{45}-\varepsilon_0-\varepsilon_{90}}{\varepsilon_0-\varepsilon_{90}}) \tag{6.3}$$

$$\gamma_{max}=\sqrt{2(\varepsilon_0+\varepsilon_{45})^2+2(\varepsilon_{45}+\varepsilon_{90})^2} \tag{6.4}$$

式中：ε_0、ε_{45}、ε_{90} —— 与水平纵轴夹角为 0°、45°、90° 的应变片单元测量值。

混凝土开裂对应变测量有极大干扰，尤其是当裂缝穿过应变片时，测量值准确度较差。在接近峰值荷载时，大部分混凝土应变片均已损坏，为保证应变测量准确性，本小节仅给出试件 T1、T4、T5 和 T7 在 $0.68P_u$ 前的应变，而试件 T2、T3 和 T6 的应变片损坏较早，本小节不予讨论。

混凝土板顶最大剪应变 γ_{max} 沿楼板宽度分布如图 6.9(a) 所示，无论试件配置如何，靠近纵向对称轴处的 γ_{max} 总是大于板边缘，且在 $0.68P_u$ 时的最大值约为 300 ~ 600 μ ε 。最大剪应变 γ_{max} 沿楼板宽度呈抛物线分布，符合狭长截面扭转剪应变分布特征，可利用基于狭长截面的相关扭转计算理论进行设计。

图 6.9(b) 给出了试件的扭矩 – 板顶主应变曲线，应变测点取自图 6.5(a) 中混凝土板顶靠近对称轴处的 #1 或 #2 测点。从图 6.9(b) 中可以看出，开裂点将单条曲线分为两部分，即开裂前与开裂后阶段。在开裂前，主拉应变 ε_1 和主压应变 ε_2 线性变化，且数值大致相等，与斜裂缝呈 45° 发展的现象吻合。因此，在混凝土板开裂前（扭矩 < T_{cr}），

整个钢筋混凝土板可视为一个均质弹性截面，为圣维南扭转相关公式[178]提供了应用的基本条件。在开裂后，主压应变受到的影响较小，而主拉应变受到混凝土应力释放的影响，出现了应变突变情况，形成了与 T–ψ 曲线类似的水平阶段。

混凝土板顶主拉应变 ε_1 和主压应变 ε_2 沿楼板宽度分布状况如图 6.9(c) 和图 6.9(d) 所示。在混凝土板顶 4 处测点中，ε_1 和 ε_2 均在靠近纵向对称轴处取得最大值，整体分布呈抛物线型；但在混凝土板侧，ε_2 接近 0 而 ε_1 相对较大。这一规律与图 6.5(b) 中板顶斜裂缝角度接近 45° 而板侧斜裂缝尤其是角部关键斜裂缝角度大于 45°(最大约 71°)相吻合，体现了梁腹板对混凝土板的约束作用。

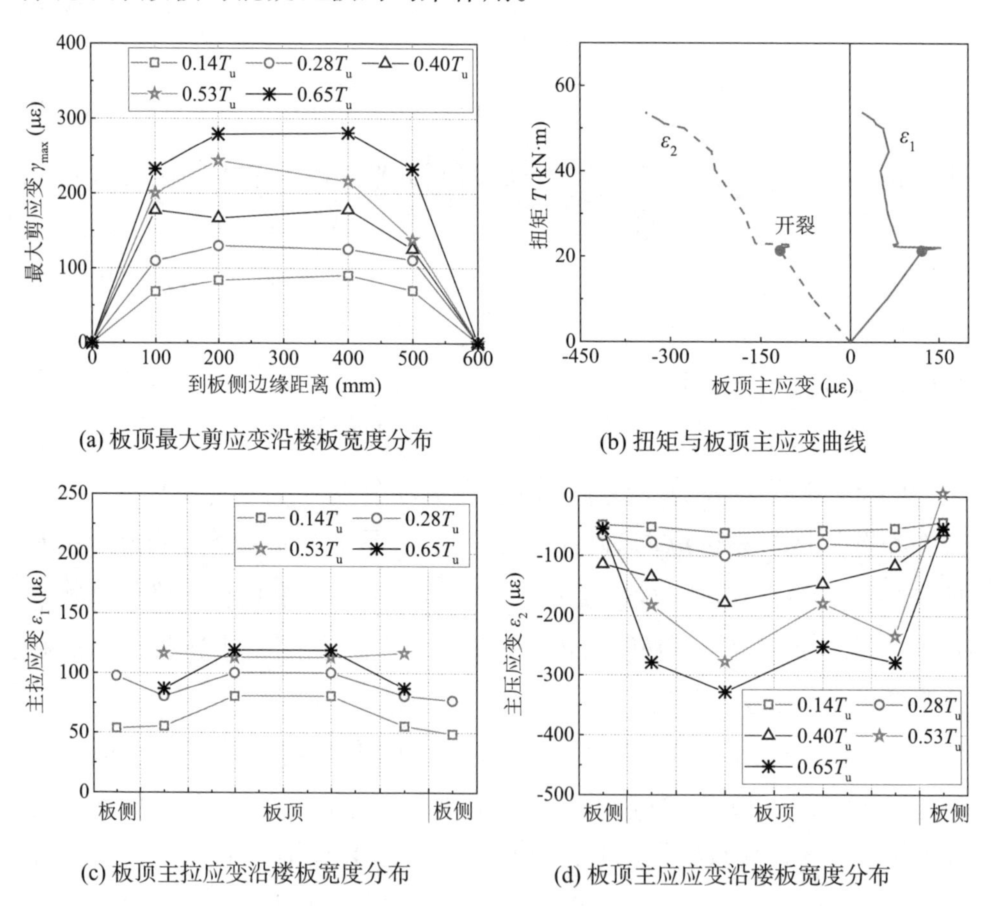

(a) 板顶最大剪应变沿楼板宽度分布

(b) 扭矩与板顶主应变曲线

(c) 板顶主拉应变沿楼板宽度分布

(d) 板顶主应应变沿楼板宽度分布

图 6.9　混凝土板应变分析

6.3.5　U 形钢应变分析

U 形钢腹板应变沿梁腹板高度分布如图 6.10 所示，左为最大剪应变，右为纵向正应变。达到开裂扭矩（$T_{cr} \approx 0.37T_u$）前，最大剪应变沿梁腹板高度均匀分布，而正应变接近于 0，即整个梁腹板几乎完全发生纯扭，对混凝土板的约束作用较小。而混凝土板开裂后，U 形钢腹板中剪应变与正应变同时存在。最大剪应变在靠近梁腹板底部处取得最大值，而正应变则在靠近翼 – 腹界面处取得最大值且表现为受拉正应变，即梁腹板对混凝土板的约束作用在 T_{cr} 后发挥作用。在接近峰值扭矩 T_u 时，U 形钢上的正应变与剪应变均低于屈服应变，因此新型 U 形钢 – 混凝土组合梁受扭破坏模式主要由混凝土板破坏决定，U 形钢保持弹性状态。

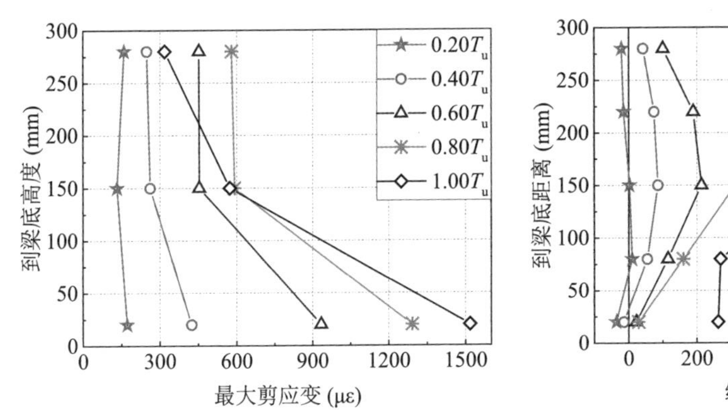

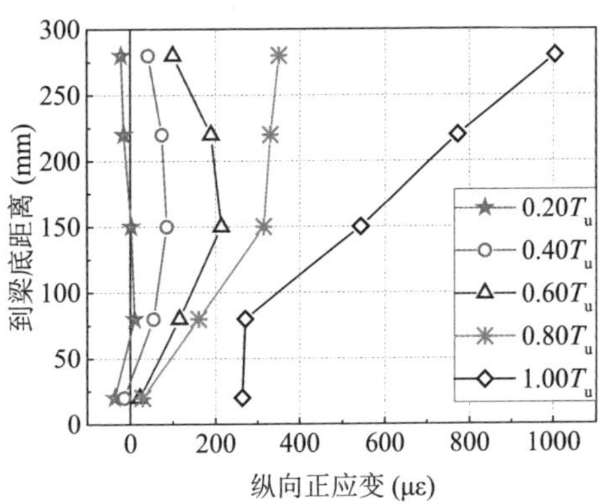

图 6.10　U 形钢腹板应变分析

6.4　本章小结

本章进行了 7 根新型 U 形钢 – 混凝土组合梁试件的受扭试验，考虑了混凝土板宽度（截面形状）、混凝土板厚、梁腹板高度、是否配置钢筋桁架与倒 U 形插筋等因素。基于试件破坏模式、扭矩 – 扭率等结果，展开了受扭静力性能的分析，最终得到以下结论。

（1）试件破坏过程大致分为以下 3 个阶段：弹性阶段（$0 \sim T_{cr}$）、弹塑性阶段（$T_{cr} \sim T_u$）、下降阶段（$T_u \sim T_f$）。试件的破坏模式为混凝土板上螺旋形裂缝贯通及裂缝间混凝土斜向受压条带压溃，与传统钢筋混凝土T形梁类似。

（2）开裂扭率$\psi_{cr,b}$与峰值扭率$\psi_{u,b}$的关系、开裂扭矩T_{cr}与峰值扭矩T_u的关系可简单表示为$\psi_{cr,b}/\psi_{u,b}= 0.04 \sim 0.09$、$T_{cr}/T_u = 0.31 \sim 0.44$，且峰值扭矩时的割线刚度为初始刚度的15%～25%。

（3）混凝土板宽度、梁腹板高度对试件抗扭刚度、抗扭承载力和塑性变形能力均有明显影响。混凝土板厚对开裂前抗扭性能影响较大，而对抗扭承载力影响较小；钢筋桁架和倒U形插筋对开裂前的抗扭性能影响较小，对极限承载力状态下的抗扭性能影响较大。

（4）倒U形插筋与钢筋桁架能有效提高试件整体性，使得梁腹板与混凝土板共同抗扭，协调变形。混凝土板的开裂可以通过两种方法控制：其一为增强混凝土板自身抗裂性能（增大楼板宽度），其二为加强梁腹板对混凝土板的约束作用（增大腹板高度、配置钢筋桁架和倒U形插筋）。

第 7 章 新型 U 形钢 – 混凝土组合梁设计方法

7.1 引 言

本章将根据新型 U 形钢 – 混凝土组合梁试验研究与有限元分析结果，对构件的受力状态进行合理简化与假设，从而提出计算简便、物理意义明确的简化力学模型，并根据简化力学模型建立刚度、承载力设计方法，为新型 U 形钢 – 混凝土组合梁的工程应用提供参考。

7.2 正弯矩区设计方法

7.2.1 正弯矩区抗弯刚度计算方法

传统钢 – 混凝土组合梁的抗弯刚度计算已经历百年发展，理论较为成熟；而 U 形钢 – 混凝土组合梁提出不到 30 年，尚在研究阶段。因此新型 U 形钢 – 混凝土组合梁的抗弯刚度理论研究将基于传统钢 – 混凝土组合梁的刚度理论展开。

从 20 世纪初开始，学者们提出了各种关于组合梁的刚度计算方法，如 Andrews[4] 基于钢筋混凝土梁提出的“换算截面法”；Newmark[9] 提出的“部分作用理论”；Johnson[18] 基于换算截面法提出的“内插法”；Yam[20] 基于平衡关系和变形协调条件提出的“解析法”；美国 AISC 规范借鉴 Johnson 内插法提出的“等效抗弯刚度法”[25]；聂建国[39] 针对换算截面法的缺陷提出的考虑滑移效应的“折减刚度法”；余志武[52–53]基于弹性夹层假设及弹性体变形理论提出的“解析法”；胡夏闽[62]考虑翼－腹界面相对滑移提出的“附加曲率法”；周东华[63]提出的“有效刚度法”；徐荣桥[64]提出的“改进折减刚度法”等。

其中换算截面法的计算最为简单，但是计算过程中认为翼－腹界面无滑移，因此在计算部分抗剪连接组合梁刚度时会导致刚度偏高，偏于不安全；折减刚度法概念清晰，但可能出现抗剪连接程度提高，刚度反而减小的情况[63–64]；基于微分方程的解析法计算较为烦琐，不适合工程设计。

根据第3章试验现象与应变分析可知，在屈服荷载 P_y 前翼－腹界面几乎无滑移与掀起，试件组合作用良好。因此在新型U形钢－混凝土组合梁工程设计中，建议采用最简单的换算截面法进行初始抗弯刚度计算。

1. 换算截面法的基本假定

（1）忽略翼－腹界面的滑移与掀起。

（2）截面变形后满足平截面假定。

（3）忽略混凝土腹板抗弯贡献。

（4）忽略内翻上翼缘的抗弯贡献。

（5）忽略混凝土板内钢筋的贡献。

将混凝土板换算为对应钢截面时，保持高度不变而将原始混凝土板宽度 B 按照式（7.1）换算为 B_{tr}：

$$B_{tr}=\frac{B}{\alpha_E} \tag{7.1}$$

式中：α_E —— 钢与混凝土弹性模量比，即 $\alpha_E=E_s/E_c$。

由此得到一个纯钢梁截面，刚度可按照经典材料力学方法进行计算。

2. 抗弯刚度计算模型

纯钢梁截面由以下4部分组成（图7.1）。

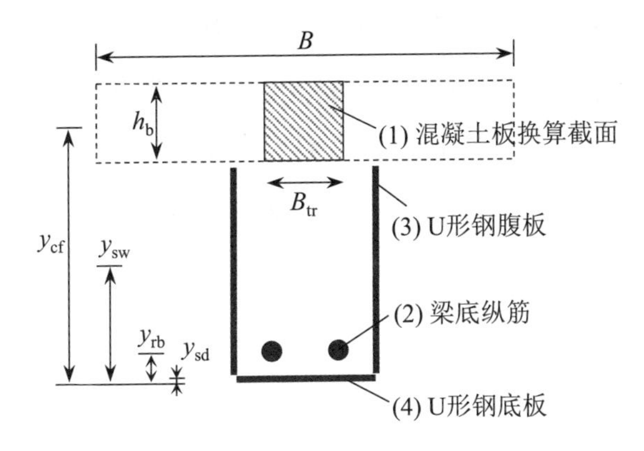

图 7.1 正弯矩区抗弯刚度计算模型

（1）混凝土板换算截面（面积为 A_{cf}，板形心到梁底距离为 y_{cf}）。

（2）梁底纵筋（面积为 A_{rb}，梁底纵筋形心到梁底距离为 y_{rb}）。

（3）U 形钢腹板（面积为 A_{sw}，U 形钢腹板形心到梁底距离为 y_{sw}）。

（4）U 形钢底板（面积为 A_{sd}，U 形钢底板形心到梁底距离为 y_{sd}）。

首先应计算换算截面形心到梁底的距离 y_0：

$$y_0 = \frac{A_{cf} y_{cf} + A_{rb} y_{rb} + A_{sw} y_{sw} + A_{sd} y_{sd}}{A_{cf} + A_{rb} + A_{sw} + A_{sd}} \tag{7.2}$$

然后利用移轴定理分别计算出各部分对截面形心的惯性矩 I_{cf}、I_{rb}、I_{sw} 和 I_{sd}：

$$I_{cf} = \frac{B_{tr} h_b^3}{12} + A_{cf}(H - y_0 - \frac{h_b}{2})^2 \tag{7.3}$$

$$I_{rb} = \frac{2\pi\Phi_{rb}^4}{64} + A_{rb}(y_0 - \frac{\Phi_{rb}}{2} - a - t_w)^2 \tag{7.4}$$

$$I_{sw} = \frac{2t_w h_w^3}{12} + A_{sw}(y_0 - \frac{h_w}{2})^2 \tag{7.5}$$

$$I_{sd} = \frac{bt_w^3}{12} + A_{sd}(y_0 - \frac{t_w}{2})^2 \tag{7.6}$$

试件的截面惯性矩可按式（7.7）计算：

$$I_1 = \lambda_s(I_{cf} + I_{rb} + I_{sw} + I_{sd}) \tag{7.7}$$

式中：λ_s——抗弯刚度折减系数，综合考虑初始缺陷（焊接残余应力[148]、实际边界条件）和混凝土拉压弹性模量差异[21]。

将I_{cf}、I_{rb}、I_{sw}和I_{sd}进行简单代数叠加得到的截面惯性矩I'_1小于试验实测截面惯性矩$I_{1,ex}$，通过线性拟合（图7.2）得到关系式$I_{1,ex}=0.59I'_1$，即建议$\lambda_s=0.59$，与EC 4建议的刚度修正系数0.6较为接近。

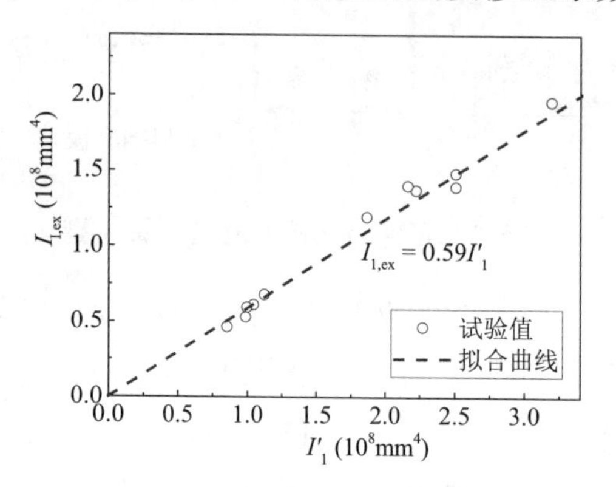

图7.2　抗弯刚度折减系数线性拟合结果

由此可以得到短期抗弯刚度B_{s1}：

$$B_{s1}=E_sI_1 \tag{7.8}$$

7.2.2　正弯矩区抗弯承载力计算方法

1. 传统计算理论

关于传统H型钢－混凝土组合梁抗弯承载力的计算理论已经较为成熟，各国规范中也均有介绍。

（1）根据材料的应力水平，这些理论可以分为弹性理论与塑性理论。

弹性理论主要适用于直接承受动力荷载的组合梁。该理论假定钢材最大拉应力小于其屈服强度，混凝土最大压应力不能超过强度设计值的一半。由于未考虑塑性发展，此方法较为保守，与极限承载力状态下的实际应力分布不符。此外，该理论基于完全抗剪连接基本假定，认为钢－混界面无相对滑移。因此在计算过程中可以采用换算截面法，即按照总内力不变及应变协调的原则，将混凝土截面换算成等效钢截面，且应变沿呈线性分布。统一截面材料后，使用材料力学的经典方法即可计算出截面边缘纤维上的最大应力。采用弹性理论计算需要考虑施工阶段的影响，即根据施工流程和荷载种类计算各阶段产生的应力，要求各阶段叠加后的应力小于相应的强度设计值。

塑性理论主要适用于不直接承受动力荷载的组合梁。该理论既能应用于完全抗剪连接状态，也能应用于部分抗剪连接状态。当组合梁达到承载力极限状态时，截面应力近似矩形分布，并在该截面形成塑性铰，即曲率还可以继续增长，但承载力不再提高，此时的弯矩可以称为全截面塑性极限弯矩。

（2）较为经典的计算模型可以分为有限条带法、强度叠加法、极限平衡法、容许应力法。

有限条带法是将整个截面沿高度划分为有限个条带，根据内力平衡与变形协调，用程序对任意给定的截面进行计算。

强度叠加法多用于型钢混凝土梁，代表规范为日本规范 AIJ-SRC[168] 与中国冶金行业标准《钢骨混凝土结构设计规程》（YB 9082—2006）[169]。强度叠加法又进一步分为简单叠加法与一般叠加法。简单叠加法不考虑钢混之间的组合作用，认为二者完全独立受力；此类方法计算简单但太过保守，与实际受力状态不符。一般叠加法的计算结果较为准确，但需要经过多次试验与计算，较为烦琐；一般不用于工程计算，多用于程序计算。

极限平衡法用途最为广泛，基于钢筋混凝土梁的基本设计模型，通过塑性矩形应力块等效的方法将混凝土受压区简化为矩形应力块，将钢腹板中和轴以上和以下两个区域简化为拉压双矩形应力块。这样的简化较为符合承载力极限状态下的塑性应力分布，缺陷在于中和轴附近实际上存在弹性区域。但由于该区域内力臂较小，对抗弯承载力贡献小，因此误差在可忽略范围内。该方法计算简便、结果精确，适用于工程计算，代表标准有中国的 GB 50010—2010[157] 和 JGJ 138—2016[152]、欧洲的 EC 4[21]、美国的 ACI 318[170] 等。

容许应力法主要出自 AISC 的 ASD 规范[171]，将混凝土截面用换算截面法等效为钢截面，要求混凝土应力不能超过 $0.45f_c'$，钢材应力不超过 $0.9f_{ys}$。

2. 有限元计算和误差来源

利用大型通用有限元软件 ABAQUS 对正弯矩区受弯试件进行建模与计算，得到如图 7.3 所示结果，可以看出，有限元计算得到的荷载 P–跨中挠度 δ 曲线与试验曲线吻合较好。

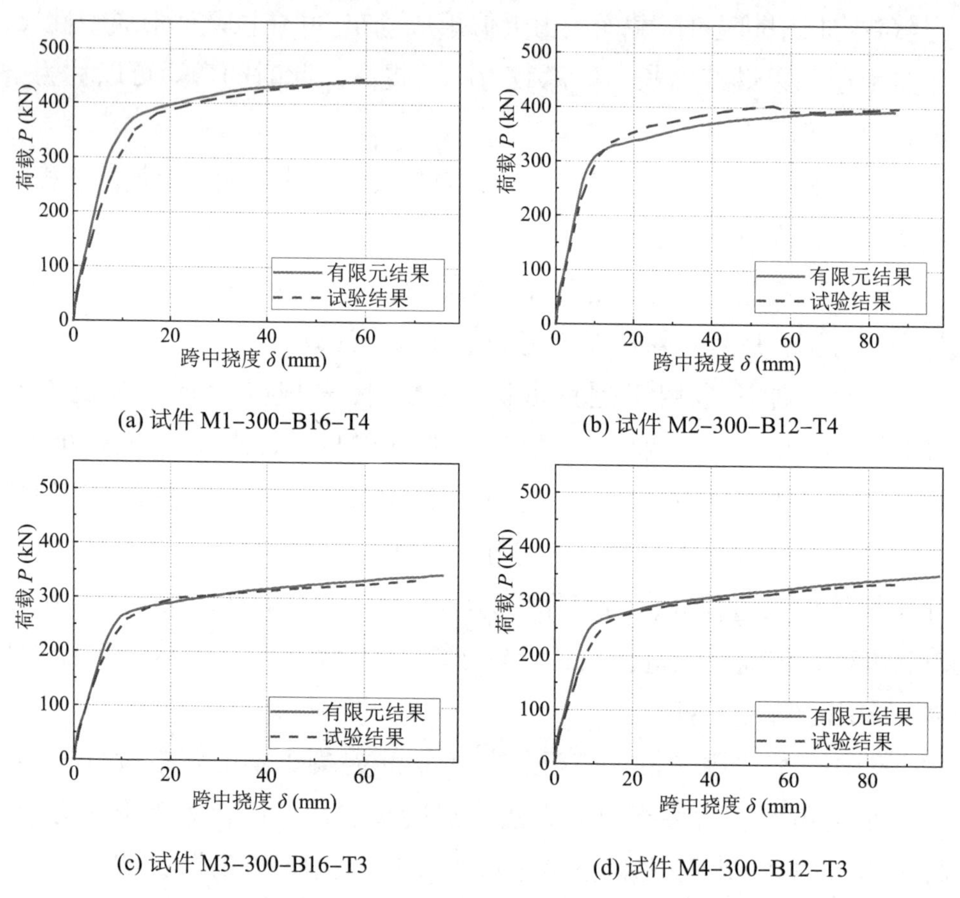

(a) 试件 M1–300–B16–T4

(b) 试件 M2–300–B12–T4

(c) 试件 M3–300–B16–T3

(d) 试件 M4–300–B12–T3

图 7.3　正弯矩区受弯有限元分析与试验结果比较

根据有限元计算结果，提取出试件的屈服荷载 $P_{y,FE}$ 和峰值荷载 $P_{u,FE}$，与试验实测的屈服荷载 $P_{y,ex}$ 和峰值荷载 $P_{u,ex}$ 进行比较，见表 7.1。根据 von Mises 屈服准则，有限元模型中的屈服荷载取 U 形钢底板达到屈服强度时对应的荷载。从表 7.1 中可以看出，个别试件屈服荷载误差在 10%～15%，其余大部分均吻合良好。

表 7.1　正弯矩区受弯有限元计算结果与试验结果对比

试件编号	$P_{y,ex}$	$P_{y,FE}$	$P_{y,FE}/P_{y,ex}$	$P_{u,ex}$	$P_{u,FE}$	$P_{u,ex}/P_{u,FE}$
M1–300–B16–T4	253	291	1.15	446	440	0.99
M2–300–B12–T4	242	244	1.01	403	393	0.98
M3–300–B16–T3	200	209	1.05	334	344	1.03
M4–300–B12–T3	180	198	1.10	334	350	1.05
M6–400–B16–T4	326	319	0.98	486	507	1.04
M7–400–B12–T4	275	290	1.05	463	482	1.04
M8–400–B16–T3	230	264	1.15	479	449	0.94
M9–400–B12–T3	225	237	1.05	430	427	0.99

有限元结果与试验结果在 P–δ 曲线上的误差及关键荷载上的误差源于以下几个方面。

（1）焊接残余应力。U 形钢梁加工时，加强了钢筋桁架及端部封板焊接，防止因焊脚破坏影响预期结果。因此在试件上留有一定的焊接残余应力，导致试件刚度降低 [148]。

（2）边界条件误差。试验中的边界条件并非理想的简支边界条件，在力学模型上与有限元有一定区别。

（3）测量误差。从表 7.1 中可以得到，峰值荷载的平均误差为 0.7%，标准差为 0.04，而屈服荷载的平均误差为 6.7%，标准差为 0.6。显然，峰值荷载的测量与选取均较为简单与直观，而屈服荷载的选取与实际传力路径、安装偏差、冷弯角度等均有关系，因此选取相对复杂，易产生误差。

图 7.4 给出了试件在屈服荷载和峰值荷载时的应力分布特征。在屈服荷载时（图 7.4(a)），钢底板在整个纯弯段均达到屈服强度，实际上在试验中应力并非如此理想的均匀分布，通常是加载点下或跨中截面某一点首先达到屈服，然后塑性范围逐渐向整个纯弯段发展，同时沿钢腹板向上发展。峰值荷载时（图 7.4(b)），混凝土板顶在跨中区域达到抗压强度（压酥区），即试件在 U 形钢底部屈服后，混凝土板顶压溃，从而失去抗弯承载能力，达到破坏。同样地，在剪跨段内出现了斜向

分布的劈裂区域（应力水平降低到 0.1 MPa 以下），与图 7.4(c) 所示的试验裂缝分布状态吻合较好。

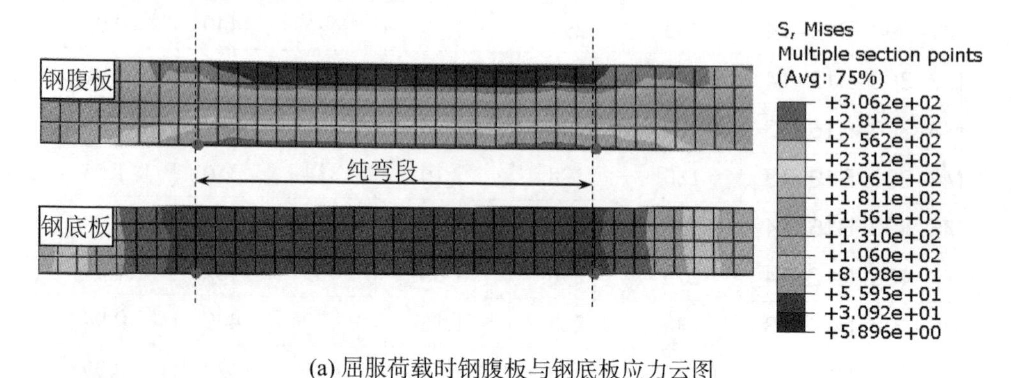

(a) 屈服荷载时钢腹板与钢底板应力云图

(b) 峰值荷载时混凝土板顶应力云图

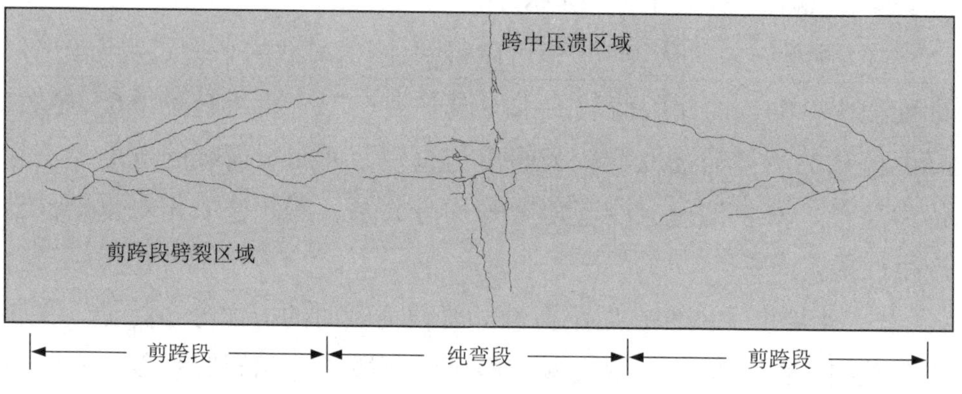

(c) 峰值荷载时混凝土板顶典型裂缝状态

图 7.4　正弯矩区受弯屈服荷载与峰值荷载时的应力分布特征

从数据与破坏模式上看，有限元分析结果与试验结果均较为接近，说明按照上述方式建模能够较好地模拟试件在正弯矩作用下的受弯表现，基于上述模型展开的参数分析具有合理性。

3. 峰值荷载 P_u 时试件各材料在跨中截面的应力状态（图 7.5）

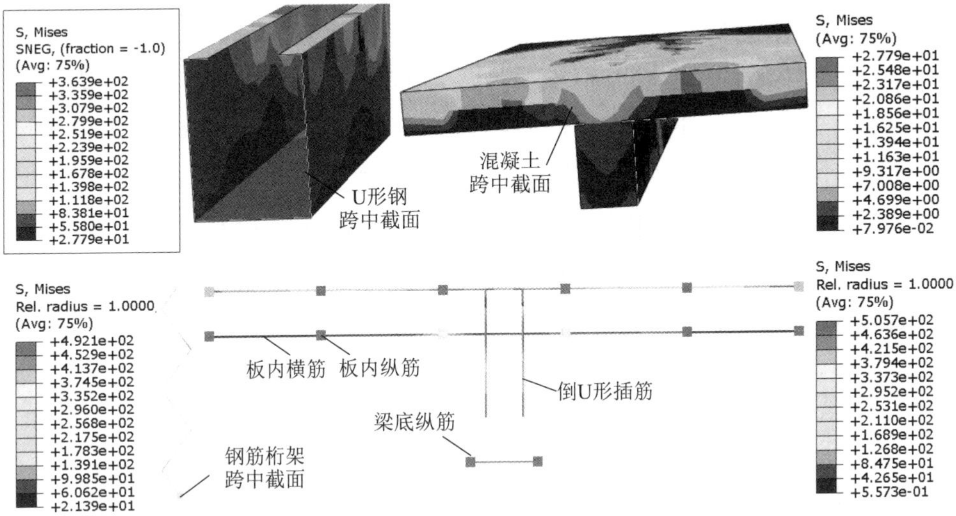

图 7.5　正弯矩区受弯峰值荷载时跨中截面各材料应力状态

（1）U 形钢腹板与底板屈服，而上翼缘应力水平较低。从图 7.5 可以看出，U 形钢底板与腹板的应力均大于 f_{ys}（309 MPa），但上翼缘应力仅 $0.36f_{ys}$。因为上翼缘靠近中和轴，且面积相对较小，故在设计时不做受力要求，仅起到约束混凝土梁腹板的作用 [119]。

（2）板顶混凝土达到极限强度，受拉区失效。混凝土腹板与混凝土板下部受拉区应力水平均低于 0.1 MPa，即早已退出工作。因此在计算抗弯承载力时，不考虑混凝土受拉区贡献。

（3）钢筋桁架在焊脚位置存在应力集中，在跨中截面处应力约为 $0.36f_{yr}$。即钢筋桁架并不直接承担荷载，而是起到维持 U 形钢稳定的构造作用，可直接按构造设计。

（4）倒 U 形插筋在翼 – 腹界面处应力高于其他位置，说明该位置变形较大，与图 3.6(b) 中所示的倒 U 形插筋剪切变形图吻合良好。倒 U 形插筋是一种柔性连接件，其作用与传统 H 型钢 – 混凝土组合梁中的栓钉相近，即抵抗纵向剪力与竖向掀起力。而竖向掀起力相对较小 [60]，插筋不易因拔出而导致锚固失效，因此在满足锚固要求的情况下，倒 U 形插筋主要在翼 – 腹界面处抵抗纵向剪力。从图 7.7 中可以看出，倒 U 形插筋末端应力水平较低，锚固长度具有一定安全裕度，因此建议按照《混凝土结构设计规范》（GB 50010—2010）[155] 中的钢筋锚固长度进行设计。

（5）混凝土板内纵筋屈服，横向钢筋应力水平较低。混凝土板内大部分纵筋均处于屈服状态，但由于板内受压纵筋面积远小于混凝土板面积，因此可以作为延性构造设计，不做受力要求。上层横向钢筋应力水平大于下层钢筋，但均远低于屈服强度，在计算极限承载力时可以忽略，仅做抵抗劈裂构造设计。因此混凝土板内钢筋满足 GB 50010—2010[155] 中对受弯板构件最小配筋率要求即可。

（6）梁底纵筋屈服。梁底纵筋与U形钢底板在面积与位置上较为接近，共同承担拉力，因此在计算承载力时应予以考虑。

4. 正截面受弯计算

根据试验与有限元分析可知，新型U形钢－混凝土组合梁能够达到全截面塑性，且翼－腹界面滑移较小，可按照塑性理论和极限平衡法进行计算。其计算模型如图7.6所示，基本假定如下：

（1）翼－腹界面无滑移。

（2）忽略混凝土抗拉贡献。

（3）忽略U形钢上翼缘贡献。

（4）忽略混凝土板内纵筋贡献。

（5）材料均达到塑性，受压区混凝土与受拉区钢板应力图等效为矩形应力块。

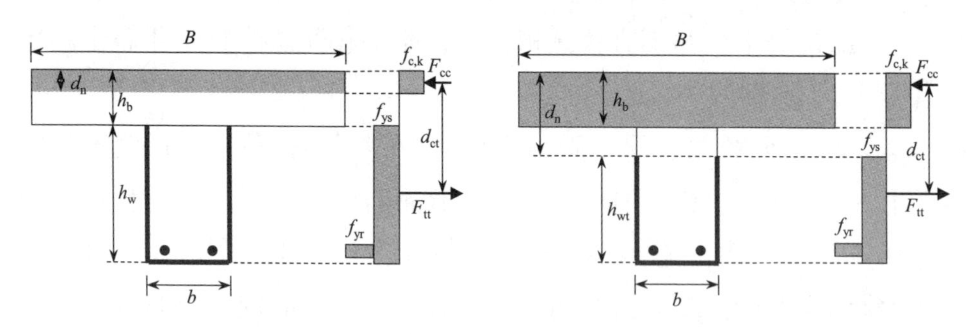

(a) 中和轴在混凝土板内　　(b) 中和轴在梁腹板内

图7.6　正截面受弯计算模型

混凝土板能够提供的最大压力 $F_{c,max}$、梁腹板能够提供的最大拉力

$F_{\text{t,max}}$ 为：

$$F_{\text{c,max}} = Bh_{\text{b}} f_{\text{c,k}} \tag{7.9}$$

$$F_{\text{t,max}} = 2h_{\text{w}} t_{\text{w}} f_{\text{ys}} + bt_{\text{w}} f_{\text{ys}} + A_{\text{rb}} f_{\text{yr}} \tag{7.10}$$

受压区混凝土合力为 F_{cc}，受拉区混凝土合力为 F_{tt}（由 U 形钢与梁底纵筋拉力组成）。当 $F_{\text{c,max}} > F_{\text{t,max}}$ 时，中和轴位于混凝土板内（图 7.6(a)），根据截面平衡，受拉区合力与受压区合力为：

$$F_{\text{tt}} = F_{\text{cc}} = F_{\text{t,max}} = 2h_{\text{w}} t_{\text{w}} f_{\text{ys}} + bt_{\text{w}} f_{\text{ys}} + A_{\text{rb}} f_{\text{yr}} \tag{7.11}$$

受压区高度为：

$$d_{\text{n}} = \frac{F_{\text{cc}}}{Bf_{\text{c,k}}} \tag{7.12}$$

由此可以得到 F_{tt} 与 F_{cc} 合力作用点距离为：

$$d_{\text{ct}} = \frac{2h_{\text{w}} t_{\text{w}} (\frac{h_{\text{w}}}{2} + h_{\text{b}} - \frac{d_{\text{n}}}{2}) + bt_{\text{w}} (H - \frac{t_{\text{w}}}{2} - \frac{d_{\text{n}}}{2}) + A_{\text{rb}} (H - t_{\text{w}} - a - \frac{\Phi_{\text{rb}}}{2} - \frac{d_{\text{n}}}{2})}{2h_{\text{w}} t_{\text{w}} + bt_{\text{w}} + A_{\text{rb}}} \tag{7.13}$$

根据极限平衡法，新型冷弯 U 形钢 – 混凝土组合梁正截面抗弯承载力 M_{u} 为：

$$M_{\text{u}} = F_{\text{cc}} d_{\text{ct}} \tag{7.14}$$

当 $F_{\text{c,max}} < F_{\text{t,max}}$ 时，中和轴位于梁腹板内（图 7.6(b)）。这种情况在工程设计中不建议采用，应通过减小梁底纵筋配筋率、减小含钢率、增大混凝土板纵向配筋率等措施进行规避，从而充分利用钢材受拉特性。当无法避免时，则应通过以下方式设计，保证安全性。

在接近峰值荷载时翼 – 腹界面处纵向剪应力水平较高，应配置足量倒 U 形插筋减小翼 – 腹界面滑移。此外，为保守计算，应忽略腹板混凝土受压区及 U 形钢受压区贡献（图 7.6(b)）。根据截面平衡条件，受拉区合力与受压区合力为：

$$F_{\text{tt}} = F_{\text{cc}} = F_{\text{c,max}} = Bh_{\text{b}} f_{\text{c,k}} \tag{7.15}$$

梁腹板受拉区高度 h_{wt} 为：

$$h_{wt}=\frac{F_{cc}-f_{ys}bt_w-f_{yr}A_{rb}}{2t_w} \tag{7.16}$$

拉、压合力之间力臂 d_{ct} 为：

$$d_{ct}=\frac{2h_{wt}t_w(H-\frac{h_{wt}}{2}-\frac{h_b}{2})+bt_w(H-\frac{t_w}{2}-\frac{h_b}{2})+A_{rb}(H-t_w-a-\frac{\Phi_{rb}}{2}-\frac{h_b}{2})}{2h_{wt}t_w+bt_w+A_{rb}} \tag{7.17}$$

之后根据式（7.14）可计算出中和轴在梁腹板内时的正截面抗弯承载力。

根据式（7.9）~式（7.14）计算得到试验试件与有限元模型的正截面抗弯承载力。表7.2给出了抗弯承载力计算值 $M_{u,cal}$ 与试验实测值 $M_{u,ex}$ 的对比结果，图7.7给出了抗弯承载力计算值 $M_{u,cal}$ 与有限元计算值 $M_{u,FE}$ 的对比结果。其中，$M_{u,cal}/M_{u,ex}$ 平均值为1.002，标准差为0.051；$M_{u,cal}/M_{u,FE}$ 平均值为1.029，标准差为0.071。图7.7中，当试件剪跨比 $\lambda\leq1.5$ 时，试件偏向于剪切破坏，$M_{u,cal}/M_{u,FE}$ 略大于10%，即抗弯承载力计算方法对 $\lambda>1.5$ 时的弯曲破坏模式预测较为精确。总体来看，上述新型U形钢–混凝土组合梁正截面抗弯承载力计算方法计算简单，且计算结果精度较高，能有效预测试件的抗弯承载力，可应用于工程设计中。

表7.2 正截面抗弯承载力计算值与试验值对比

试件编号	$M_{u,cal}$ (kN·m)	$M_{u,ex}$ (kN·m)	$M_{u,cal}/M_{u,ex}$
M1–300–B16–T4	197.5	200.7	0.984
M2–300–B12–T4	178.2	181.4	0.982
M3–300–B16–T3	167.7	161.0	1.042
M4–300–B12–T3	147.7	150.3	0.983
M5–300–B16D–T4	197.5	193.1	1.023
M6–400–B16–T4	317.2	291.6	1.088
M7–400–B12–T4	290.3	277.8	1.045
M8–400–B16–T3	265.4	287.4	0.923
M9–400–B12–T3	237.7	258.0	0.921
M10–400–B16D–T4	317.2	307.8	1.031
平均值			1.002

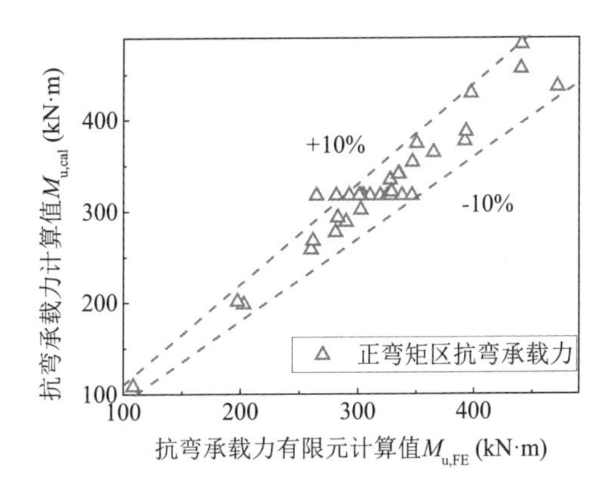

图 7.7　正截面抗弯承载力计算值与有限元计算值的对比

7.3　负弯矩区设计方法

7.3.1　负弯矩区初始抗弯刚度计算

负弯矩区初始抗弯刚度计算与正弯矩区基本一致，基于“无滑移假定”与“平截面假定”，采用换算截面法按式（7.1）的方式将混凝土截面换算为钢截面，再按材料力学方法计算纯钢梁截面的刚度。

在负弯矩区，刚度的贡献部分有以下 8 个（图 7.8）：

（1）混凝土板内顶层纵筋（面积为 A_{rh1}，顶层纵筋形心到梁底距离为 y_{rh1}）。

（2）混凝土板内底层纵筋（面积为 A_{rh2}，顶层纵筋形心到梁底距离为 y_{rh2}）。

（3）梁底纵筋（面积为 A_{rb}，梁底纵筋形心到梁底距离为 y_{rb}）。

（4）U 形钢内翻上翼缘（面积为 A_{sf}，翼缘形心到梁底距离为 y_{sf}）。

（5）U 形钢腹板（面积为 A_{sw}，腹板形心到梁底距离为 y_{sw}）。

（6）U 形钢底板（面积为 A_{sd}，底板形心到梁底距离为 y_{sd}）。

（7）混凝土板（面积为 A_{cf}，板形心到梁底距离为 y_{cf}）。

（8）混凝土腹板（面积为 A_{cw}，梁腹板形心到梁底距离为 y_{cw}）。

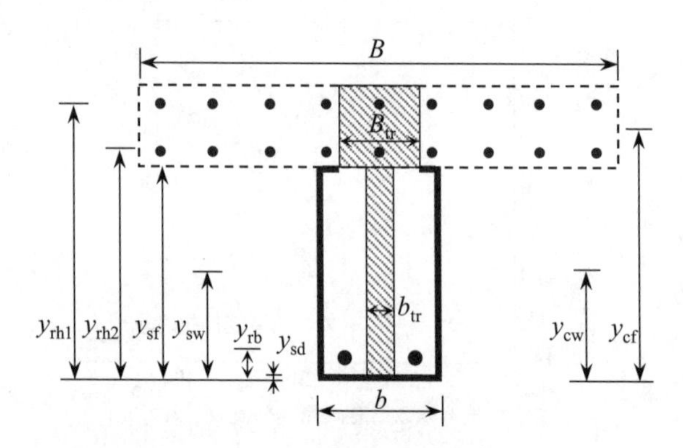

图 7.8 负弯矩区初始抗弯刚度计算模型

整个钢截面的形心到梁底距离 y_0 为：

$$y_0 = \frac{A_{rh1}y_{rh1} + A_{rh2}y_{rh2} + A_{rb}y_{rb} + A_{sf}y_{sf} + A_{sw}y_{sw} + A_{sd}y_{sd} + A_{cf}y_{cf} + A_{cw}y_{cw}}{A_{rh1} + A_{rh2} + A_{rb} + A_{sf} + A_{sw} + A_{sd} + A_{cf} + A_{cw}} \tag{7.18}$$

根据移轴定理分别计算出各部分对截面形心的惯性矩（参考正弯矩区计算方法，此处不再赘述），并得到整个截面对形心的惯性矩 I_1：

$$I_1 = \lambda_s(I_r + I_s + I_c) \tag{7.19}$$

式中：

I_r、I_s、I_c —— 纵筋部分、U形钢部分、混凝土部分的惯性矩；

λ_s —— 抗弯刚度折减系数。

根据如图7.9所示拟合结果，建议 $\lambda_s = 0.62$。正弯矩区抗弯刚度折减系数（0.59）、负弯矩区抗弯刚度折减系数（0.62）、EC 4建议刚度修正系数（0.60）较为接近，可见 λ_s 的取值与受力情况无关。进一步，该 λ_s 的取值对 $\rho_s = 4.20\% \sim 6.93\%$、$\rho_{rh} = 1.11\% \sim 2.49\%$ 的情况均适用，即与倒U形插筋及钢筋桁架的配置无关。

试件的初始抗弯刚度可表示为 $B_{s1} = E_s I_1$，而试件的实际弯曲刚度 $B_{s1,ex}$ 可按照式（7.20）计算：

$$B_{s1,ex} = \frac{P_{cr}L_0^3}{48\delta_{cr}} \tag{7.20}$$

表 7.3　负弯矩区初始抗弯刚度计算结果

试件编号	混凝土部分		钢筋部分		U 形钢部分		试验结果		计算结果	
	I_c (10^7mm^4)	$\lambda_s I_c/I_1$	I_r (10^7mm^4)	$\lambda_s I_r/I_1$	I_s (10^7mm^4)	$\lambda_s I_s/I_1$	y_0 (mm)	$B_{s1,ex}$ ($10^{13}N\cdot mm^2$)	B_{s1} ($10^{13}N\cdot mm^2$)	$B_{s1}/B_{s1,ex}$
NM1–T4–L10–10	24.7	0.65	3.60	0.09	9.59	0.25	272.7	4.65	4.56	0.981
NM2–T5–L10–10	24.2	0.62	3.59	0.09	11.5	0.29	269.0	5.00	4.82	0.964
NM3–T3–L10–10	24.1	0.69	3.62	0.10	7.46	0.21	275.8	4.04	4.37	1.082
NM4–T4–L12–10	24.6	0.64	4.08	0.11	9.78	0.25	274.8	4.29	4.62	1.077
NM5–T4–L8–10	24.9	0.66	3.16	0.08	9.43	0.25	270.9	4.83	4.51	0.934
NM7–T4–L10–10R0	24.7	0.65	3.60	0.09	9.59	0.25	272.7	4.38	4.56	1.041
NM8–T4–L10–10UH	24.7	0.65	3.60	0.09	9.59	0.25	272.7	4.49	4.56	1.016
NM9–T4–L10–10U0	24.7	0.65	3.60	0.09	9.59	0.25	272.7	4.55	4.56	1.002
NM10–T4–L10–10B	26.9	0.64	3.84	0.09	11.0	0.26	288.2	5.22	5.02	0.962
NM11–T4–L10–10N	21.2	0.66	3.20	0.10	7.51	0.24	246.8	3.81	3.84	1.008
平均值		0.65		0.10		0.25				1.007

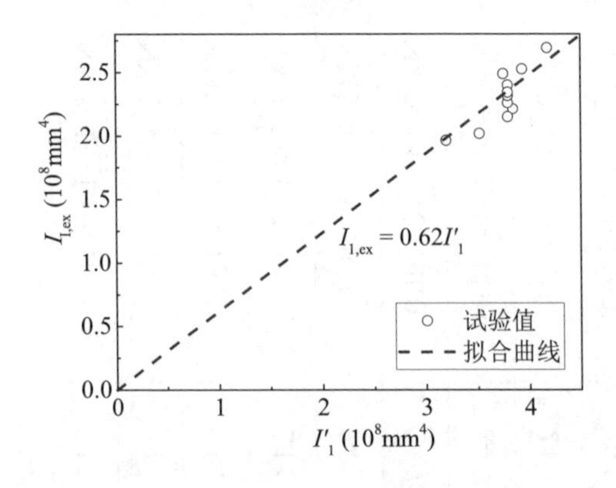

图 7.9　负弯矩区抗弯刚度折减系数线性拟合结果

表 7.3 中给出了 B_{s1} 与 $B_{s1,ex}$ 的计算结果。混凝土部分对初始刚度的贡献最大（平均值 65%，标准差 0.018）；而 U 形钢（平均值 25%，标准差 0.019）与钢筋部分（平均值 9%，标准差 0.009）相对贡献较少。从表 7.3 的计算结果与试验结果对比可以发现，无论倒 U 形插筋与钢筋桁架配置如何，新型 U 形钢 – 混凝土组合梁负弯矩区初始抗弯刚度均可采用换算截面法进行计算。

7.3.2　负弯矩区开裂弯矩计算

将开裂荷载 P_{cr} 作为弹性阶段的终点，对试件开裂前做出以下基本假定：

（1）组合截面在开裂前整体变形，符合平截面假定。

（2）混凝土板边缘应力达到混凝土抗拉强度 f_t[157] 时，混凝土板开裂。

（3）混凝土板厚相对较薄，边缘开裂后板厚范围内裂缝迅速贯通。

采用 7.3.1 小节换算截面法得到的负弯矩区初始抗弯刚度，则开裂弯矩的计算可简化为根据已知截面惯性矩 I_1 和边缘应力 f_t，求均匀弹性截面弯矩 M_{cr} 的问题。

由材料力学方法容易得到：

$$M_{cr}=\frac{I_1 f_t}{H-y_0} \tag{7.21}$$

表 7.4 对开裂弯矩的计算值 M_{cr} 与试验值 $M_{cr,ex}$ 进行了对比，$M_{cr}/M_{cr,ex}$ 的平均值为 1.049，标准差为 0.085。采用以上方式计算的开裂弯矩与实际情况大致吻合，即上述基本假定具有合理性。由于混凝土开裂的随机性较大，部分试件的误差在 12% ~ 16%。

表 7.4　开裂弯矩计算结果

试件	y_0 (mm)	I_1 (10^7mm^4)	f_t (MPa)	M_{cr} (kN · m)	$M_{cr,ex}$ (kN · m)	$M_{cr}/M_{cr,ex}$
NM1–T4–L10–10	272.7	37.9	3.2	59.1	55.7	1.061
NM2–T5–L10–10	269.0	39.3	3.2	59.6	52.7	1.131
NM3–T3–L10–10	275.8	35.2	3.2	56.1	56.0	1.002
NM4–T4–L12–10	274.8	38.4	3.2	60.9	62.9	0.968
NM5–T4–L8–10	270.9	37.5	3.2	57.6	60.5	0.952
NM7–T4–L10–10R0	272.7	37.9	3.2	59.1	51.5	1.148
NM8–T4–L10–10UH	272.7	37.9	3.2	59.1	50.9	1.161
NM9–T4–L10–10U0	272.7	37.9	3.2	59.1	52.7	1.121
NM10–T4–L10–10B	288.2	41.7	3.2	74.1	75.2	0.985
NM11–T4–L10–10N	246.8	31.9	3.2	41.3	43.1	0.958
平均值						1.049

进一步，根据上述基本假定可推导出负弯矩区最小配筋率 $\rho_{rh,min}$。将混凝土板开裂临界点的板顶应力记为 f_{ct}，板底应力记为 f_{cb}，则根据平截面假定可得到以下关系：

$$\frac{H-y_0\text{-}h_b}{H-y_0}=\frac{f_{cb}}{f_{ct}} \tag{7.22}$$

混凝土平均应力 f_{cm} 为：

$$f_{cm}=\frac{f_{ct}+f_{ct}}{2}=\frac{2H-2y_0\text{-}h_b}{2H-2y_0}f_{ct} \tag{7.23}$$

混凝土板开裂后，由板内纵筋承担拉力，即存在以下关系：

$$f_{rh}A_{rh}=f_{cm}A_b \tag{7.24}$$

式中：f_{rh} —— 板内纵筋应力。

当混凝土板顶刚开裂，板顶纵筋应力f_{rh}刚好达到屈服强度f_{yr}时，试件取得最小配筋率$\rho_{rh,min}$：

$$\rho_{rh,min}=\frac{A_{rh}}{A_b}=\frac{f_{cm}}{f_{yr}}=\frac{2H-2y_0-h_b}{2H-2y_0}\cdot\frac{f_{ct}}{f_{yr}} \tag{7.25}$$

为了防止裂缝宽度过大导致钢筋锈蚀，可参照《混凝土结构设计规范》(GB 50010—2010)[155]对混凝土板顶裂缝宽度进行计算。

7.3.3 负弯矩区二次抗弯刚度计算

当混凝土板横向裂缝从跨中截面发展至距离支座约$L_0/3$时，裂缝发展速度逐渐放缓，受拉区主要由混凝土板纵筋承担拉力，而此时钢筋正处于弹性阶段。因此该试件具有稳定的二次抗弯刚度(图7.10(a))。

根据应变分析可知，在P_y前翼－腹界面几乎无滑移出现，因此可基于“无滑移假定”采用换算截面法计算二次抗弯刚度。与初始抗弯刚度的区别在于：二次抗弯刚度出现时，混凝土板跨中$L_0/3$范围内有贯穿整个板厚的横向裂缝。在该阶段内，混凝土板的抗拉贡献可忽略。

负弯矩区二次抗弯刚度由板内顶层纵筋、板内底层纵筋、梁底纵筋、U形钢内翻上翼缘、U形钢腹板、U形钢底板及混凝土腹板7部分的抗弯贡献组成(图7.10(b))。

截面形心到梁底距离y_0为：

$$y_0=\frac{A_{rh1}y_{rh1}+A_{rh2}y_{rh2}+A_{rb}y_{rb}+A_{sf}y_{sf}+A_{sw}y_{sw}+A_{sd}y_{sd}+A_{cw}y_{cw}}{A_{rh1}+A_{rh2}+A_{rb}+A_{sf}+A_{sw}+A_{sd}+A_{cw}} \tag{7.26}$$

整个截面对形心的惯性矩I_2为：

$$I_2=\lambda_s(I_r+I_s+I_c) \tag{7.27}$$

式中：

I_r、I_s、I_c——钢筋、U形钢、混凝土在二次抗弯刚度阶段的惯性矩；

λ_s——抗弯刚度折减系数，与初始抗弯刚度计算的取值相同。

表 7.5　负弯矩区二次抗弯刚度计算结果

试件编号	混凝土部分		钢筋部分		U 形钢部分		试验结果		计算结果	
	I_c (10^7mm^4)	$\lambda_s I_c/I_2$	I_r (10^7mm^4)	$\lambda_s I_r/I_2$	I_s (10^7mm^4)	$\lambda_s I_s/I_2$	y_0 (mm)	$B_{s2,ex}$ (10^{13} N · mm^2)	B_{s2} (10^{13}N · mm^2)	$B_{s2}/B_{s2,ex}$
NM1–T4–L10–10	4.0	0.28	6.04	0.43	4.14	0.29	180.7	1.76	1.71	0.972
NM2–T5–L10–10	3.6	0.24	6.21	0.42	4.97	0.34	176.8	2.03	1.81	0.892
NM3–T3–L10–10	4.3	0.32	5.82	0.43	3.27	0.24	186.2	1.53	1.66	1.085
NM4–T4–L12–10	5.0	0.29	7.49	0.44	4.53	0.27	192.4	2.02	2.05	1.015
NM5–T4–L8–10	3.0	0.26	4.56	0.40	3.80	0.33	167.6	1.37	1.37	1.000
NM7–T4–L10–10R0	4.0	0.28	6.04	0.43	4.14	0.29	180.7	1.77	1.71	0.966
NM8–T4–L10–10UH	4.0	0.28	6.04	0.43	4.14	0.29	180.7	1.60	1.71	1.069
NM9–T4–L10–10U0	4.0	0.28	6.04	0.43	4.14	0.29	180.7	1.61	1.71	1.062
NM10–T4–L10–10B	4.8	0.29	7.27	0.44	4.46	0.27	190.4	1.89	1.99	1.053
NM11–T4–L10–10N	3.0	0.26	4.54	0.40	3.80	0.34	167.5	1.33	1.36	1.023
平均值	—	0.28	—	0.42	—	0.30	—	—	—	1.014

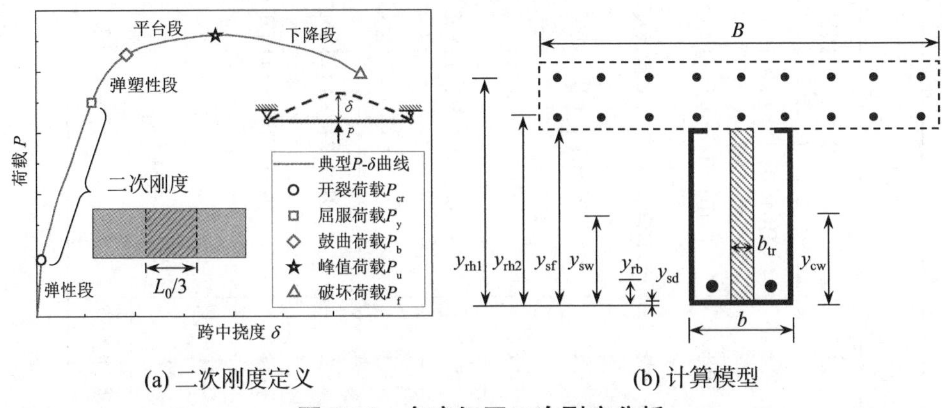

(a) 二次刚度定义　　(b) 计算模型

图 7.10　负弯矩区二次刚度分析

试件的二次抗弯刚度计算值 $B_{s2}=E_sI_2$，将其与试验值 $B_{s2,ex}$ 在表 7.5 中进行对比，发现计算值与实验值吻合良好，$B_{s2}/B_{s2,ex}$ 的平均值为 1.014，标准差为 0.059。二次抗弯刚度阶段由混凝土板内纵筋承担主要抗弯贡献，其贡献比例从初始抗弯刚度的 10% 增加到 42%，抗弯贡献比例标准差为 0.014，与实际情况相符。而 U 形钢与混凝土贡献相对较少，分别为 30%（标准差 0.033）与 28%（标准差 0.021）。

7.3.4　负弯矩区抗弯承载力计算

对负弯矩区部分试件进行有限元模拟，着重观察混凝土板内纵筋配筋率 ρ_{rh}、含钢率 ρ_s 及混凝土板宽 B 变化后的模拟吻合程度，取每类试件的代表试件进行模拟验证，计算结果如图 7.11 所示。总体来看，虽然对混凝土开裂点模拟结果存在一定误差，模拟得到的开裂荷载略高于试验中实测的开裂荷载，但有限元计算得到的荷载 P– 跨中挠度 δ 曲线与试验曲线大致吻合，抗弯承载力和延性同样吻合良好。

基于 P–δ 曲线，对比了试验与有限元模型的屈服荷载与峰值荷载，见表 7.6。屈服荷载的确定方法与试验一致，即混凝土板顶受拉纵筋屈服时对应的荷载。屈服荷载存在一定误差，但总体吻合程度在允许范围内，$P_{y,FE}/P_{y,ex}$ 的平均值为 1.088，标准差为 0.136。峰值荷载的有限元计算结果与试验实测值吻合良好，$P_{u,FE}/P_{u,ex}$ 的平均值为 0.988，标准差为 0.040。因此，有限元模型能够较为准确地模拟新型 U 形钢 – 混凝土组合梁的负弯矩区受弯性能。

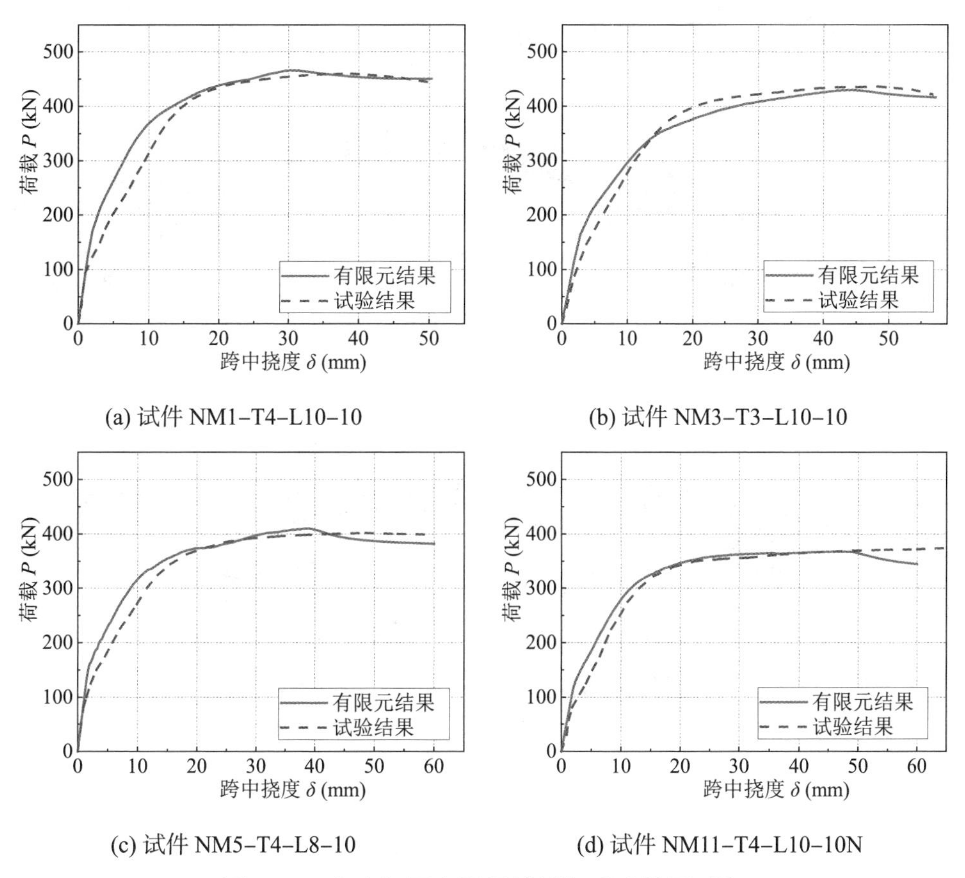

(a) 试件 NM1–T4–L10–10　(b) 试件 NM3–T3–L10–10

(c) 试件 NM5–T4–L8–10　(d) 试件 NM11–T4–L10–10N

图 7.11　负弯矩区有限元模拟与试验结果对比

表 7.6　负弯矩区有限元与试验关键荷载对比

试件编号	$P_{y,ex}$	$P_{y,FE}$	$P_{y,FE}/P_{y,ex}$	$P_{u,ex}$	$P_{u,FE}$	$P_{u,FE}/P_{u,ex}$
NM1–T4–L10–10	291	365	1.25	460	466	1.01
NM3–T3–L10–10	240	266	1.11	436	430	0.99
NM5–T4–L8–10	224	206	0.92	401	410	1.02
NM11–T4–L10–10N	196	210	1.07	394	368	0.93

图 7.12 给出了有限元模型中混凝土与 U 形钢的破坏模式。混凝土受拉区应力较低，说明早已开裂退出工作，在混凝土腹板上形成了明显的斜裂缝，而混凝土受压区也达到了抗压强度（图 7.12(a)）。U 形钢

在上翼缘与底板处首先屈服，塑性范围逐渐向中部发展，在峰值荷载时 U 形钢受压区明显鼓曲，上翼缘也有向两侧张开的趋势，但明显受到了钢筋桁架的约束（图 7.12(b)）。

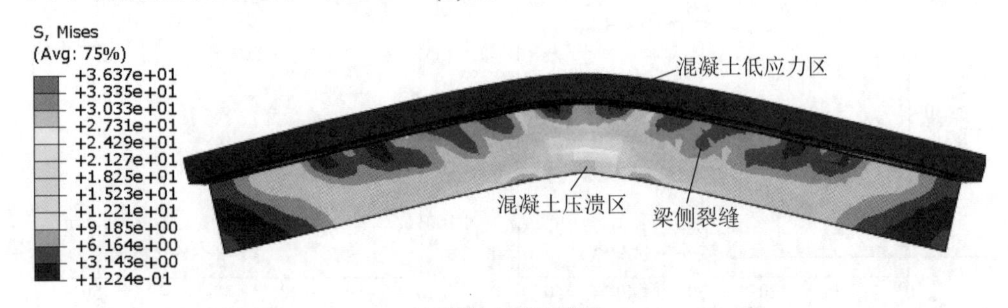

(a) 混凝土破坏模式

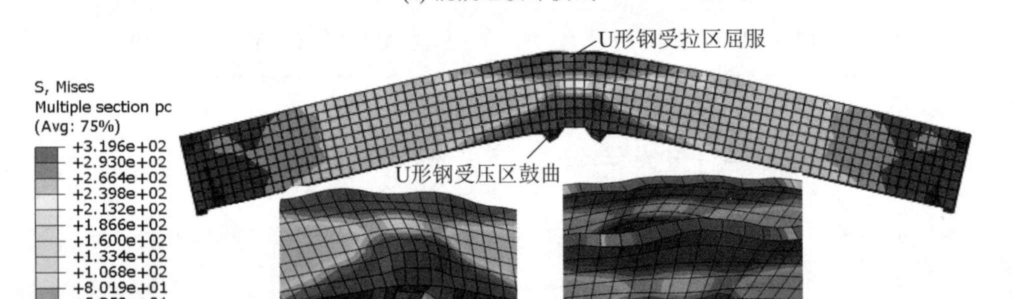

(b) U 形钢破坏模式

图 7.12　负弯矩区破坏模式（续）

综上所述，按上述方式建立的新型 U 形钢 – 混凝土组合梁负弯矩区有限元模型能够真实反映试件在负弯矩区的受弯性能，可用于后续参数分析。

1. 峰值荷载 P_u 时跨中截面处各材料应力状态（图 7.13）

（1）混凝土板与混凝土腹板受拉区失效，已退出工作。因此在计算负弯矩区抗弯承载力时，不考虑混凝土受拉区贡献。

（2）截面中和轴靠近 U 形钢腹板中部，因此 U 形钢受拉区与受压区几乎全截面屈服，且在受压区底板和腹板出现明显鼓曲现象。为了防止混凝土过早压溃，应配置通长梁底纵筋，增强梁底部区域抗压能力。

（3）在跨中截面 U 形钢腹板张开趋势较为明显，且此处钢筋桁架应力水平较高，即钢筋桁架起着限制 U 形钢腹板向两侧张开的作用，但并未出现破坏。

（4）倒 U 形插筋在梁腹板内应力水平较低。当锚固长度足够时，可不设置弯钩；当 U 形钢腹板高度小于锚固长度时，应设置弯钩防止拔出。

（5）混凝土板内纵筋与梁底纵筋屈服，横向钢筋应力水平较低。板内纵筋在受拉区起主要作用，上层纵筋全部屈服，下层纵筋连靠近梁腹板处屈服。梁底纵筋在受压区与混凝土、U 形钢共同抗压，在极限抗弯承载力计算中应予以考虑。

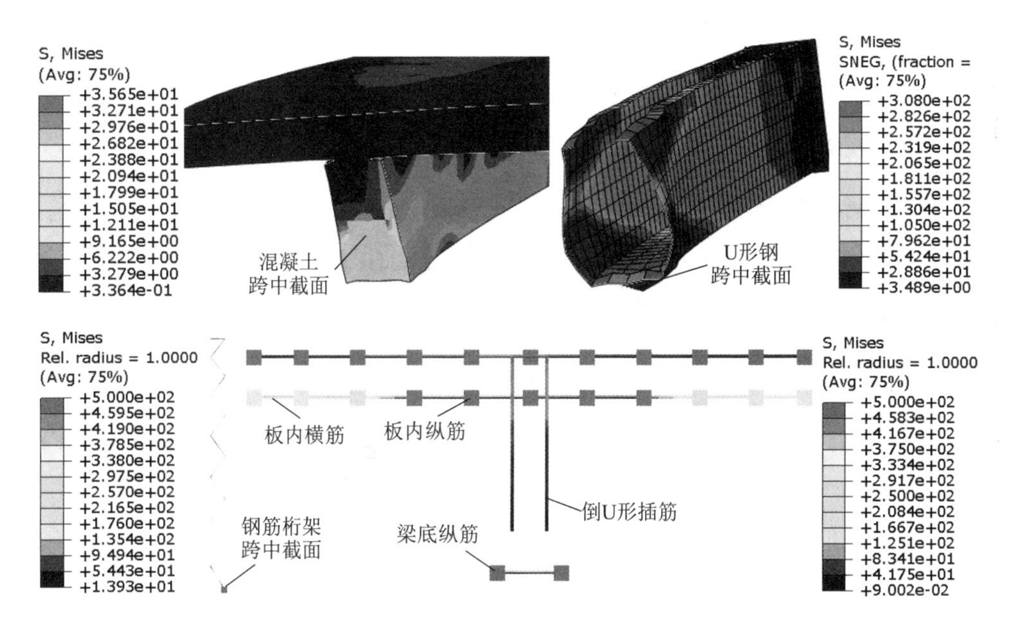

图 7.13　负弯矩区受弯峰值荷载时各材料跨中截面应力状态

综上所述，在峰值承载力时，受拉区主要由板内纵筋、U 形钢上翼缘、U 形钢腹板上部承担拉力，受压区主要由混凝土腹板下部、U 形钢腹板下部、U 形钢底板、梁底纵筋承担压力。

2. 计算模型

根据试验和有限元分析建立的新型 U 形钢 – 混凝土组合梁负弯矩区抗弯承载力计算模型，如图 7.14 所示，基本假定如下：

（1）忽略翼 – 腹界面滑移。

（2）U 形钢全截面塑性，符合矩形应力块分布状态。

（3）混凝土受压区进入塑性，符合矩形应力块分布状态。

（4）忽略混凝土抗拉贡献。

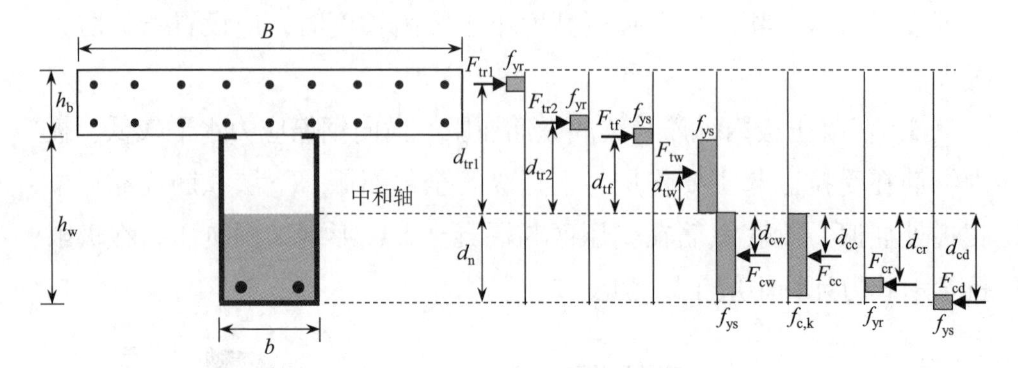

图 7.14　负弯矩区抗弯承载力计算模型

3. 计算模型的组成

在计算模型图 7.14 中，试件的负弯矩区抗弯承载力由 8 部分组成，在每部分中 F 表示合力，d 表示合力作用点到中和轴的距离，f 表示对应材料强度，A 表示截面面积。所有组成部分分别为：

（1）混凝土板内顶层纵筋（F_{tr1}、d_{tr1}、f_{yr}、A_{tr1}）。

（2）混凝土板内底层纵筋（F_{tr2}、d_{tr2}、f_{yr}、A_{tr2}）。

（3）U 形钢内翻上翼缘（F_{tf}、d_{tf}、f_{ys}、A_{tf}）。

（4）U 形钢腹板受拉区（F_{tw}、d_{tw}、f_{ys}、A_{tw}）。

（5）U 形钢腹板受压区（F_{cw}、d_{cw}、f_{ys}、A_{cw}）。

（6）混凝土梁腹板受压区（F_{cc}、d_{cc}、$f_{c,k}$、A_{cc}）。

（7）梁底纵筋（F_{tr3}、d_{tr3}、f_{yr}、A_{tr3}）。

（8）U 形钢底板（F_{cd}、d_{cd}、f_{ys}、A_{cd}）。

根据截面平衡可得如下关系：

$$F_{tr1} + F_{tr2} + F_{tf} + F_{tw} = F_{cw} + F_{cc} + F_{cr} + F_{cd} \tag{7.28}$$

将各部分合力用以下方式表示：

$$\mathrm{A}_{tr1} f_{yr} + A_{tr2} f_{yr} + A_{tf} f_{ys} + 2(H - h_b - d_n) t_w f_{ys} + 2d_n t_w f_{ys} = 2d_n t_w f_{ys} + d_n b f_{c,k} + A_{cr} f_{yr} + A_{cd} f_{ys} \tag{7.29}$$

其中，受压区高度 d_n 为：

$$d_n = \frac{f_{yr}A_{tr1} + f_{yr}A_{tr2} + f_{ys}A_{tf} + 2t_w f_{ys}(H-h_b) - f_{yr}A_{cr} - f_{ys}A_{cd}}{4t_w f_{ys} + f_{c,k}b} \tag{7.30}$$

各部分合力作用点到中和轴距离为：

$$d_{tr1}=H-d_n-a \tag{7.31}$$

$$d_{tr2}=H-d_n-h_b+a \tag{7.32}$$

$$d_{tf}=H-d_n-h_b \tag{7.33}$$

$$d_{tw}=\frac{H-d_n-h_b}{2} \tag{7.34}$$

$$d_{cw}=\frac{d_n}{2} \tag{7.35}$$

$$d_{cc}=\frac{d_n}{2} \tag{7.36}$$

$$d_{cr}=d_n-a \tag{7.37}$$

$$d_{cd}=d_n \tag{7.38}$$

因此，负弯矩区抗弯承载力为：

$$M_u=M_{tr1}+M_{tr2}+M_{tf}+M_{tw}+M_{cw}+M_{cc}+M_{cr}+M_{cd} \tag{7.39}$$

用各部分合力表示为：

$$M_u=F_{tr1}d_{tr1}+F_{tr2}d_{tr2}+F_{tf}d_{tf}+F_{tw}d_{tw}+F_{cw}d_{cw}+F_{cc}d_{cc}+F_{cr}d_{cr}+F_{cd}d_{cd} \tag{7.40}$$

将式（7.31）～式（7.38）代入式（7.40）可得：

$$M_u=\mathrm{A}_{tr1}f_{yr}(H-d_n-a)+A_{tr2}f_{yr}(H-d_n-h_b+a)+2(H-h_b-d_n)t_w f_{ys}(H-d_n-h_b)+2d_n t_w f_{ys}(\frac{H-d_n-h_b}{2})+d_n bf_{c,k}\frac{d_n}{2}+A_{cr}f_{yr}\frac{d_n}{2}+F_{cr}(d_n-a)+A_{cd}f_{ys}d_n \tag{7.41}$$

表 7.7　负弯矩区抗弯承载力计算值与试验值对比

试件编号	板内纵筋		U 形钢		混凝土梁		梁底纵筋		抗弯承载力		
	M_{tr} (kN·m)	$M_{tr}/M_{u,cal}$	M_{su} (kN·m)	$M_{su}/M_{u,cal}$	M_{cc} (kN·m)	$M_{cc}/M_{u,cal}$	M_{cr} (kN·m)	$M_{cr}/M_{u,cal}$	$M_{u,ex}$ (kN·m)	$M_{u,cal}$ (kN·m)	$M_{u,cal}/M_{u,ex}$
NM1–T4–L10–10	181.7	0.54	95.9	0.29	38.7	0.12	18.5	0.06	345.0	334.8	0.970
NM2–T5–L10–10	181.0	0.50	123.9	0.34	39.3	0.11	18.6	0.05	363.8	362.9	0.998
NM3–T3–L10–10	182.5	0.58	73.3	0.23	38.1	0.12	18.3	0.06	327.0	312.1	0.954
NM4–T4–L12–10	219.7	0.55	97.1	0.24	60.7	0.15	23.3	0.06	398.3	400.7	1.006
NM5–T4–L8–10	134.6	0.50	98.5	0.36	23.7	0.09	14.2	0.05	300.8	271.1	0.901
NM7–T4–L10–10R0	181.7	0.54	95.9	0.29	38.7	0.12	18.5	0.06	347.3	334.8	0.964
NM8–T4–L10–10UH	181.7	0.54	95.9	0.29	38.7	0.12	18.5	0.06	324.0	334.8	1.033
NM9–T4–L10–10U0	181.7	0.54	95.9	0.29	38.7	0.12	18.5	0.06	207.0	334.8	1.617
NM10–T4–L10–10B	218.1	0.55	96.8	0.24	58.5	0.15	23.5	0.06	389.3	396.9	1.020
NM11–T4–L10–10N	129.5	0.49	98.8	0.37	23.0	0.09	13.4	0.05	280.5	264.7	0.944
平均值	—	0.53	—	0.29	—	0.12	—	0.06		—	0.977

注：平均值计算未考虑无插筋试件 NM9–T4–L10–10U0 的数据。

表 7.7 给出了负弯矩区抗弯承载力计算值 $M_{u,cal}$ 与试验值 $M_{u,ex}$ 的对比结果，除无插筋试件 NM9–T4–L10–10U0 外，其余试件的 $M_{u,cal}$ 与 $M_{u,ex}$ 吻合较好，$M_{u,cal}/M_{u,ex}$ 平均值为 0.977，标准差为 0.042。

无插筋试件由于在峰值荷载时发生翼 – 腹界面断裂破坏模式（图 4.7），失去组合作用，材料大部分仍处于弹性状态，与 4 个基本假定均不符，因此抗弯承载力计算值比试验值偏大 61.7%。

在开裂荷载 P_{cr} 后，受拉区主要由混凝土板纵筋承担拉力，因此板内纵筋对二次抗弯刚度与抗弯承载力的贡献比例均较高。如表 7.7 所示，板内纵筋提供的抗弯承载力 M_{tr} 占 53%（标准差 0.030）；其次为 U 形钢 M_{su}，贡献约 29%（标准差 0.053）；贡献最少的是混凝土梁（平均值 12%，标准差 0.021）与梁底纵筋（平均值 6%，标准差 0.006）。

图 7.15 给出了负弯矩区抗弯承载力理论计算值 $M_{u,cal}$ 与有限元计算值 $M_{u,FE}$ 的对比结果，大部分试件计算结果均较准确，$M_{u,cal}/M_{u,FE}$ 平均值为 0.951，标准差为 0.049。

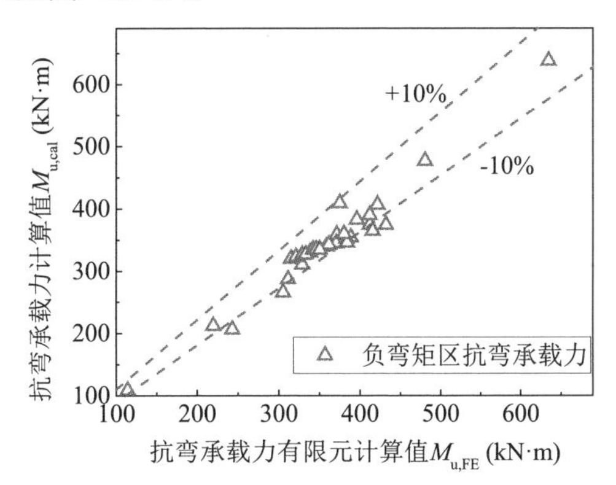

图 7.15　负弯矩区抗弯承载力计算值与有限元计算过的对比结果

7.4　抗剪设计方法

对部分受剪试件进行有限元模拟，着重考察剪跨比 λ 变化后的模拟吻合程度，得到的荷载 P– 挠度 δ 曲线如图 7.16 所示。总体来看，有限元模型的刚度略微偏大，P–δ 曲线的峰值荷载和延性与试验结果较为接近。

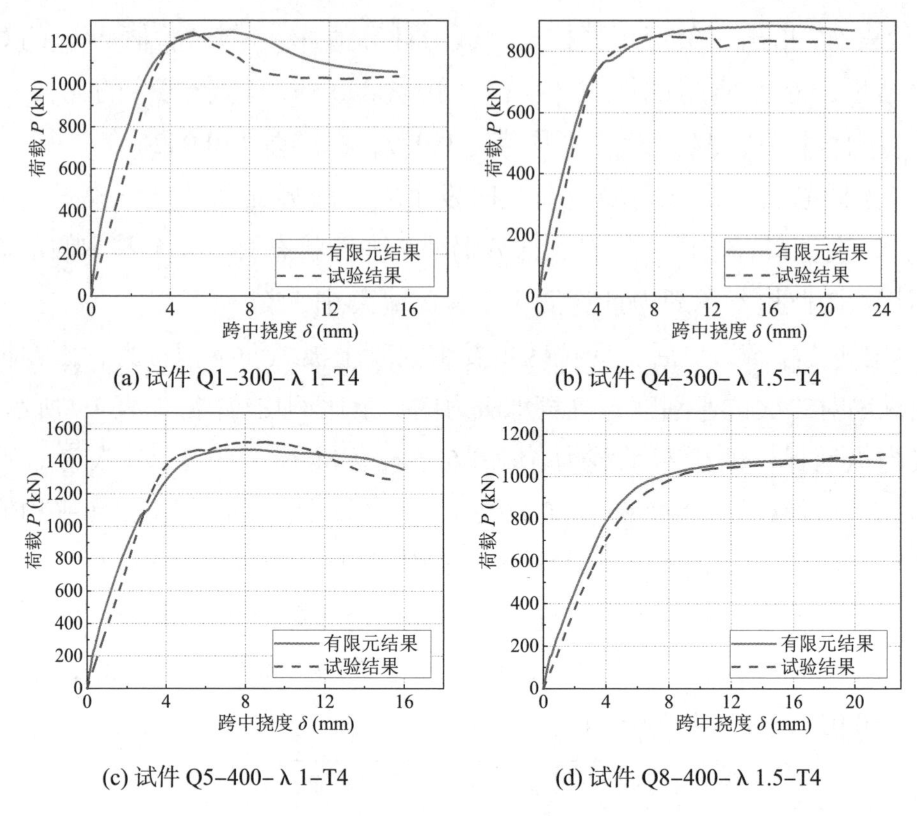

图 7.16　受剪试件有限元模型验证

加载至峰值荷载 P_u 时，有限元分析与试验破坏模式的对比如图 7.17 所示。混凝土板顶达到峰值压应力，出现压溃现象。混凝土腹板在斜截面上出现平行斜裂缝，在跨中区域存在受弯竖向裂缝。U 形钢大面积屈服，且出现鼓曲现象。

综上所述，按照上述方法建立的新型 U 形钢 – 混凝土组合梁受剪有限元模型在 P–δ 曲线与破坏模式上均与试验结果吻合良好，基于此模型进行的后续参数分析具有合理性。

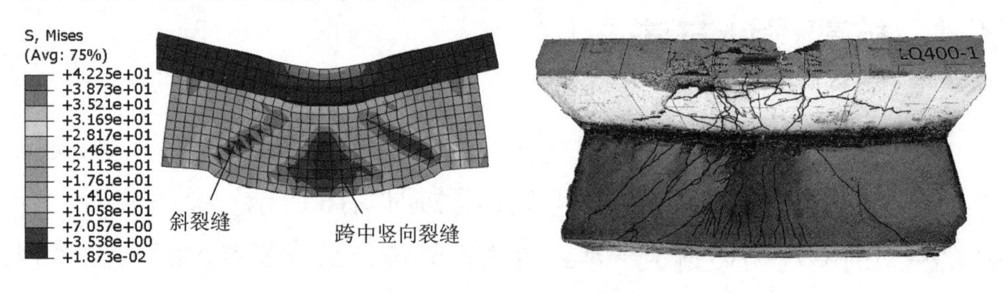

(a) 混凝土在 P_u 时开裂情况

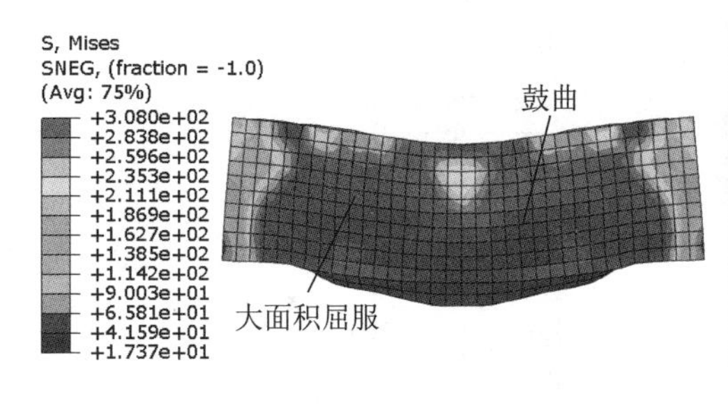

(b) U 形钢在 P_u 时鼓曲情况

图 7.17　受剪有限元分析与试验破坏模式比较

1. 峰值荷载 P_u 时试件各材料在斜截面上应力状态（图 7.18）

（1）斜截面上大部分混凝土均参与抗剪（图 7.18(a)），由于混凝土板外伸翼缘开裂部分已退出工作，因此只考虑一半面积参与抗剪。

（2）U 形钢腹板斜截面均已屈服（图 7.18(b)），应全部计入抗剪贡献。内翻上翼缘可偏安全地忽略其抗剪贡献，仅起到约束内部混凝土、增强梁腹板整体性的构造作用。

（3）混凝土板内纵筋与横筋应力水平均较低（图 7.18(c)），可忽略其抗剪贡献。倒 U 形插筋最大应力约为 $0.36f_{yr}$，因此同样可以按照构造设计。梁底纵筋在跨中截面应力水平较高，在正截面上直接承受正弯矩，且由于直径较大，也能够在斜截面上发挥“销栓作用”。

（4）钢筋桁架在焊脚位置存在应力集中（图 7.18(d)），但应力水平低于 $0.57f_{yr}$。即钢筋桁架并不直接承担荷载，而是起到维持 U 形钢稳定的构造作用，可直接按构造设计。

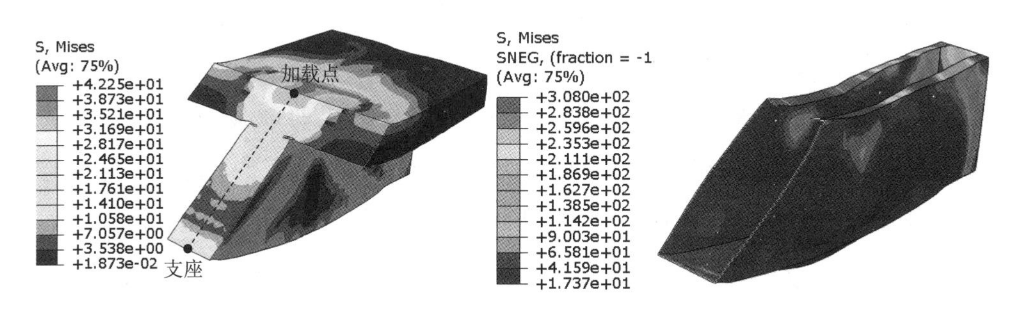

(a) 混凝土斜截面 Mises 应力云图　　(b)U 形钢斜截面 Mises 应力云图

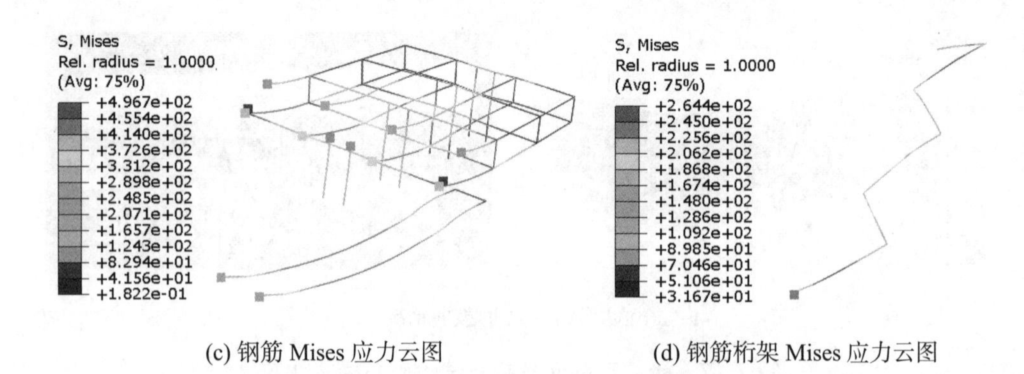

(c) 钢筋 Mises 应力云图　　(d) 钢筋桁架 Mises 应力云图

图 7.18　荷载达到 P_u 时斜截面上各材料应力状态

2. 抗剪承载力计算

在《钢结构设计标准》GB 50017—2017)[157] 和《组合结构设计规范》(JGJ 138—2016) [152] 里，计算 H 型钢 – 混凝土组合梁抗剪承载力时，仅考虑钢腹板的抗剪承载力,而忽略了混凝土板的抗剪承载力。实际上，在抗剪连接良好的钢 – 混凝土组合梁里，混凝土板能够贡献 20%~50% 的抗剪承载力 [1]。因此，在新型 U 形钢 – 混凝土组合梁里，混凝土板的贡献应予以考虑。

此外，U 形钢与钢筋桁架组成了一个封闭的箱形截面，可维持内包混凝土腹板在高应力状态下的完整性，因此混凝土腹板可与 U 形钢腹板共同抗剪，这一点与传统 H 型钢 – 混凝土组合梁有所不同。

基于以上两点差异，传统 H 型钢 – 混凝土组合梁的抗剪计算方法不能直接用于计算新型 U 形钢 – 混凝土组合梁。而最为类似的构造是型钢混凝土组合梁，一个是“U 形钢包混凝土”，另一个是“混凝土包型钢”，都需要考虑钢筋混凝土部分的抗剪承载力。

文献 [134] 中的外包 U 形钢 – 混凝土组合梁抗剪承载力即采用了基于型钢混凝土梁抗剪理论的简单叠加法，该方法仅考虑钢腹板抗剪与混凝土垂直肢抗剪，适用于整体性较差的试件，如初探性试验中的试件 (平均误差为 2%) [151]、文献 [134] 中的试件 (平均误差为 4%) 等。

经过钢筋加强系统改进后的新型 U 形钢 – 混凝土组合梁具有良好的整体性，混凝土板与梁腹板、外包 U 形钢与混凝土腹板之间均能共同工作。若完全按照型钢混凝土梁抗剪理论进行计算，忽略混凝土板翼缘的抗剪贡献、型钢翼缘对混凝土的约束作用，只考虑 U 形钢腹板抗剪贡献（V_{sw}）和混凝土垂直肢抗剪贡献（V_{cw}），所得的抗剪承载力计算值约为实际抗剪承载力的 69%，结果太过保守。

因此新型 U 形钢 – 混凝土组合梁斜截面抗剪承载力应包含以下 4 个部分：U 形钢腹板抗剪贡献 V_{sw}、混凝土垂直肢抗剪贡献 V_{cw}、混凝土板外伸翼缘抗剪贡献 V_{cf}[51] 和销栓作用 V_d[188]，如图 7.19(a) 所示。

V_{sw} 可继续按照《钢结构设计标准》（GB 50017—2017）[157] 进行计算：

$$V_{sw} = \frac{0.58}{\lambda} f_{ys} h_w (2t_w) \tag{7.42}$$

式中：λ—— 计算剪跨比，当 $\lambda < 1.0$ 时取 1.0，当 $\lambda > 2.5$ 时取 2.5。

根据《组合结构设计规范》（JGJ 138—2016）[152]，V_{cw} 与 V_{cf} 按照以下方法计算：

$$V_{cw} = \frac{1.75}{\lambda + 1} f_t b(H - t_w) \tag{7.43}$$

$$V_{cf} = \frac{1.75}{2(\lambda + 1)} f_t h_b (B - b) \tag{7.44}$$

式中：f_t—— 混凝土的抗拉强度，按照《混凝土结构设计规范》（GB 50010—2010）[155] 取 f_t 为 $0.395 f_{cu}^{0.55}$。

考虑到混凝土板外伸翼缘部分开裂退出工作，根据图 7.18 所示有限元模型截面应力状态，V_{cf} 近似取一半面积计算。

根据 Oehlers[2] 对压型钢板 – 混凝土组合梁的研究（图 1.4(b)），压型钢板的纵向凸肋在屈曲前能够发挥销栓作用，增强组合截面的抗剪承载力；根据 Taylor[187] 和 Panda[188] 对钢筋混凝土梁抗剪的研究，纵筋在有箍筋存在或混凝土完整性得以保持时，可通过销栓作用承担约 20% 的抗剪承载力。通过试验现象可知，整个梁腹板（包括 U 形钢、内包混凝土、梁底纵筋）滑移较小，可近似视为一个整体，共同承担剪切变形。由此可以做出基本假定：

（1）梁底纵筋与混凝土梁腹板锚固良好，接触面无滑移。

（2）U形钢与混凝土梁腹板完全贴合，无分离或滑移产生。

基于上述假定本章给出了如图7.19(b)所示的销栓作用计算模型，当关键斜裂缝形成时，U形钢可维持内部混凝土的完整性，减少剪切面的相互错动。而梁底纵筋与U形钢底板可视为穿过剪切面的两个销栓抵抗剪切面错动。

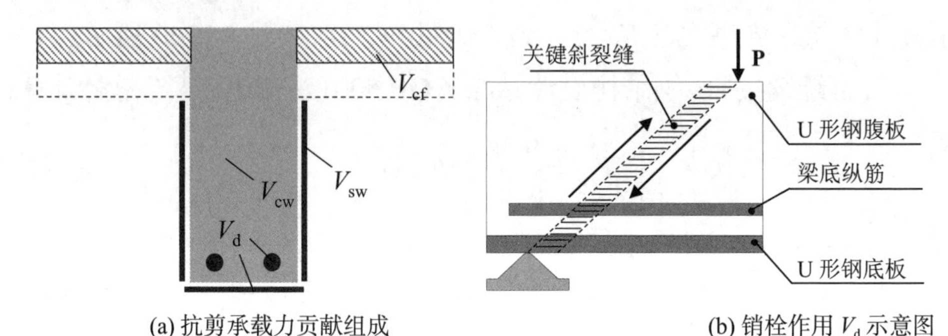

(a) 抗剪承载力贡献组成　　(b) 销栓作用 V_d 示意图

图7.19　抗剪承载力计算模型

销栓作用在本质上是梁底纵筋与U形钢底板的抗剪作用，因此可用式（7.45）表达：

$$V_{d}=\eta_{d}\frac{0.58}{\lambda}(f_{ys}t_{w}b+f_{yr}A_{rb}) \tag{7.45}$$

式中：λ——计算剪跨比，当 $\lambda<1.0$ 时取1.0，当 $\lambda>2.5$ 时取2.5；

η_d——考虑U形钢底板及梁底纵筋抗剪不利位置及界面接触非理想状态的销栓作用折减系数，建议取0.6；在试件整体性较差的情况下（如初探性试件[151]和文献[134]中的试件），如钢－混凝土界面发生滑移或分离等，该系数应根据实际情况取值，最小可取0。

通过式（7.42）~式（7.45）可计算得到试件的斜截面抗剪承载力 V_u：

$$V_{u}=V_{sw}+V_{cw}+V_{cf}+V_{d} \tag{7.46}$$

表 7.8　抗剪承载力计算值与试验值对比

试件编号	V_{sw} (kN)	钢腹板		混凝土垂直肢		混凝土板翼缘		销栓作用		抗剪承载力	
		$P_{u,ex}$ (kN)	$V_{sw}/V_{u,cal}$	V_{cw} (kN)	$V_{cw}/V_{u,cal}$	V_{cf} (kN)	$V_{cf}/V_{u,cal}$	V_d (kN)	$V_d/V_{u,cal}$	$V_{u,cal}$ (kN)	$2V_{u,cal}/P_{u,ex}$
Q11–300– λ 1–T4	1241	275	0.46	116	0.20	63	0.11	138	0.23	592	0.954
Q12–300– λ 1–T3	1114	216	0.41	116	0.22	63	0.12	128	0.24	523	0.939
Q13–300– λ 1D–T4	1246	275	0.46	116	0.20	63	0.11	138	0.23	592	0.950
Q14–300– λ 1.5–T4	850	184	0.44	93	0.22	50	0.12	95	0.23	422	0.993
Q15–400– λ 1–T4	1519	419	0.54	158	0.20	63	0.08	138	0.18	778	1.024
Q16–400– λ 1–T3	1276	327	0.49	158	0.23	63	0.09	124	0.18	672	1.053
Q17–400– λ 1D–T4	1512	419	0.54	158	0.20	63	0.08	143	0.18	783	1.034
Q18–400– λ 1.5–T4	1106	279	0.51	126	0.23	50	0.09	92	0.17	547	0.989
平均值			0.48		0.21		0.10		0.21		0.992

表 7.8 中给出了抗剪承载力计算值 $V_{u,cal}$ 与实际抗剪承载力 $P_{u,ex}$ 的对比结果，二者吻合良好，$V_{u,cal}/P_{u,ex}$ 的平均值为 0.983，标准差为 0.042。图 7.20 中给出了抗剪承载力计算值 $V_{u,cal}$ 与有限元计算值 $P_{u,FE}$ 的对比结果，$V_{u,cal}/P_{u,FE}$ 的平均值为 1.029，标准差为 0.053。综合来看，这种新的抗剪承载力计算方法精度较高，考虑的影响因素较为全面，能够准确评价新型 U 形钢 – 混凝土组合梁的斜截面抗剪性能。进一步，若其余类似的 U 形钢 – 混凝土组合梁整体性能够得到保证，满足两个基本假定，则同样可以采用这种方法进行计算。在 4 个抗剪组成部分中，钢腹板抗剪贡献最高，约为 48%；而混凝土垂直肢、混凝土板翼缘、销栓作用三者贡献较为接近，分别为 21%、10%、21%，与主要考虑钢腹板抗剪的传统 H 型钢 – 混凝土组合梁有显著不同，较初探性试验 [151] 中无倒 U 形插筋的试件抗剪承载力提高约 31%。

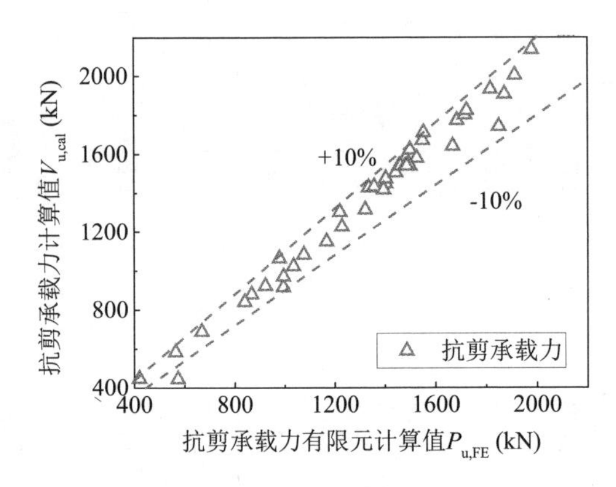

图 7.20　抗剪承载力计算值与有限元计算组的对比结果

7.5　抗扭设计方法

7.5.1　初始抗扭刚度计算

新型 U 形钢 – 混凝土组合梁初始抗扭刚度计算基于以下基本假定：

（1）混凝土板与梁腹板扭率一致。

（2）在开裂前材料为均质弹性材料。

（3）扭转过程中截面无变形。

（4）忽略混凝土板内钢筋贡献。

（5）钢筋桁架焊脚强度足够，能与 U 形钢组成闭口截面。

在混凝土板开裂前，试件的抗扭刚度主要由以下 3 部分提供：混凝土板（$K_{1,b}$）、混凝土梁腹板（$K_{1,cw}$）和 U 形钢（$K_{1,U}$）。因此，新型 U 形钢－混凝土组合梁初始抗扭刚度可按照式（7.47）进行计算：

$$K_1=K_{1,b}+K_{1,cw}+K_{1,U} \tag{7.47}$$

根据第 6.3.4 小节中的应变分析，可以采用圣维南扭转公式 [189] 来计算混凝土板的抗扭刚度（$K_{1,b}$）与混凝土腹板的抗扭刚度（$K_{1,cw}$）：

$$K_{1,b}=G_c J_b=G_c \frac{Bh_b^3}{3} \tag{7.48}$$

$$K_{1,cw}=G_c J_{cw}=G_c \frac{h_w b^3}{3} \tag{7.49}$$

式中：G_c —— 混凝土剪切模量，且有 $G_c=E_c/[2(1+v_c)]$，其中 v_c 为混凝土泊松比，可取 0.2；

J_b、J_{cw} —— 混凝土板与混凝土腹板的扭转惯性矩。

根据 Bredt 的薄壁管理论 [190]，U 形钢－钢筋桁架闭口箱形截面抗扭刚度为：

$$K_{1,U}=\lambda_r G_s J_U \tag{7.50}$$

$$J_U=\frac{4A_u^2 t_w}{u_u} \tag{7.51}$$

式中：λ_r —— 考虑钢筋桁架作用的抗扭刚度折减系数，钢筋桁架不存在时，无法形成 U 形钢－钢筋桁架闭口箱形截面，取 0.7；钢筋桁架存在时，可形成 U 形钢－钢筋桁架闭口箱形截面，取 1.0，即不折减；

G_s —— 钢板剪切模量，$G_s=E_s/[2(1+v_s)]$，其中 v_s 为钢板泊松比，取值 0.3；

表 7.9　初始抗扭刚度计算结果

试件编号	混凝土板		混凝土梁腹板		U 形钢				
	$K_{1,b}$ $(10^{11}N \cdot mm^2)$	$K_{1,b}/K_1$	$K_{1,cw}$ $(10^{11}N \cdot mm^2)$	$K_{1,cw}/K_1$	$K_{1,U}$ $(10^{11}N \cdot mm^2)$	$K_{1,U}/K_1$	K_1 $(10^{11}N \cdot mm^2)$	$K_1/K_{1,ex}$ $(10^{11}N \cdot mm^2)$	$K_1/K_{1,ex}$
T1–400–STA	25.00	0.27	42.19	0.45	26.86	0.29	94.05	90.41	1.040
T2–400–Γ	16.67	0.19	42.19	0.49	26.86	0.31	85.72	83.93	1.021
T3–400–I	8.33	0.11	42.19	0.55	26.86	0.35	77.38	77.73	0.995
T4–450–B150	84.38	0.55	42.19	0.27	26.86	0.18	153.43	157.27	0.976
T5–300–S200	25.00	0.37	28.13	0.41	15.35	0.22	68.48	70.02	0.978
T6–400–T–TR0	25.00	0.29	42.19	0.49	18.80	0.22	85.99	86.95	0.989
T7–400–T–U0	25.00	0.27	42.19	0.45	26.86	0.29	94.05	89.69	1.049
平均值		0.29		0.44		0.27			1.007

J_{U}——U 形钢－钢筋桁架闭口箱形截面的扭转惯性矩；

A_{u}——U 形钢－钢筋桁架闭口箱形截面围合面积；

u_{u}——U 形钢－钢筋桁架闭口箱形截面围合周长。

由式（7.47）~ 式（7.51）可计算得到新型 U 形钢－混凝土组合梁的初始抗扭刚度 K_1，表 7.9 中给出了 K_1 的计算结果及各组成部分（$K_{1,\mathrm{b}}$、$K_{1,\mathrm{cw}}$ 和 $K_{1,\mathrm{U}}$）的抗扭刚度贡献。抗扭刚度计算值 K_1 与实测值 $K_{1,\mathrm{ex}}$ 比值 $K_1/K_{1,\mathrm{ex}}$ 的平均值为 1.007，标准差为 0.030，即提出的计算方法较为准确，能够有效评价试件的初始抗扭刚度。其中，混凝土部分（包括混凝土板与混凝土梁腹板）抗扭贡献较大，约占总刚度的 73%，而 U 形钢－钢筋桁架箱形截面的抗扭贡献约占 27%。在传统 H 型钢－混凝土组合梁中，混凝土板抗扭贡献超过 90%，而在新型 U 形钢－混凝土组合梁中，混凝土板抗扭贡献仅占 29%，梁腹板（包括混凝土腹板和 U 形钢－钢筋桁架等效闭口箱形截面）贡献了 71% 的抗扭刚度。

7.5.2　开裂扭矩计算

根据第 7.5.1 小节分析，在试件开裂前，抗扭承载力主要由 T 形混凝土梁截面与 U 形钢－钢筋桁架等效闭口箱形截面贡献。因此，开裂扭矩 $T_{\mathrm{cr,cal}}$ 可表示为混凝土部分抗扭承载力（$T_{\mathrm{cr,c}}$）与 U 形钢部分抗扭承载力（$T_{\mathrm{cr,U}}$）之和：

$$T_{\mathrm{cr,cal}}=T_{\mathrm{cr,c}}+T_{\mathrm{cr,U}} \tag{7.52}$$

T 形混凝土梁截面的塑性扭转截面模量 W_{tp} 为：

$$W_{\mathrm{tp}}=\frac{h_{\mathrm{b}}^2(3B-h_{\mathrm{b}})+b^2(3h_{\mathrm{w}}-b)}{6} \tag{7.53}$$

根据《混凝土结构设计规范》（GB 50010—2010）[155]，混凝土在受扭开裂时，既非完全弹性状态又非完全塑性状态，因此采用折减系数 $\lambda_{\mathrm{p}}=0.87\sim0.97$，对混凝土塑性扭转截面模量进行折减。通常为了偏安全设计，《混凝土结构设计规范》（GB 50010—2010）[155] 建议折减系数 $\lambda_{\mathrm{p}}=0.70$。在新型 U 形钢－混凝土组合梁中，由于混凝土板受到

表 7.10 开裂扭矩计算结果

试件	混凝土						U 形钢		开裂扭矩		
	$T_{cr,c}$ (kN · m)	$T_{cr,c}/T_{cr,cal}$	W_{tp} (10^6mm^3)	ψ_{cr} (10^{-3}rad/m)	$\psi_{cr,b}$ (10^{-3}rad/m)	$\psi_{cr}/\psi_{cr,b}$	$T_{cr,U}$ (kN · m)	$T_{cr,U}/T_{cr,cal}$	$T_{cr,cal}$ (kN · m)	$T_{cr,ex}$ (kN · m)	$T_{cr,cal}/T_{cr,ex}$
T1	17.6	0.72	5.65	2.62	2.64	0.99	7.0	0.28	24.6	23.9	1.029
T2	14.5	0.69	4.65	2.46	2.38	1.03	6.6	0.31	21.1	20.0	1.055
T3	11.4	0.66	3.65	2.25	2.74	0.82	6.0	0.34	17.4	21.3	0.817
T4	28.0	0.82	9.00	2.21	2.06	1.07	5.9	0.17	34.0	32.4	1.049
T5	14.1	0.78	4.52	2.65	2.89	0.92	4.1	0.23	18.1	20.3	0.892
T6	17.6	0.78	5.65	2.62	2.71	0.97	4.9	0.22	22.5	23.5	0.957
T7	17.6	0.72	5.65	2.62	2.70	0.97	7.0	0.28	24.6	26.0	0.946
平均值		0.74				0.97		0.26			0.964

了梁腹板约束，U 形钢也能给内包混凝土以约束，因此折减系数可比规范建议值偏大，可取上限 $\lambda_p = 0.97$，以充分考虑新型 U 形钢 – 混凝土组合梁优良的整体工作性能。故混凝土部分的抗扭承载力为：

$$T_{cr,c} = \lambda_p f_t W_{tp} = \lambda_p f_t \frac{h_b^2(3B - h_b) + b^2(3h_w - b)}{6} \tag{7.54}$$

由于在开裂前，梁腹板的扭率与混凝土板基本一致，则试件整个截面扭率计算值 ψ 为：

$$\psi = \frac{T_{cr,c}}{K_{1,b} + K_{1,cw}} \tag{7.55}$$

通过式（7.55）计算得到的开裂时截面扭率计算值 ψ_{cr} 与试验实测的扭率值 $\psi_{cr,b}$ 较为接近，见表 7.10，比值 $\psi_{cr}/\psi_{cr,b}$ 的平均值为 0.97。

基于上式得到的截面扭率，可计算得到开裂时 U 形钢 – 钢筋桁架等效闭口箱形截面的抗扭承载力：

$$T_{cr,U} = K_{1,U}\psi \tag{7.56}$$

根据式（7.52）~ 式（7.56）可以得到试件的开裂扭矩计算值 $T_{cr,cal}$，并与开裂扭矩实测值 $T_{cr,ex}$ 进行比较，见表 7.10。大部分试件的 $T_{cr,cal}$ 与 $T_{cr,ex}$ 吻合较好，比值 $T_{cr,cal}/T_{cr,ex}$ 的平均值为 0.964，标准差为 0.088。试件 T3 误差较大，显然试件 T3（楼板宽度 B = 200 mm）的开裂扭矩应小于试件 T2（楼板宽度 B = 400 mm），推测为混凝土开裂的随机性导致。因此，所提出的计算方法能够准确估计试件的开裂扭矩，且计算较为简单，适合工程设计。

7.5.3　传统抗扭承载力计算方法

传统钢筋混凝土梁的抗扭研究起源于 1929 年，由 Rausch[191] 首次提出空间桁架模型。空间桁架模型是钢筋混凝土抗扭理论中使用范围最广、认可度最高的模型。首先基于平面桁架理论，将纵筋作为受拉弦杆、箍筋作为竖向腹杆、混凝土斜压条带作为 45° 受压斜腹杆，由此得到等效的平面桁架；再基于 Bredt 薄管理论[190]，将钢筋混凝土受扭构件比拟为受扭空心管，利用外层混凝土的环形剪力流抵抗扭矩。1968 年，Lampert[192] 基于 Rausch 空间桁架理论提出变角空间桁架模型，认为混凝土斜压杆的角度是变化的，以解释纵筋和箍筋屈服顺序不同的现象。1974 年，Collins[193] 提出斜压场理论，认为混凝土斜压杆角度和主压应力角度一致，因此可以通过变形协调方程来计算混凝土斜压杆的角度。1984 年，Hsu[189] 考虑了混凝土软化效应，提出软化变角空间桁架模型。

我国《混凝土结构设计规范》(GB 50010—2010)[155] 给出了矩形截面钢筋混凝土梁考虑混凝土和箍筋抗扭贡献的抗扭承载力计算方法：

$$T \leqslant 0.35 f_t W_t + 1.2\sqrt{\varsigma} f_{yv} \frac{A_{st1} A_{cor}}{s} \tag{7.57}$$

式中：W_t —— 截面受扭塑性抵抗矩；

ζ —— 纵向钢筋与箍筋的配筋强度比；

f_{yv} —— 箍筋的抗拉强度设计值；

A_{st1} —— 箍筋的单肢截面面积；

A_{cor} —— 箍筋围合面积；

s —— 箍筋间距。

对于传统 H 型钢 – 混凝土组合梁，Mallick 等[194] 在 1977 年通过 8 根梁的受扭试验，发现开口截面的 H 型钢抗扭贡献较小，可以忽略，并提出了仅考虑混凝土和箍筋抗扭贡献的抗扭承载力的计算公式：

$$T = T_c + T_s \tag{7.58}$$

$$T_c = \sqrt[3]{14.3 x^5 y f_{cy}} \tag{7.59}$$

$$T_s = 1.2 x_1 y_1 \frac{A_s f_{sy}}{s} \tag{7.60}$$

式中：T_c —— 混凝土抗扭承载力；

T_s —— 箍筋抗扭承载力；

x、y —— 混凝土板的厚度和宽度；

x_1、y_1 —— 箍筋短肢和长肢的轴线长度；

A_s、f_{sy}、s —— 箍筋的单肢截面面积、屈服强度设计值、间距。

7.5.4　新型 U 形钢 – 混凝土组合梁抗扭承载力计算

对部分受扭试件进行有限元模拟，着重观察楼板宽度 B、混凝土板厚度 h_b、腹板高度 h_w 变化后的模拟吻合程度。模拟结果如图 7.21 所示，由于塑性损伤本构不允许单元发生应力突变，且单元内部或单元之间不允许断裂与滑移，仅允许单元的连续变形。因此无法模拟混凝土开裂时的应力释放，导致模拟出的扭矩 T– 扭率 ψ 曲线缺少开裂时的水平段。总体来看，受扭有限元模型能模拟出试件扭矩 T– 扭率 ψ 曲线的大致趋势。

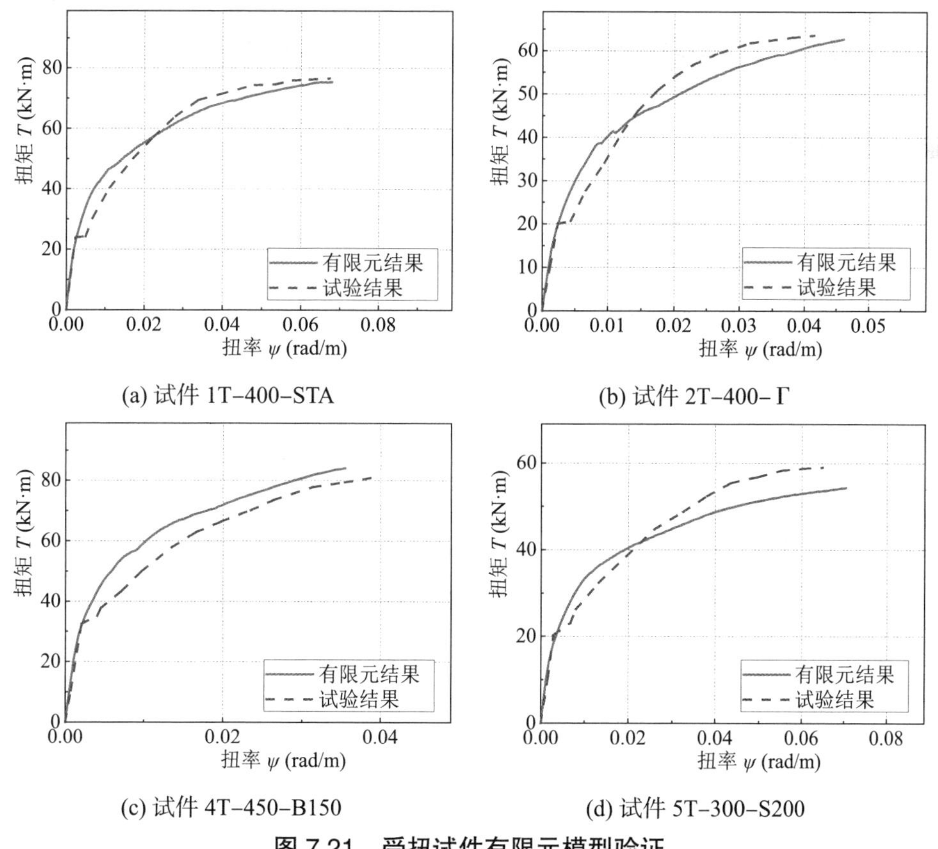

图 7.21　受扭试件有限元模型验证

加载至峰值扭矩 T_u 时，有限元模型的破坏模式如图 7.22 所示。混凝土板顶与板侧均可观测到明显的螺旋斜裂缝，且裂缝角度约为 45°；U 形钢上翼缘在钢筋桁架焊脚处出现应力集中，其余部位应力水平较低，尚处于弹性状态。

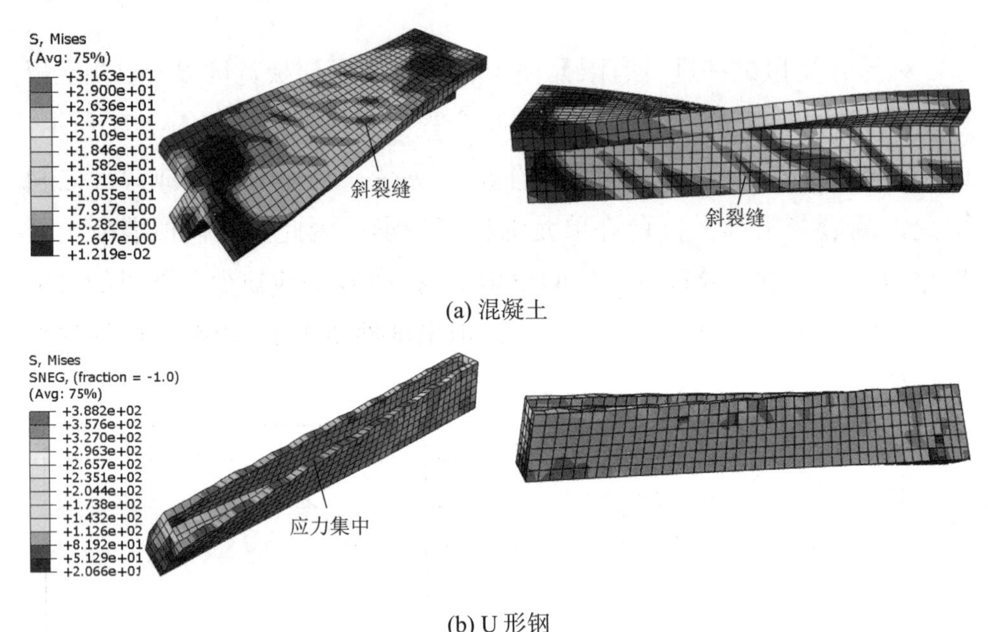

(a) 混凝土

(b) U 形钢

图 7.22　在峰值扭矩 T_u 时有限元模型的破坏模式

综上所述，有限元模型与试验 T–ψ 曲线接近，破坏模式与实际受扭试件基本一致。因此，基于上述模型进行的参数分析具有合理性。

1. 峰值扭矩 T_u 时试件各材料在斜截面上应力状态（图 7.23）

（1）混凝土在斜截面上应力水平较低（图 7.23(a)），因此在极限状态设计时，可忽略梁腹板混凝土与混凝土板内核心混凝土的抗扭贡献。

（2）U 形钢腹板与底板均处于弹性范围，上翼缘在钢筋桁架焊脚处应力较大（图 7.23(b)），应考虑整个 U 形钢的抗扭贡献。

（3）混凝土板内纵筋与横筋整体应力水平较高（图 7.23(c)），可与混凝土共同抗扭。钢筋桁架与倒 U 形插筋应力水平较高，大部分均已屈服（图 7.23(d)）。倒 U 形插筋在试件抗扭过程中主要抵抗混凝土板掀起，维持梁板扭转变形协调，保证梁板扭率一致。钢筋桁架焊接于

U 形钢内翻上翼缘后，形成 U 形钢 – 钢筋桁架等效闭口箱形截面，能够有效抵抗扭矩。

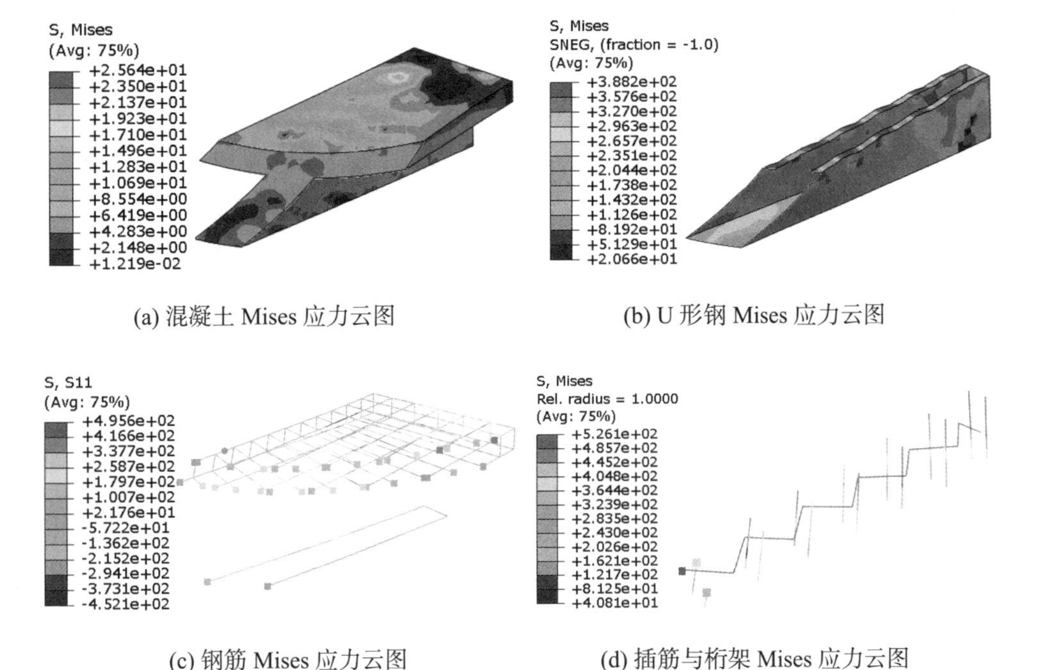

(a) 混凝土 Mises 应力云图　　(b) U 形钢 Mises 应力云图

(c) 钢筋 Mises 应力云图　　(d) 插筋与桁架 Mises 应力云图

图 7.23　受扭 T_u 时试件截面应力状态

2. 抗扭承载力计算

接下来将基于传统空间桁架模型理论，提出简单且适合工程设计的新型 U 形钢 – 混凝土组合梁抗扭承载力计算方法，其基本假定如下：

（1）抗扭承载力仅由混凝土板内空间桁架、U 形钢 – 钢筋桁架等效闭口箱形截面提供，忽略其他组成部分的贡献。

（2）混凝土板空间桁架由弦杆（纵筋）、腹杆（横筋）及斜腹杆（混凝土受压条带）三部分组成，三者之间铰接。

（3）忽略空间桁架内部核心混凝土及混凝土腹板的抗扭贡献。

（4）将板内横向钢筋视为闭合箍筋，以考虑钢筋的销栓作用、混凝土骨料的咬合作用[177]。

（5）翼 – 腹界面处无滑移和掀起，混凝土板与梁腹板扭率一致。

（6）钢筋桁架 –U 形钢等效闭口箱形截面在扭转过程中不变形。

抗扭承载力计算模型如图 7.24 所示，根据试验结果，混凝土斜压条带角度统一取 45°，混凝土板内空间桁架抗扭承载力为 $T_{u,b}$，钢筋桁架 –U 形钢等效闭口箱形截面抗扭承载力为 $T_{u,U}$。

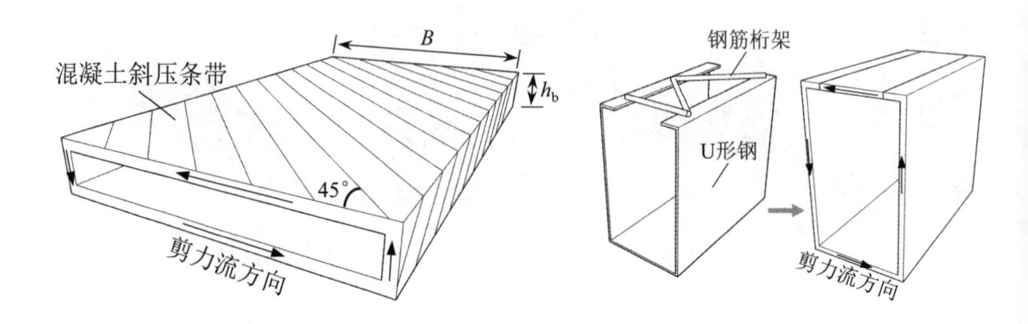

(a) 混凝土板内空间桁架　　(b) 钢筋桁架 –U 形钢等效闭口箱形截面

图 7.24　抗扭承载力计算模型

新型 U 形钢 – 混凝土组合梁的抗扭承载力 $T_{u,cal}$ 可按照式(7.61)计算：

$$T_{u,cal}=T_{u,b}+T_{u,U} \tag{7.61}$$

试件在峰值扭矩时的割线刚度 $T_u/\psi_{u,b}$（或 $T_u/\psi_{u,w}$）约为初始抗扭刚度的 15% ~ 25%，其中混凝土板斜裂缝已接近贯通，靠空间桁架继续承担扭矩，而 U 形钢 – 钢筋桁架等效闭口箱形截面大部分依然处于弹性状态。为计算简便，当含钢率 ρ_s = 2.70% ~ 8.10%、混凝土板纵向配筋率 ρ_{rh} = 0.62% ~ 2.49% 且横向配筋率 ρ_{rt} = 0.57% ~ 2.26% 时，根据混凝土板与 U 形钢破坏状态，割线刚度可分别取为下限值与上限值，即混凝土板割线刚度 $K_{s,b}$ 统一取 $0.15K_{1,b}$，U 形钢 – 钢筋桁架等效闭口箱形截面割线刚度 $K_{s,U}$ 统一取 $0.25K_{1,U}$。

因此混凝土板中空间桁架的抗扭承载力 $T_{u,b}$ 可根据较为成熟的 Bredt 薄壁管理论进行计算：

$$T_{u,b}=\frac{2A_{rt}A_{cor}f_{yr}}{s_{rt}} \tag{7.62}$$

式中：A_{rt} —— 横向钢筋截面面积；

A_{cor} —— 横向钢筋围合面积；

s_{rt} —— 横向钢筋间距。

由于混凝土板与梁腹板扭率相同，则根据混凝土板抗扭承载力及其割线刚度可得到共同扭率 ψ：

$$\psi = \frac{T_{u,b}}{0.15K_{1,b}} \times \frac{h_b}{100} \tag{7.63}$$

式中：$h_b/100$ —— 根据有限元结果提出的板厚调整系数，考虑板厚变化对割线刚度取值带来的影响。

因此 U 形钢 – 钢筋桁架等效闭口箱形截面的抗扭承载力 $T_{u,U}$ 为：

$$T_{u,U}=0.25K_{1,U}\psi \tag{7.64}$$

根据式（7.61）~ 式（7.64）可计算得到新型 U 形钢 – 混凝土组合梁抗扭承载力的理论值 $T_{u,cal}$，并将其与试验值 $T_{u,ex}$（表 7.11）对比。由于试件 T6 缺少钢筋桁架，无法形成 U 形钢 – 钢筋桁架等效闭口箱形截面，试件 T7 缺少插筋，梁板无法共同抗扭，因此 $T_{u,cal}$ 比 $T_{u,ex}$ 高 13.5% ~ 33.7%。但对于配置了倒 U 形插筋及钢筋桁架的试件 T1 ~ T5，$T_{u,cal}/T_{u,ex}$ 比值的平均值为 1.008，标准差为 0.058。即虽然试件 T1 ~ T5 具有不同截面形状（T 形、Γ 形和 I 形）、不同楼板宽度（600 mm、400 mm 和 200 mm）、不同板厚（100 mm 和 150 mm）、不同腹板高度（200 m 和 300 mm），但所提出的抗扭承载力计算方法均适用。此外，从表 7.11 中可以看出，在承载力极限状态下，U 形钢 – 钢筋桁架等效闭口箱形截面对试件抗扭贡献较大，根据混凝土板宽度与厚度不同，所占比例为 35% ~ 84%（平均值 61%），而混凝土板仅占 16% ~ 65%（平均值 39%），与传统 H 型钢 – 混凝土组合梁中混凝土板抗扭贡献超过 90% 的情况明显不同。

从有限元参数拓展分析结果（图 7.25）来看，$T_{u,cal}/T_{u,FE}$ 比值的平均值为 1.046，标准差为 0.055，吻合程度同样较高。这种计算方法的计算过程简单，结果准确度高，适合工程设计。

表 7.11　抗扭承载力计算值与试验值对比

试件编号	混凝土板		U 形钢 – 钢筋桁架等效闭口箱形截面		抗扭承载力		
	$T_{u,b}$ (kN · m)	$T_{u,b}/T_{u,cal}$	$T_{u,U}$ (kN · m)	$T_{u,U}/T_{u,cal}$	$T_{u,cal}$ (kN · m)	$T_{u,ex}$ (kN · m)	$T_{u,cal}/T_{u,ex}$
T1–400–STA	28.6	0.36	51.2	0.64	79.9	76.6	1.043
T2–400–Γ	18.6	0.27	49.9	0.73	68.5	63.6	1.077
T3–400–I	8.5	0.16	45.9	0.84	54.4	53.7	1.013
T4–450–B150	49.1	0.65	26.0	0.35	75.1	81.1	0.926
T5–300–S200	28.6	0.49	29.3	0.51	57.9	59.1	0.980
T6–400–T–TR0	28.6	0.44	35.9	0.56	64.5	56.8	1.136
T7–400–T–U0	28.6	0.36	51.2	0.64	79.9	59.7	1.338
平均值		0.39		0.61			1.073

注：$T_{u,cal}/T_{u,FE}$ 比值的平均值只计算 T1~T5 的数据

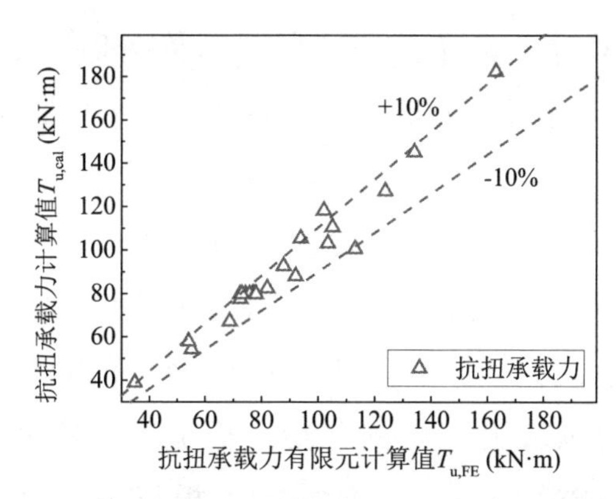

图 7.25　抗扭承载力计算值与有限元计算值的对比结果

7.6　构造措施

前文所述的新型 U 形钢 – 混凝土组合梁构造是在试验研究背景下设计而成的，设计出发点是保证主要受力单元传力路径明确，避免无关参数影响。而单根构件在结构体系中实际受力情况较为复杂，应在保证试件能够实现设计受力状态且满足简化后的计算基本假定前提下，

根据具体情况对构造进行相应调整，简化设计或施工难度。本节根据试验和有限元分析结果，将新型 U 形钢 – 混凝土组合梁的构造措施进行如下总结。

7.6.1　截面尺寸设计

新型 U 形钢 – 混凝土组合梁在初步设计时，需要粗估截面尺寸。根据正常使用极限状态下的挠度限值，传统 H 型钢 – 混凝土组合简支梁的跨高比最大可以做到 16 ~ 21[1]。对于一根跨度为 6.0 m 的新型 U 形钢 – 混凝土组合梁，上方墙体假设为常用的 3m 高双面抹灰二四墙，按照荷载短期效应组合算得线荷载约为 18 kN/m，根据第 7.2.1 小节提出的初始刚度计算方法，可计算得到不同跨高比下的跨中挠度，如图 7.26 所示。

图 7.26(a) 中的 3 条曲线分别对应 U 形钢厚度 t_w 为 3 mm、4 mm、7 mm 时的情况，图 7.26(b) 中的 3 条曲线分别对应梁底纵筋直径为 12 mm、16 mm、20 mm 时的情况。以正常使用极限状态挠度限值 $L_0/250$[152] 为标准，当 U 形钢厚度在 3 ~ 7 mm、梁底纵筋直径在 12 ~ 20 mm 时，简支新型 U 形钢 – 混凝土组合梁的跨高比可以达到 21 ~ 25，较传统 H 型钢 – 混凝土组合梁提高约 20%。

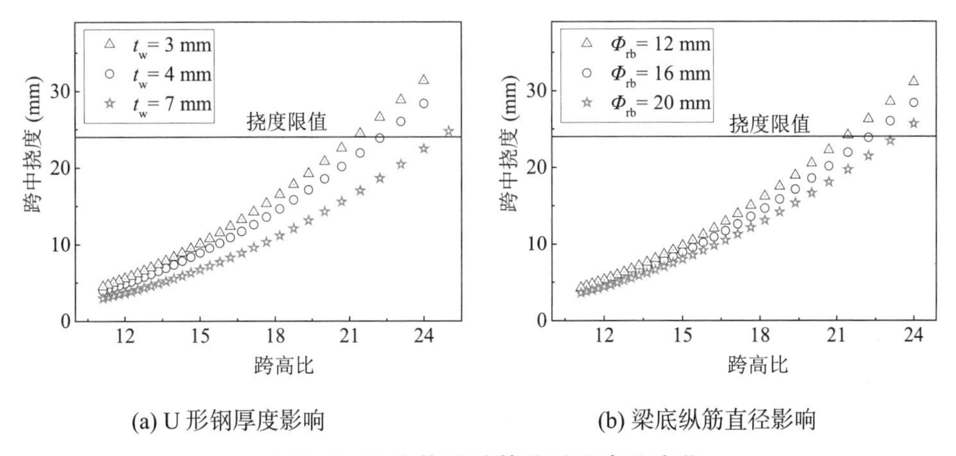

(a) U 形钢厚度影响　　(b) 梁底纵筋直径影响

图 7.26　跨中挠度计算值随跨高比变化

新型 U 形钢－混凝土组合梁截面形式通常为“T 形截面”（中梁）或“倒 L 形截面”（边梁）。混凝土板厚可取截面高度的 1/3，有效板宽可偏安全地参照《组合结构设计规程》（JGJ 138—2016）[152] 对传统 H 型钢－混凝土组合梁的要求。

为了防止 U 形钢内翻翼缘对翼－腹界面混凝土的过度削弱，建议内翻翼缘宽度 b_f 不应大于 $b/5$；同时为了保证翼缘冷弯及钢筋桁架焊接的施工便利性、内翻翼缘对内部混凝土的约束性，不应小于 max{15 mm, $b/7.5$}。

为了充分利用钢材的抗拉性能，防止 U 形钢上翼缘屈曲，设计中和轴位置不宜低于翼－腹界面，建议中和轴设计在混凝土板内，因此最大含钢率受到中和轴位置的控制，需要满足以下条件：

$$f_{c,k}Bh_b \geqslant f_{yr}A_{rb} + f_{ys}(2t_w h_w + t_w b + 2t_w b_f) \tag{7.65}$$

此时最大钢板厚度取：

$$t_{w,max} = \frac{f_{c,k}Bh_b - f_{yr}A_{rb}}{2f_{ys}h_w + b + 2b_f} \tag{7.66}$$

以常规截面尺寸的基准试件为例，钢板厚度最大值 $t_{w,max}$ = 10.5 mm，对应的含钢率为 14%。钢板厚度 t_w 应在满足刚度与承载力要求的基础上尽量小，以充分发挥钢材塑性变形性能，故含钢率上限取 14% 较为宽松。最小含钢率应综合考虑施工阶段与正常使用阶段 U 形钢腹板稳定性。在施工阶段，腹板高厚比 h_w/t_w 应满足《钢结构设计标准》（GB 50017—2017）的局部稳定要求，否则应在腹板侧面增加横向支撑；在正常使用阶段，由于受到内部混凝土腹板的横向支撑，U 形钢腹板的高厚比 h_w/t_w 限值可适当提高，但根据试验结果应超过 133，对应的最小含钢率可取 4.0%。

梁底纵筋配筋率的最大值同样受到中和轴位置的限制，从式（7.65）中可以得到梁底纵筋面积的最大值：

$$A_{rb,max} = \frac{f_{c,k}Bh_b - f_{ys}(2t_w h_w + t_w b + 2t_w b_f)}{f_{yr}} \tag{7.67}$$

以正弯矩区基准试件为例，得到梁底纵筋面积的最大值 $A_{rb,max}$ = 4113 mm^2，对应的 ρ_{rb} 为 7.22%，该上限较为宽松。梁底纵筋配筋率的最小值建议取钢筋混凝土梁受弯构件的最小配筋率 $\rho_{rb,min} = \max\{0.2\%, 45f_t/f_{yr}\}$[157]，当 U 形钢在火灾中失效后，起到延缓破坏的作用。

为保证负弯矩区内钢板稳定性和构件延性，还需要对综合力比 R 进行限制。因此梁底纵筋直径与 U 形钢厚度在选取时应满足 $0.2 \leq R \leq 0.4$ 的要求。

7.6.2　钢筋加强系统设计

1. 薄弱面的改进方式

针对 U 形钢 – 混凝土组合梁的两个薄弱面（钢 – 混界面和翼 – 腹界面），本书提出了钢筋加强系统的改进方式，即配置梁底纵筋、钢筋桁架和倒 U 形插筋。

（1）钢 – 混界面。在混凝土硬化后，钢与混凝土之间存在微弱的化学粘结作，强度约为 0.5 MPa[21]。化学粘结失效后，钢 – 混界面会产生滑移与分离。经试验证明，通长的梁底纵筋可有效控制正弯矩区内包混凝土的纵向变形，改善开裂状态，进而减少钢 – 混界面滑移最高可达 93%。此外，在 U 形钢内翻翼缘上点焊钢筋桁架后，可有效增强 U 形钢腹板整体稳定性，防止发生 U 形钢向外张开的破坏模式，且 U 形钢 – 钢筋桁架等效闭口箱形截面能对内部混凝土提供有效约束，保持混凝土完整性，使得 U 形钢与混凝土共同工作。

（2）翼 – 腹界面。传统 U 形钢 – 混凝土组合梁容易在翼 – 腹界面之间产生掀起与滑移，为了保证混凝土板与梁腹板共同工作，需要设置抗剪连接件，传递翼 – 腹界面上的纵向剪力与抵抗混凝土板竖向掀起。本书提出的倒 U 形插筋配置简单，能兼具“抗拔与抗剪”双重作用，是一种柔性连接件。经试验证明，倒 U 形插筋能够明显改善翼 – 腹界面的掀起与滑移，使得混凝土板与梁腹板协调变形。

2. 钢筋加强系统合理配置

钢筋加强系统的合理配置是试件实现整体变形的基础，可按照以下构造要求进行设计。

（1）梁底纵筋除应满足式（7.65）及 $0.2 \leqslant R \leqslant 0.4$ 的要求外，还应起到抗火的二道防线作用。建议在梁底配置数量不小于2根的通长纵筋，且配筋率不小于钢筋混凝土梁受弯构件的最小配筋率[157]，即使U形钢在火灾中失效后，梁底纵筋可在一定程度上延缓构件的破坏。为保证梁底纵筋与混凝土之间的握裹力，保护层厚度应不低于《混凝土结构设计规范》（GB 50010—2010）[155]中一类环境保护层厚度限值20 mm。

（2）钢筋桁架内嵌于混凝土中，即使桁架杆件受压也能保持稳定性，可不进行稳定验算，为了防止桁架杆件与板底钢筋碰撞，杆件的直径不大于 $2a/3$；为了保证点焊质量，杆件直径不低于 $2t_w$。由于钢筋桁架并不直接参与受弯、受剪或受扭，且对翼-腹界面纵向抗剪承载力平均贡献仅19%，因此在工程设计中主要考虑钢筋桁架对U形钢稳定性的提升。虽然桁架单元平行放置会有更好的纵向抗剪承载力，但考虑到制作以及施工效率、对U形钢抗扭稳定性的提升，建议在工厂中连续弯折，在现场点焊。为降低焊接点密集度，钢筋桁架相邻单元夹角不小于45°；为保证U形钢截面抗扭稳定性，钢筋桁架相邻单元夹角不大于90°。

（3）倒U形插筋的设计应满足完全抗剪连接要求。施工时，倒U形插筋在支模完毕后插入U形钢内，插筋间距与板内横向钢筋间距一致。将倒U形插筋悬挂于板内纵筋上，并紧靠横向钢筋绑扎（图7.27）。插筋直径应略小于板内横向钢筋直径，保护层厚度从横向钢筋顶面开始计算。为保证施工方便，在满足本书“抗拔抗剪”计算模型的基础上，可对倒U形插筋的施工方法进行合理优化。在本书试验研究中，为防止插筋拔出，在肢端均设计了180° 弯钩。而在实际工程中，若倒U形插筋伸入梁腹板的肢长满足《混凝土结构设计规范》（GB 50010—2010）[155]受拉钢筋最小锚固长度要求 $\max\{200\ \text{mm}, 35\Phi_U\}$，则可不设置弯钩，便于施工。

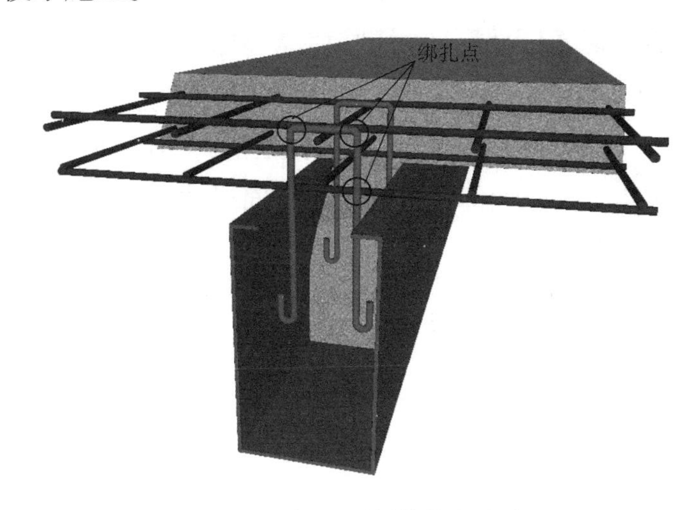

图 7.27　倒 U 形插筋绑扎方式

7.7　本章小结

本章整理了试验结果和有限元结果，对试件边界条件及应力状态进行了简化与假设，进而系统地提出了简单精确的新型 U 形钢 – 混凝土组合梁设计方法，主要结论如下。

（1）基于换算截面法提出了正截面受弯初始刚度计算方法，能较为准确地计算新型 U 形钢 – 混凝土组合梁刚度与变形；提出了正截面抗弯承载力计算方法，计算结果精度较高，能有效预测试件的抗弯承载力，且计算方法较为简便，适合工程设计。

（2）提出了负弯矩区初始刚度、开裂弯矩、二次刚度及抗弯承载力等计算公式，计算结果与试验结果吻合良好。板内纵筋、U 形钢、混凝土梁和梁底纵筋的抗弯承载力贡献分别为 53%、29%、12% 和 6%。

（3）提出了考虑更加精细的斜截面抗剪承载力模型，计算结果精度较高，U 形钢腹板、混凝土垂直肢、混凝土板翼缘及销栓作用分别贡献了抗剪承载力的 48%、21%、10% 和 21%，与传统 H 型钢 – 混凝土组合梁的抗剪成分显著不同，较无加强的试件抗剪承载力提高约 31%。

（4）提出了受扭条件下初始抗扭刚度、开裂扭矩、抗扭承载力计算方法。U形钢－钢筋桁架等效闭口箱形截面抗扭贡献约占61%，而混凝土板仅占39%。

（5）提出新型U形钢－混凝土梁的构造措施建议，包括钢－混界面、翼－腹界面这两个薄弱面的设计建议、截面尺寸设计等。

第 8 章　结论与展望

8.1 结　论

本书提出了一种新型 U 形钢 – 混凝土组合梁，并首次采用了钢筋加强系统（梁底纵筋、钢筋桁架和倒 U 形插筋）对两个潜在薄弱面（翼 – 腹界面、钢 – 混界面）进行加强。通过试验研究、数值模拟以及理论分析对新型 U 形钢 – 混凝土组合梁进行了系统研究，主要成果如下。

（1）通过钢筋加强系统的改善，新型 U 形钢 – 混凝土组合梁的整体性得到了显著提高，刚度、承载力和延性较 U 形钢梁和钢筋混凝土 T 形梁简单叠加有大幅提高。梁底纵筋通过控制混凝土纵向变形减少钢 – 混界面滑移；钢筋桁架将开口 U 形钢截面转化为等效闭口箱形截面，增强钢截面稳定性和对内部混凝土的约束效果；倒 U 形插筋增强翼 – 腹界面的抗滑移和抗掀起能力，维持混凝土板和梁腹板协调变形。

（2）揭示了翼 – 腹界面纵向抗剪机理，并据此提出了新型 U 形钢 – 混凝土组合梁特有的纵向抗剪简化力学模型，并进一步提出了翼 – 腹界面抗剪连接程度计算方法。本试验中插筋的抗剪作用、翼 – 腹界面混凝土的抗剪作用、钢筋桁架的咬合作用分别对纵向抗剪承载力贡献比例平均为 23%、60%、17%。

（3）正弯矩区受弯破坏分为弹性阶段、弹塑性阶段、塑性阶段以及下降阶段 4 个阶段，其中屈服荷载 $P_y \approx 0.58P_u$（峰值荷载），全截面塑性荷载 $P_p \approx 0.91P_u$。当配置足量倒 U 形插筋与钢筋桁架使试件达到完全抗剪连接时，试件在 P_u 时仍能基本满足平截面假定，最终发生混凝土板压溃的弯曲破坏模式。在破坏时跨中挠度最高达到$L_0/20$，位移延性系数和塑性发展系数分别为14.8～24.0和1.44～2.08,变形能力较强。发现试件含钢率、梁底纵筋配筋率、混凝土板厚、梁腹板宽、腹板高度等参数对正弯矩区受弯性能影响较大，由此提出了正弯矩区初始抗弯刚度、抗弯承载力的简化力学模型和计算方法。

（4）负弯矩区受弯破坏分为弹性阶段、开裂阶段、弹塑性阶段、平台阶段、下降阶段5个阶段，其中开裂荷载$P_{cr} \approx 0.17P_u$，屈服荷载$P_y \approx 0.65P_u$，U形钢鼓曲荷载$P_b \approx 0.91P_u$。根据倒U形插筋和钢筋桁架的配置，这种梁呈现3种破坏模式：配置倒U形插筋及钢筋桁架的试件发生典型的延性受弯破坏模式；未配置倒U形插筋的试件发生翼－腹界面脆性断裂破坏模式；未配置钢筋桁架的试件发生U形钢腹板张开脆性破坏模式。试件在P_u时U形钢腹板84.7%～94%截面高度进入塑性，塑性发展系数为1.3～1.9。试件在破坏时最大挠度可达$L_0/33$，位移延性系数最大可达17.7，建议综合力比R取0.2～0.4。发现倒U形插筋与钢筋桁架对初始刚度影响较小，但梁底纵筋配筋率、板内纵筋配筋率、混凝土板厚、梁腹板宽、腹板高度等参数对负弯矩区受弯性能影响较大，由此提出了负弯矩区初始抗弯刚度、开裂弯矩、二次刚度及抗弯承载力的简化力学模型和计算方法，其中板内纵筋、U形钢、混凝土梁和梁底纵筋的抗弯承载力贡献平均比例分别为53%、29%、12%和6%。

（5）受剪破坏分为弹性阶段、弹塑性阶段、下降阶段3个阶段，其中屈服荷载$P_y \approx 0.69P_u$。试件的破坏模式由剪跨比λ决定：当$\lambda = 1.0$时，发生脆性的斜压破坏；当$\lambda = 1.5$时，发生延性的剪压破坏。两种破坏模式的位移延性系数分别为2.5～4.9和9.0～9.7，且钢筋加强系统使抗剪承载力提高31%。发现试件含钢率、混凝土板厚、梁腹板宽、腹板高度等参数对斜截面受剪性能影响较大，由此提出了斜截面抗剪承载力简化力学模型和计算方法，其中U形钢腹板、混凝土垂直肢、混凝土板翼缘及销栓作用的抗剪承载力贡献平均比例分别为49%、21%、10%和21%。

（6）受扭破坏分为弹性阶段、弹塑性阶段、下降阶段 3 个阶段，其中开裂扭率 $\psi_{cr,b}$ 与峰值扭率 $\psi_{u,b}$ 的关系、开裂扭矩 T_{cr} 与峰值扭矩 T_u 的关系可简单表示为 $\psi_{cr,b}/\psi_{u,b}$= 0.04 ~ 0.09、T_{cr}/T_u = 0.31 ~ 0.44，且峰值时割线刚度为初始刚度的 15% ~ 25%。配置倒 U 形插筋和钢筋桁架的试件发生混凝土板出现螺旋斜裂缝及裂缝间的斜向受压条带压溃的扭转破坏模式，与传统钢筋混凝土 T 形梁类似。发现试件含钢率、混凝土板厚、梁腹板宽、腹板高度等参数对受扭性能影响较大，由此提出了受扭区初始抗扭刚度、开裂扭矩、抗扭承载力的简化力学模型和计算方法，其中 U 形钢 – 钢筋桁架等效闭口箱形截面、混凝土板抗扭承载力贡献平均比例分别为 61% 和 39%。

8.2　研究工作展望

尽管本书对新型 U 形钢 – 混凝土组合梁的正弯矩区受弯、负弯矩区受弯、斜截面受剪、受扭等力学性能进行了较为系统的试验研究和理论分析，取得了一定的创新性成果，并形成了一套系统的设计方法。但在全面工程应用以前，还有以下几个方面需要进行更加深入的研究。

（1）梁构件在实际使用过程中，通常受到弯 – 剪 – 扭复合作用。因此，需要对新型 U 形钢 – 混凝土组合梁构件进行复杂受力情况下的力学性能研究。

（2）新型 U 形钢 – 混凝土组合梁适用于方钢管混凝土柱、钢管混凝土异形柱、钢板剪力墙等结构体系。因此，需要对梁 – 柱（墙）节点以及框架进行抗震试验研究。

（3）对新型 U 形钢 – 混凝土组合梁的抗火性能、长期荷载下的变形进行研究。

参考文献

[1] 聂建国，刘明，叶列平．钢－混凝土组合结构 [M]. 北京：中国建筑工业出版社，2005.

[2] Oehlers D J. Composite profiled beams[J]. Journal of Structural Engineering, 1993, 119(4): 1085–1100.

[3] Oehlers D J, Wright H D, Burnet M J. Flexural strength of profiled beams[J]. Journal of Structural Engineering, 1994, 120(2): 378–393.

[4] Andrews E S. Elementary principles of reinforced concrete construction: a text–book for the use of students, engineers, architects and builders[M]. Scott, Greenwood & Son, 1924.

[5] Mackay H M, Gillespie P, Leluau C. Report on the strength of steel I–beams haunched with concrete[J]. Engineering Journal, Canada, 1923, 6(8): 365–369.

[6] Scott W B. The strength of steel joists embedded in concrete[J]. Structural Engineer, 1925 (26): 201–219.

[7] Caughey R A. A practical method for the design of I beams haunched in concrete[M]. 1928.

[8] Batho C, Lash S D, Kirkham R H H. The Properties of Composite Beams, consisting of Steel Joists Encased in Concrete, under Direct and Sustained Loading[J]. Journal of the Institution of Civil Engineers, 1939, 11(4): 61–114.

[9] Brooks N B, Newmark N M. The response of simple structures to dynamic loads[R]. University of Illinois Engineering Experiment

Station. College of Engineering. University of Illinois at Urbana-Champaign, 1953.

[10] Viest I M. Investigation of stud shear connectors for composite concrete and steel T-beams[C]//Journal Proceedings. 1956, 52(4): 875-892.

[11] Viest I M. Composite construction in steel and concrete for bridges and buildings[M]. McGraw-Hill, 1958.

[12] Slutter R G, Driscoll Jr G C. Flexural strength of steel and concrete composite beams[J]. 1963.

[13] Hansell W C, Viest I M, Ravindra M K, et al. Composite beam criteria in LRFD[J]. Journal of the Structural Division, 1978, 104(9): 1409-1426.

[14] Chapman, J.C. & Balakrishnan, S. (1964). Experiments on composite beams. The Structural Engineer. 42. 369-383.

[15] Yam L C P, Chapman J C, RRL, et al. The inelastic behaviour of simply supported composite beams of steel and concrete[J]. Proceedings of the institution of civil engineers, 1968, 41(4): 651-683.

[16] Johnson R J. Longitudinal shear strength of composite beams[J]. Aci Structural Journal, 1970, 67(6): 464-466.

[17] Johnson R P. Design of composite bridge beams for longitudinal shear[J]. Devel Bridge Design & Constr Proc/UK/, 1971.

[18] Johnson R P, May I M. Partial-interaction design of composite beams[J]. Structural Engineer, 1975, 8(53).

[19] Hamada S, Longworth J. Ultimate strength of continuous composite beams[D]. University of Alberta, 1973.

[20] Yam L C P. Design of composite steel-concrete structures[M]. Surrey Univ.Pr, 1981.

[21] EN 1994-1-1. Eurocode 4: Design of composite steel and concrete

structures – Part 1–1: General rules and rules for buildings[S]. Brussels: European Committee for Standardization, 2005.
[22] Bradford M. Non–linear behaviour of composite beams at service loads[J]. Structural Engineer, 1989, 67: 263–8.
[23] Bradford M A. Deflections of composite steel–concrete beams subject to creep and shrinkage[J]. Aci Structural Journal, 1991, 88(5):610–614.
[24] Oehlers D J. Splitting induced by shear connectors in composite beams[J]. Journal of Structural Engineering, 1989, 115(2): 341–362.
[25] Segui W T. LRFD Steel Design[J]. Cengage Learning, 2003.
[26] Wang Y C. Deflection of steel–concrete composite beams with partial shear interaction[J]. Journal of Structural Engineering, 1998, 124(10): 1159–1165.
[27] Liang Q Q, Uy B, Bradford M A, et al. Ultimate strength of continuous composite beams in combined bending and shear[J]. Journal of Constructional Steel Research, 2004, 60(8): 1109–1128.
[28] Liang Q Q, Uy B, Bradford M A, et al. Strength analysis of steel–concrete composite beams in combined bending and shear[J]. Journal of Structural Engineering, 2005, 131(10): 1593–1600.
[29] Vasdravellis G, Uy B, Tan E L, Kirkland B. Behaviour and design of composite beams subjected to negative bending and compression[J]. Journal of Constructional Steel Research, 2012, 79: 34–47.
[30] Vasdravellis G , Uy B , Tan E L , Kirkland B. Behaviour of composite beams under negative bending and axial tension[J]. Archiv für Reformationsgeschichte – Archive for Reformation History, 2014, 71(jg):227–253.
[31] Lin W , Yoda T , Taniguchi N , et al. Fatigue Tests on Straight Steel–Concrete Composite Beams Subjected to Hogging Moment[J]. Steel Construction, 2013, 80(1):42–56.

[32] Sun Q, Yang Y, Fan J, et al. Effect of longitudinal reinforcement and prestressing on stiffness of composite beams under hogging moments[J]. Journal of Constructional Steel Research, 2014, 100: 1–11.

[33] Kim S. Creep and Shrinkage Effects on Steel–Concrete Composite Beams[D]. Virginia Tech, 2014.

[34] Wang Y H, Yu J, Liu J, et al. Experimental and Numerical Analysis of Steel–Block Shear Connectors in Assembled Monolithic Steel–Concrete Composite Beams[J]. Journal of Bridge Engineering, 2019, 24(5): 04019024.

[35] 聂建国, 孙国良 . 钢–混凝土组合梁槽钢剪力连接件的试验研究 [J]. 郑州工学院学报 , 1985, 6(2): 10–17.

[36] 李铁强 , 朱起 , 朱聘儒 , et al. 钢与混凝土组合梁弯筋连接件的抗剪性能 [J]. 工业建筑 , 1985, 15(10):6–12.

[37] 张少云 . 栓钉剪力连接件的试验研究 [D]. 郑州工学院 ,1987.

[38] 聂建国 , 沈聚敏 , 袁彦声 . 钢 – 混凝土简支组合梁变形计算的一般公式 [J]. 工程力学 , 1994, 11(1):21–27.

[39] 聂建国 , 沈聚敏 , 余志武 . 考虑滑移效应的钢 – 混凝土组合梁变形计算的折减刚度法 [J]. 土木工程学报 , 1995(6):11–17.

[40] 聂建国 , 沈聚敏 . 滑移效应对钢 – 混凝土组合梁弯曲强度的影响及其计算 [J]. 土木工程学报 , 1997(1):31–36.

[41] 聂建国 , 王洪全 . 钢 – 混凝土组合梁纵向抗剪的试验研究 [J]. 建筑结构学报 , 1997, 18(2):13–19.

[42] 聂建国 . 钢 – 混凝土组合梁长期变形的计算与分析 [J]. 建筑结构 , 1997(1):42–45.

[43] 聂建国 , 余洲亮 , 叶清华 . 钢 – 混凝土叠合板组合梁抗震性能的试验研究 [J]. 清华大学学报（自然科学版）, 1998(10):35–37.

[44] 谭英 . 钢 – 高强混凝土组合梁抗弯性能的试验研究 [D]. 北京 : 清华大学 , 1998.

[45] 聂建国. 钢-高强混凝土组合梁栓钉剪力连接件的设计计算 [J]. 清华大学学报（自然科学版）, 1999, 39(12):94–97.

[46] 聂建国, 崔玉萍, 石中柱, et al. 部分剪力连接钢-混凝土组合梁受弯极限承载力的计算 [J]. 工程力学, 2000, 17(3):37–42.

[47] 聂建国, 王挺, 樊健生. 钢-压型钢板混凝土组合梁计算的修正折减刚度法 [J]. 土木工程学报, 2002, 35(4):1–5.

[48] Nie J, Cai C S, Wang T. Stiffness and capacity of steel–concrete composite beams with profiled sheeting[J]. Engineering structures, 2005, 27(7): 1074–1085.

[49] 宗周红, 车惠民, 房贞政. 预应力钢-混凝土组合梁受弯承载力简化计算 [J]. 福州大学学报（自科科学版）, 2000, 28(1).

[50] 许伟, 王连广, 许峰, et al. 钢与混凝土组合梁交接面滑移及掀起的计算分析 [J]. 沈阳建筑工程学院学报, 2001, 17(1):24–26.

[51] 回国臣, 吴献. 钢-混凝土组合梁抗剪承载力计算 [J]. 有色矿冶, 2001, 17(4):36–38.

[52] 余志武, 蒋丽忠, 李佳. 集中荷载作用下钢-混凝土组合梁界面滑移及变形 [J]. 土木工程学报, 2003, 36(8):1–6.

[53] 蒋丽忠, 余志武, 李佳. 均布荷载作用下钢-混凝土组合梁滑移及变形的理论计算 [J]. 工程力学, 2003, 20(2):133–137.

[54] 陈世鸣, 顾萍. 影响钢-混凝土组合梁挠度计算的几个因素 [J]. 建筑结构, 2004(1):31–33.

[55] 王景全, 吕志涛, 刘钊. 部分剪力连接钢-混凝土组合梁变形计算的组合系数法 [J]. 东南大学学报（自然科学版）, 2005, 35(s1):5–10.

[56] 聂建国，田春雨. 简支组合梁板体系有效宽度分析 [J]. 土木工程学报，2005，38（2）: 8–12.

[57] 聂建国, 田春雨. 考虑剪力滞后的组合梁极限承载力计算 [J]. 中国铁道科学, 2005, 26(4):16–22.

[58] Nie J G , Tian C Y , Cai C S . Effective width of steel–concrete

composite beam at ultimate strength state[J]. Steel Construction, 2008, 30(5):1396–1407.

[59] 邵永健，朱聘儒，陈忠汉，et al. 钢 – 混凝土组合梁挠度计算的修正换算截面法 [J]. 建筑结构学报，2008, 29(2):99–103.

[60] 付果，赵鸿铁，薛建阳，et al. 钢 – 混凝土组合梁掀起力的理论计算 [J]. 西安建筑科技大学学报（自然科学版），2008, 40(3):335–340.

[61] 聂建国，李红有，唐亮 . 高强钢 – 混凝土组合梁受弯性能试验研究 [J]. 建筑结构学报，2009, 30(2).

[62] 胡夏闽，薛伟，曹雪娇 . 钢 – 混凝土组合梁挠度计算的附加曲率法 [J]. 建筑结构学报，2010(S1):385–389.

[63] 周东华，孙丽莉，樊江，et al. 组合梁挠度计算的新方法——有效刚度法 [J]. 西南交通大学学报，2011, 46(4).

[64] 徐荣桥，陈德权 . 组合梁挠度计算的改进折减刚度法 [J]. 工程力学，2013(2):285–291.

[65] 彭罗文 . 组合梁考虑滑移效应的理论分析与等效刚度法 [D]. 湖南大学，2015.

[66] 刘洋，童乐为，孙波，et al. 负弯矩作用下钢 – 混凝土组合梁受力性能有限元分析及受弯承载力计算 [J]. 建筑结构学报，2014, 35(10):10–20.

[67] 李小鹏 . T 形波纹腹板 H 型钢组合梁扭转性能研究 [D]. 郑州大学，2017.

[68] 姜绍飞，刘之洋 . 外包钢混凝土组合梁的抗裂性能研究 [C]// 中国钢协钢 – 混凝土组合结构协会第六次年会论文集（下册）. 1997.

[69] 聂建国，延滨 . 冷弯薄壁型钢 – 混凝土组合梁的试验研究及应用 [J]. 建筑结构，1998(1):54–56.

[70] Kindmann R, Bergmann R, Cajot L G, et al. Effect of reinforced concrete between the flanges of the steel profile of partially encased composite beams[J]. 1993, 27(1–3):107–122.

[71] 李现辉 . 腹板嵌入式钢 – 混凝土组合梁结构性能研究 [D]. 同济大学 , 2009.

[72] 侯艳红 . 波纹钢腹板组合梁的发展及应用 [J]. 交通科技 (06):7–10.

[73] 王庆贺 . 预制装配式钢 – 混凝土组合梁抗弯性能研究 [D]. 哈尔滨工业大学 , 2012.

[74] 罗小勇 , 周凌宇 , 余志武 . 预制装配式预应力钢桁 – 混凝土组合梁桥的应用研究 [J]. 公路 , 2002(7).

[75] Buyukozturk O, Hearing B. Failure behavior of precracked concrete beams retrofitted with FRP[J]. Journal of composites for construction, 1998, 2(3): 138–144.

[76] Idris Y, Ozbakkaloglu T. Flexural behavior of FRP–HSC–steel composite beams[J]. Thin–Walled Structures, 2014, 80: 207–216.

[77] Huang L, Zhang C, Yan L, et al. Flexural behavior of U–shape FRP profile–RC composite beams with inner GFRP tube confinement at concrete compression zone[J]. Composite Structures, 2018, 184: 674–687.

[78] Bousselham A, Chaallal O. Experimental investigations on the influence of size on the performance of RC T–beams retrofitted in shear with CFRP fabrics[J]. Engineering Structures, 2013, 56: 1070–1079.

[79] Ziyang L, Xian W, Enzong Z. Behaviour of Pozzolan Concrete Beams with Bottom Steel Member Clad[J]. JOURNAL OF NORTHEASTERN UNIVERSITY (NATURAL SCIENCE), 1994 (2): 02.

[80] 姜绍飞 , 刘之洋 , 成鼎新 . 底包角钢 – 火山渣砼组合梁斜截面抗剪性能的研究 [J]. 四川建筑科学研究 , 1996(4):11–13.

[81] 聂建国 , 樊健生 . 广义组合结构及其发展展望 [J]. 建筑结构学报 , 2006, 27(6): 1–8.

[82] Oehlers D J, Burnet M J. Reinforced concrete beams constructed using profiled sheets as permanent and integral shuttering[J]. Building

for the 21st Century, 1995, 1: 463–468.

[83] Uy B, Bradford M A. Service–load tests on profiled composite and reinforced concrete beams[J]. Magazine of Concrete Research, 1994, 46(166): 29–33.

[84] Uy B, Bradford M A. Ductility of profiled composite beams. Part I: Experimental study[J]. Journal of Structural Engineering, 1995, 121(5): 876–882.

[85] Uy B, Bradford M A. Ductility of profiled composite beams. Part II: Analytical study[J]. Journal of Structural Engineering, 1995, 121(5): 883–889.

[86] Uy B, Bradford M A. Local buckling of cold formed steel sheeting in profiled composite beams at service load[J]. Structural Engineering Review, 1995, 7(4), 289–300.

[87] Uy B, Bradford M A. Elastic local buckling of steel plates in composite steel–concrete members[J]. Engineering Structures, 1996, 18(3): 193–200.

[88] Leskelä M V, Inha T, Iso–Mustajärvi P. A Concrete T–Section–Steel U–Section Composite Beam[C]//Composite Construction in Steel and Concrete III. ASCE, 1997: 157–171.

[89] Hossain K M A. Behaviour of thin walled composite beams and columns[C]//Proce. of 2nd International Conference on Thin–walled Structures, Singapore, 2–4 December, 1998. 12.

[90] Hanaor A. Tests of composite beams with cold–formed sections[J]. Journal of Constructional Steel Research, 2000, 54(2): 245–264.

[91] Nakamura S. New structural forms for steel/concrete composite bridges[J]. Structural Engineering International, 2000, 10(1): 45–50.

[92] Nakamura S. Bending behavior of composite girders with cold formed steel U section[J]. Journal of Structural Engineering, 2002, 128(9): 1169–1176.

[93] Hossain K M A. Experimental & theoretical behavior of thin walled composite filled beams[J]. Electronic Journal of Structural Engineering, 2003, 3(3): 117–139.

[94] Hossain K M A. Volcanic Pumice Based Thin Walled Composite Filled Beams with Interface Connections[J]. Doboku Gakkai Ronbunshu, 2004, 2004(767): 285–300.

[95] Hossain K M A. Designing thin–walled composite–filled beams[J]. Proceedings of the Institution of Civil Engineers–Structures and Buildings, 2005, 158(4): 267–278.

[96] Kottiswaran N. Study on the strength and behaviour of thin walled cold formed steel concrete composite beams under flexure and shear[D]. 2006. Bharathiar University.

[97] Lakkavalli B S, Liu Y. Experimental study of composite cold–formed steel C–section floor joists[J]. Journal of Constructional Steel Research, 2006, 62(10): 995–1006.

[98] Vo T P, Lee J. Flexural–torsional buckling of thin–walled composite box beams[J]. Thin–Walled Structures, 2007, 45(9): 790–798.

[99] Zhang N, Fu C C. Experimental and theoretical studies on composite steel–concrete box beams with external tendons[J]. Engineering Structures, 2009, 31(2): 275–283.

[100] Chaves I A, Malite M. Viga mista de aço e concreto constituída por perfil formado a frio preenchido[J]. Cadernos de Engenharia de Estruturas, 2011, 12(56): 79–96.

[101] Park H G, Hwang H J, Lee C H, et al. Cyclic loading test for concrete–filled U–shaped steel beam–RC column connections[J]. Engineering structures, 2012, 36: 325–336.

[102] Lee C H, Park H G, Park C H, et al. Cyclic seismic testing of composite concrete–filled U–shaped steel beam to H–shaped column connections[J]. Journal of Structural Engineering, 2012, 139(3): 360–378.

[103] Hwang H J, Eom T S, Park H G, et al. Cyclic loading test for beam–column connections of concrete–filled U–shaped steel beams and concrete–encased steel angle columns[J]. Journal of Structural Engineering, 2015, 141(11): 04015020.

[104] Valsa Ipe T, Sharada Bai H, Manjula Vani K, et al. Flexural behavior of cold–formed steel concrete composite beams[J]. Steel & Composite Structures, An International Journal, 2013, 14(2): 105–120.

[105] Ahn T S, Kim Y J, Jang D W, et al. Steel frame structure using U–shaped composite beam: U.S. Patent 8,915,042[P]. 2014–12–23.

[106] Fauzi, Mohd & Hasim, Sulaiman & Ghazali, Ezliana & Faizal pakir Muhammad Latif, Muhammad. ULTIMATE MOMENT CAPACITY OF THIN–WALLED COMPOSITE FILLED BEAMS AT INTERNAL SUPPORT[C]. International Conference on Advances in Civil and Environmental Engineering 2015.

[107] Kim S B, Lee E T, Kim J R, et al. Experimental study on bending behavior and seismic performance of hybrid composite beam with new shape[J]. International Journal of Steel Structures, 2016, 16(2): 477–488.

[108] Masrom M A. Ductility performance of Thin–Walled Composite–Filled (TWFC) beam at internal support[J]. Esteem Academic Journal, 2016, 12(1): 38–48.

[109] Keo P, Lepourry C, Somja H, et al. Behavior of a new shear connector for U–shaped steel–concrete hybrid beams[J]. Journal of Constructional Steel Research, 2018, 145: 153–166.

[110] 林于东 , 宗周红 . 帽型截面钢 – 混凝土组合梁受弯强度 [J]. 工业建筑 , 2002, 32(9).

[111] 郭红梅 , 徐利明 . 帽型截面钢 – 混凝土组合梁变形计算公式 [J]. 中外建筑 , 2003(5):90–91.

[112] 张耀春，毛小勇，曹宝珠．轻钢－混凝土组合梁的试验研究及非线性有限元分析 [J]. 建筑结构学报，2003, 24(01):26–33.

[113] 周天华，何保康，李鑫全，王光煜，丁兆如．帽形冷弯薄壁型钢混凝土组合梁的试验研究 [J]. 建筑结构，2003(1):48–50.

[114] 宗周红，魏潮文，程浩德，et al. 帽型截面钢－混凝土组合梁的试验研究 [J]. 建筑结构，2003(7):29–33.

[115] 毛小勇，肖岩．标准升温下轻钢－混凝土组合梁的抗火性能研究 [J]. 湖南大学学报，2005, 32(2) : 64– 70.

[116] 肖辉，李爱群，杜德润．外包钢－混凝土组合梁正截面极限抗弯承载力的试验研究 [J]. 东南大学学报：英文版，2005, 21(2): 191–196.

[117] 杜德润．新型外包钢混凝土组合简支梁及组合框架试验研究 [D]. 南京：东南大学，2005.

[118] 石启印, 马波, 李爱群. 新型外包钢－砼组合梁的受力性能分析 [J]. 实验力学，2005, 20(1):115–122.

[119] 马波．外包钢－混凝土组合梁的静力分析 [D]. 江苏大学，2005.

[120] 陈丽华．新型外包钢－混凝土组合连续梁及梁柱节点的试验研究 [D]. 东南大学，2006.

[121] 陈丽华，李爱群，鲁风勇，等．外包钢－混凝土组合梁与钢筋混凝土柱节点的试验研究 [J]. 土木工程学报，2007, 40(11):41–47.

[122] 石启印，蔡建林，陈倩倩，et al. 新型外包钢混凝土组合梁抗扭的试验及分析 [J]. 工程力学，2008, 25(12):162–170.

[123] 陈倩倩．新型外包钢－混凝土组合梁抗扭的试验研究及理论分析 [D]. 江苏大学，2008.

[124] 石启印，章荣国，李爱群．新型外包钢－砼组合梁滑移及变形性能的试验 [J]. 工程科学与技术，2006, 38(6):13–17.

[125] 石启印，黄周瑜，李爱群．U 形外包钢－混凝土组合梁延性的试验研究 [J]. 西南交通大学学报，2008, 43(2).

[126] 翟林美．无粘结预应力冷弯 U 形钢－混凝土组合梁受力分析 [D]. 东北大学，2008.

[127] 张道明 . 新型预应力外包钢组合梁抗弯性能的研究 [D]. 东北大学, 2008.
[128] 沈建华 . 薄壁U形钢 – 混凝土组合梁抗剪性能研究 [D]. 华侨大学, 2009.
[129] 王连广 , 哈娜 , 于建军 . 基于能量法的 U 形钢与混凝土组合梁变形计算分析 [J]. 东北大学学报（自然科学版）, 2009, 30(3):438–440.
[130] 于建军 , 王连广 , 常江 . 基于能量法的冷弯 U 形钢与混凝土组合梁界面剪力分析 [J]. 沈阳建筑大学学报（自然科学版）, 2010, 26(1):108–111.
[131] 赵静 , 陈宝海 , 蔡建林 . 新型外包钢 – 混凝土组合梁的技术经济性能比较研究 [J]. 辽宁建材 , 2010(9):35–37.
[132] 张婷 . 简支外包 U 形钢与混凝土组合梁承载力理论分析与试验研究 [D]. 山东建筑大学 , 2011.
[133] 高轩能 , 黄文欢 , 张惠华 . 薄壁 U 形钢混凝土梁火灾 – 结构耦合的 ANSYS 分析 [J]. 华侨大学学报（自然科学版）, 2011, 32(3):317–321.
[134] 高轩能 , 朱皓明 , 黄文欢 . 标准火灾下 U 形钢 – 混凝土梁的耐火性能 [J]. 合肥工业大学学报（自然科学版）, 2011, 34(8).
[135] 屈创 . 外包花纹钢 – 混凝土组合梁受弯性能的试验研究 [D]. 合肥工业大学 , 2014.
[136] Chen L, Li S, Zhang H, et al. Experimental study on mechanical performance of checkered steel–encased concrete composite beam[J]. Journal of Constructional Steel Research, 2018, 143: 223–232.
[137] 浙江东南网架股份有限公司 . U 形钢混凝土组合截面梁及其施工方法 : CN 104060761 B[P]. 2016–03–09.
[138] 吴波, 计明明 . 薄壁 U 形外包钢再生混合梁受弯性能试验研究 [J]. 建筑结构学报 , 2014, 35(4): 246–254.
[139] 操礼林 . 外包钢 – 高强混凝土组合梁性能研究 [D]. 江苏大学 ,

2007.

[140] 操礼林 , 石启印 , 王震 , et al. 高强 U 形外包钢－混凝土组合梁受弯性能 [J]. 西南交通大学学报 , 2014, 49(1).

[141] 李业骏 . 新型外包钢混凝土组合梁延性性能研究 [D]. 江苏大学 , 2016.

[142] 李业骏 , 石启印 , 任冠宇 , et al. 高强新型外包钢－混凝土组合梁延性性能研究 [J]. 建筑结构 , 2017(01):99–104.

[143] 韦灼彬 , 赵政弘 . 新型 PBL 键外包钢－混凝土组合梁抗弯承载力简化计算 [J]. 海军工程大学学报 , 2014, 26(5): 40–43.

[144] 胡斌 . 新型外包钢－混凝土组合 U 形梁受力性能研究 [D]. 广州大学 ,2016.

[145] Liu Y, Guo L, Qu B, et al. Experimental investigation on the flexural behavior of steel–concrete composite beams with U–shaped steel girders and angle connectors[J]. Engineering Structures, 2017, 131: 492–502.

[146] Guo L, Liu Y, Qu B. Fully composite beams with U–shaped steel girders: Full–scale tests, computer simulations, and simplified analysis models[J]. Engineering Structures, 2018, 177: 724–738.

[147] 建设部人事教育司 . MB 轻型房屋钢结构建筑体系 [M]. 中国建筑工业出版社 , 2005.

[148] 鲍会娟 . 外包花纹钢－混凝土组合梁负弯矩区结构性能试验研究 [D]. 合肥工业大学 , 2014.

[149] Liu J, Zhao Y, Chen YF, Xu S, Yang Y. Flexural behavior of rebar truss stiffened cold–formed U–shaped steel–concrete composite beams[J]. Journal of Constructional Steel Research, 2018, 150(NOV.):175–185.

[150] 中华人民共和国住房和城乡建设部 . 组合结构设计规范（JGJ 138—2016）[S]. 北京 : 中国建筑工业出版社 , 2016.

[151] 中华人民共和国国家质量监督检验检疫总局 . 电弧螺柱焊用圆柱

头焊钉（GB/T 10433—2002）[S]. 北京：标准出版社，2002.

[152] 国家技术监督局．混凝土结构试验方法标准（GB 50152—1992）[S]. 北京：标准出版社，1992.

[153] 中华人民共和国住房和城乡建设部．混凝土结构设计规范（GB 50010—2010）[S]. 北京：中国建筑工业出版社，2010.

[154] ANSI/AISC 360-16. Specification for Structural Steel Buildings[S]. Chicago (IL): American National Standards Institute, 2016.

[155] 中华人民共和国住房和城乡建设部．钢结构设计标准（GB 50017—2017）[S]. 北京：中国建筑工业出版社，2017.

[156] 元辉，赵鸿铁．型钢混凝土梁剪切强度研究 [J]. 西安冶金建筑学院学报，1991, 23(3): 304-314.

[157] Ollgaard JG, Slutter RG, Fisher JW. Shear strength of stud connectors in lightweight and normal-weight concrete. Engineering Journal, AISC 1971;8(2): 55-64.

[158] CSA.CAN/CSA-S16-01. Limit states design of steel structures[S]. Rexdale (Ontario): Canadian standard Association; 2001.

[159] 张琦，过镇海．砼抗剪强度和剪切变形的研究 [J]. 建筑结构学报，1992, 13(05): 17-24.

[160] 国家质量技术监督局．钢及钢产品力学性能试验取样位置及试样制备（GB/T 2975—1998）[S]. 北京：标准出版社，1998.

[161] 中华人民共和国国家质量监督检验检疫总局．金属材料拉伸试验 第 1 部分：室温试验方法（GB/T 228.1—2010）[S]. 北京：标准出版社，2001.

[162] 中华人民共和国建设部．普通混凝土力学性能试验方法标准（GB/T 50081—2002）[S]. 北京：中国建筑工业出版社，2002.

[163] Lie T T, Kodur V K R. Fire Resistance of Circular Steel Columns Filled with Bar-Reinforced Concrete. Journal of Structural Engineering 1995; 120(5):30-36.

[164] 中华人民共和国住房和城乡建设部．建筑抗震设计规范（GB

50011—2010）[S]. 中国建筑工业出版社 , 2010.
[165] 罗邦富 . 钢构件的截面塑性发展系数 [J]. 钢结构 , 1991 (1): 25–33.
[166] 日本建筑学会(AIJ). 钢骨钢筋混凝土构造计算规范(AIJ/SRC)[S]. 东京 , 2001.
[167] 中华人民共和国国家发展和改革委员会 . 钢骨混凝土结构设计规程（YB 9082—2006）[S]. 北京：冶金工业出版社 , 2007.
[168] ACI Committee 318. Building Code Requirements for Structure Concrete (ACI 318–14) and Commentary (ACI 318R–14)[S]. Farmington Hills (MI): American Concrete Institute, 2014.
[169] ANSI/AISC. Specification for Structural Steel Buildings: Allowable stress design and plastic design[S]. Chicago (IL): American National Standards Institute, 2005.
[170] 聂建国 . 钢 – 混凝土组合梁结构：试验、理论与应用 [M]. 科学出版社 , 2005.
[171] 聂建国 , 张眉河 . 钢 – 混凝土组合梁负弯矩区板裂缝的研究 [J]. 清华大学学报（自然科学版）, 1997(6):95–99.
[172] Nie J, Fan J, Cai C S. Stiffness and deflection of steel–concrete composite beams under negative bending[J]. Journal of Structural Engineering, 2004, 130(11): 1842–1851.
[173] Nie J, Tang L, Cai C S. Performance of steel–concrete composite beams under combined bending and torsion[J]. Journal of structural engineering, 2009, 135(9): 1048–1057.
[174] Tan E L, Uy B. Experimental study on straight composite beams subjected to combined flexure and torsion[J]. Journal of Constructional Steel Research, 2009, 65(4): 784–793.
[175] 钢筋砼抗扭专题组 . 钢筋砼纯扭构件抗扭强度的试验研究和计算方法 [J]. 建筑结构学报 , 1987, 8(04): 1–11.
[176] Saint–Venant AJCB. Memoire sur la Torsion des Prismes, Mem.

Divers Savants. Paris, 1855, 14: 233–560.

[177] 叶列平 . 混凝土结构 [M]. 北京 : 中国建筑工业出版社 , 2004.

[178] 甘丹 . 钢管约束混凝土短柱的静力性能和抗震性能研究 [D]. 兰州大学 , 2012.

[179] Hognestad E, Hanson N W, McHenry D. Concrete stress distribution in ultimate strength design[C]//Journal Proceedings. 1955, 52(12): 455–480.

[180] Kent D C, Park R. Flexural members with confined concrete[J]. Journal of the Structural Division, 1971.

[181] Popovics S. A review of stress–strain relationships for concrete[C]// Journal Proceedings. 1970, 67(3): 243–248.

[182] 过镇海 , 张秀琴 , 张达成 , 王如琦 . 混凝土应力 – 应变全曲线的试验研究 [J]. 建筑结构学报 , 1982, 3(01): 1–12.

[183] Hillerborg A, Modéer M, Petersson P E. Analysis of crack formation and crack growth in concrete by means of fracture mechanics and finite elements[J]. Cement and concrete research, 1976, 6(6): 773–781.

[184] 中华人民共和国国家质量监督检验检疫总局 . 优质碳素结构钢（GB/T 699—2015）[S]. 北京：标准出版社 , 2015.

[185] Taylor, H P J. Investigation of the Dowel Shear Forces Carried by the Tensile Steel in Reinforced Concrete Beams[J]. Cement and Concrete Association, London, UK, 1969: 1–24.

[186] Panda S S, Gangolu A R. Study of Dowel Action in Reinforced Concrete Beam by Factorial Design of Experiment[J]. ACI Structural Journal, 2017, 114(6).

[187] Hsu TTC. Torsion of reinforced concrete. New York: Van Nostrand Reinhold, 1984.

[188] Bredt R. Kritiseche Bemerkungen zur drehungselastizitat. Zeitschrift des Vereines Deutscher Ingenieure 1896: 40(28): 785–790.

[189] Rausch E. Berechnung des Eisenbetons gegen Verdrehung (Design of reinforced concrete in torsion). Technische Hoechschule, Berlin, Germany, 1929.

[190] Lampert P, Thurlimann B. Torsion tests of reinforced concrete beams (Torsionsversuche an Stahlbetonbalken)[J]. Bericht No. 6506, 1968, 2.

[191] Mitchell D, Collins M P. Diagonal compression field theory–a rational model for structural concrete in pure torsion[C]//Journal Proceedings. 1974, 71(8): 396–408.

[192] Singh R K, Mallick S K. Experiments on steel–concrete composite beams subjected to torsion and combined flexure and torsion[J]. Indian Concrete Journal, 1977, 51(Analytic).